高等职业教育智能光电技术应用专业群
建设项目系列教材

# 电工电子技术与虚拟仿真

DIANGONG DIANZI JISHU
YU XUNI FANGZHEN

主　编　祝　勋　邓　峰
副主编　孙冬丽　任婷婷　严　伟

中国·武汉

## 内 容 简 介

本书是高职高专电子信息类专业的理实一体化教材。全书主要由虚拟仿真技术、电工技术虚拟仿真和电子技术虚拟仿真三大模块构成,具体以 12 个项目作为引领,包括认识 Multisim 电路仿真软件、直流线性电路的分析与调试、正弦交流电路的分析与调试、三相交流电路的分析与调试、电磁电路的安装与调试、半导体基本元器件的使用方法、基本放大电路的分析与调试、负反馈放大电路及运算放大电路的分析与调试、直流稳压电源的分析与调试、数字逻辑与逻辑门、组合逻辑电路的分析与仿真、时序逻辑电路的分析与仿真等内容。本书紧密结合高职高专教学特点,注重技能训练,采用具体项目引导教与学,突出应用性、针对性。全书基本概念讲述清楚,方法归类恰当,思路清晰,步骤明确,每个项目都引入 Multisim14 仿真软件以用于电路分析,有利于学生加深对电路的理解和应用。本书除了供高职高专电子信息类专业选用外,也可供中职中专相关专业选用,并可作为社会从业人员的参考书及培训用书。

**图书在版编目(CIP)数据**

电工电子技术与虚拟仿真/祝勋,邓峰主编. —武汉:华中科技大学出版社,2021.8
ISBN 978-7-5680-7264-9

Ⅰ.①电… Ⅱ.①祝… ②邓… Ⅲ.①电工技术-计算机仿真 ②电子技术-计算机仿真 Ⅳ.①TM ②TN

中国版本图书馆 CIP 数据核字(2021)第 170136 号

**电工电子技术与虚拟仿真**　　　　　　　　　　　　　　　祝　勋　邓　峰　主编
Diangong Dianzi Jishu yu Xuni Fangzhen

策划编辑:王红梅
责任编辑:朱建丽
封面设计:秦　茹
责任校对:李　琴
责任监印:周治超
出版发行:华中科技大学出版社(中国·武汉)　　电话:(027)81321913
　　　　　武汉市东湖新技术开发区华工科技园　　邮编:430223
录　　排:武汉市洪山区佳年华文印部
印　　刷:武汉开心印印刷有限公司
开　　本:787mm×1092mm　1/16
印　　张:17.75
字　　数:440 千字
版　　次:2021 年 8 月第 1 版第 1 次印刷
定　　价:49.80 元

本书若有印装质量问题,请向出版社营销中心调换
全国免费服务热线:400-6679-118　竭诚为您服务
版权所有　侵权必究

# 前 言

本书是根据当前高职高专学生学习理论知识的实际情况而编写的一本专业基础教材,供高职高专电子信息类等专业学生选用。

本书突出电子技术的基本理论、基本知识、基本技能,以"必需、够用"为指导原则,从高职高专的培养目标出发,体现"基础性"与"实用性"相结合的特点,随着计算机虚拟仿真技术的发展,将电子技术的理论知识等内容用计算机仿真平台以实际仿真结果直观地表现出来,使电子技术的理论知识内容形象化。希望通过本书的学习,能使学生掌握计算机仿真软件基本技能并更好地获得电子技术的知识和技能,培养学生分析问题和解决问题的能力,为学习后续相关专业课奠定理论基础。

本书内容共三大模块,分为12个项目,每个项目再按具体任务分别展开。

模块1为虚拟仿真技术,包括项目1,主要介绍Multisim电路仿真软件的基本使用、Multisim电路仿真软件的元器件库、Multisim电路仿真软件的分析仪器等。

模块2为电工技术虚拟仿真,包括项目2至项目5,主要介绍直流线性电路的分析与调试、正弦交流电路的分析与调试、三相交流电路的分析与调试、电磁电路的安装与调试等。

模块3为电子技术虚拟仿真,包括项目6至项目12,主要介绍半导体基本元器件的使用方法、基本放大电路的分析与调试、负反馈放大电路及运算放大电路的分析与调试、直流稳压电源的分析与调试、数字逻辑与逻辑门、组合逻辑电路的分析与仿真、时序逻辑电路的分析与仿真等。

每个任务下面按照能力目标、核心知识、任务驱动、技能驱动四部分依次展开。

本书项目3至项目5由邓峰编写,项目6和项目7由孙冬丽编写,项目1和项目8由任婷婷编写,其余部分由祝勋编写。书中大部分实际仿真案例,是与企业工程师严伟沟通后给出的。

在本书的编写过程中,编者试图从满足教学基本要求、贯彻少而精的原则出发,力求做到精选内容、适当拓宽知识面、反映学科新成就、深度适中、篇幅不大,以期保持简明、实用的特色。本书符合高职高专学生的学习特点和认知规律,学生易于理解。全书引用了许多文献资料,在此深表谢意!

限于编者的水平,书中难免有错误和不足之处,衷心希望广大读者能提出宝贵的意见,并对不妥之处给予批评指正。

编　者<br>
2021年8月26日

# 目 录

**模块1 虚拟仿真技术** ……………………………………………………………………… (1)
  项目1 认识 Multisim 电路仿真软件 ……………………………………………………… (1)
    任务1.1 Multisim 电路仿真软件的基本使用 ……………………………………… (1)
    任务1.2 使用 Multisim 电路仿真软件的元器件库 ………………………………… (9)
    任务1.3 使用 Multisim 电路仿真软件的分析仪器 ………………………………… (26)

**模块2 电工技术虚拟仿真** ……………………………………………………………… (33)
  项目2 直流线性电路的分析与调试 ……………………………………………………… (33)
    任务2.1 直流电路中的基本知识 …………………………………………………… (33)
    任务2.2 直流电路中的基本定律 …………………………………………………… (42)
    任务2.3 电阻电路的连接、仿真与调试 …………………………………………… (55)
    任务2.4 综合混联电路的仿真与调试 ……………………………………………… (61)
  项目3 正弦交流电路的分析与调试 ……………………………………………………… (73)
    任务3.1 正弦交流电路中的基本知识 ……………………………………………… (73)
    任务3.2 单一元器件的正弦交流电路的仿真与调试 ……………………………… (81)
    任务3.3 正弦交流电路中功率的仿真与测量 ……………………………………… (95)
    任务3.4 谐振电路的仿真与调试 …………………………………………………… (100)
  项目4 三相交流电路的分析与调试 ……………………………………………………… (105)
    任务4.1 三相交流电源电路的仿真与测量 ………………………………………… (105)
    任务4.2 三相交流负载电路的仿真与测量 ………………………………………… (108)
  项目5 电磁电路的安装与调试 …………………………………………………………… (115)
    任务5.1 变压器电路的仿真与调试 ………………………………………………… (115)
    任务5.2 继电器电路的仿真与调试 ………………………………………………… (123)

**模块3 电子技术虚拟仿真** ……………………………………………………………… (128)
  项目6 半导体基本元器件的使用方法 …………………………………………………… (128)
    任务6.1 半导体导电特性认知 ……………………………………………………… (128)
    任务6.2 二极管典型电路仿真与调试 ……………………………………………… (133)
    任务6.3 三极管典型电路仿真与调试 ……………………………………………… (144)
  项目7 基本放大电路的分析与调试 ……………………………………………………… (156)
    任务7.1 放大电路直流通路的仿真与测量 ………………………………………… (156)
    任务7.2 放大电路交流通路的仿真与测量 ………………………………………… (159)
  项目8 负反馈放大电路及运算放大电路的分析与调试 ………………………………… (166)
    任务8.1 反馈放大电路的类型判断与分析 ………………………………………… (166)
    任务8.2 集成运算放大电路的分析与调试 ………………………………………… (171)

项目 9　直流稳压电源的分析与调试 …………………………………………… (182)
　　任务 9.1　桥式整流电路的仿真与测量 ………………………………………… (182)
　　任务 9.2　直流稳压电源电路的仿真与测量 …………………………………… (185)
项目 10　数字逻辑与逻辑门 ……………………………………………………… (195)
　　任务 10.1　认识数字逻辑表示法 ………………………………………………… (195)
　　任务 10.2　逻辑函数、逻辑门的逻辑功能测试 ………………………………… (206)
项目 11　组合逻辑电路的分析与仿真 …………………………………………… (216)
　　任务 11.1　组合逻辑电路分析方法 ……………………………………………… (216)
　　任务 11.2　集成数字逻辑芯片应用电路仿真与调试 …………………………… (221)
项目 12　时序逻辑电路的分析与仿真 …………………………………………… (239)
　　任务 12.1　认识触发器 …………………………………………………………… (239)
　　任务 12.2　寄存器电路的仿真与调试 …………………………………………… (257)
　　任务 12.3　计数器电路的仿真与调试 …………………………………………… (264)
参考文献 ……………………………………………………………………………… (277)

# 模块 1

# 虚拟仿真技术

## 项目 1　认识 Multisim 电路仿真软件

### 任务 1.1　Multisim 电路仿真软件的基本使用

**※能力目标**

了解 Multisim 电路仿真软件的基础知识和基本概念，熟悉 Multisim 电路仿真软件的界面，掌握使用 Multisim 电路仿真软件绘制仿真电路图的基本方法。

**※核心知识**

#### 一、Multisim 用户界面

在众多的 EDA 仿真软件中，Multisim 软件界面友好、功能强大、易学易用，受到电类设计开发人员的青睐。Multisim 用软件方法虚拟电子元器件及仪器仪表，将元器件和仪器仪表集合为一体，是原理图设计、电路测试的虚拟仿真软件。

Multisim 来源于加拿大图像交互技术公司（简称 IIT 公司）推出的以 Windows 为基础的仿真工具，原名 EWB。IIT 公司于 1988 年推出一个用于电子电路仿真和设计的 EDA 工具软件 Electronics Work Bench（电子工作台，简称 EWB），以界面形象直观、操作方便、分析功能强大、易学易用而得到迅速推广使用。

1996 年 IIT 公司推出了 EWB 5.0 版本，在 EWB 5.x 版本之后，从 EWB 6.0 版本开始，IIT 对 EWB 进行了较大变动，名称改为 Multisim（多功能仿真软件）。IIT 公司后被美国国家仪器（National Instruments，NI）公司收购，软件更名为 NI Multisim，Multisim 经历了多个版本的升级，已经有 Multisim2001、Multisim7、Multisim8、Multisim9、Multisim10 等版本，9 版本之后增加了单片机和 LabVIEW 虚拟仪器的仿真和应用。

下面以 Multisim14 为例介绍其基本操作。图 1.1.1 所示的为 Multisim14 的用户界面，由菜单栏（见图 1.1.2）、标准工具栏、主工具栏（见图 1.1.3）、虚拟仪器工具栏、元器件工具栏（见图 1.1.4）、仿真按钮、状态栏、电路图编辑区等组成部分。

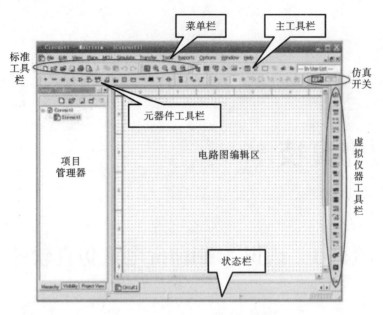

图 1.1.1 Multisim14 用户界面

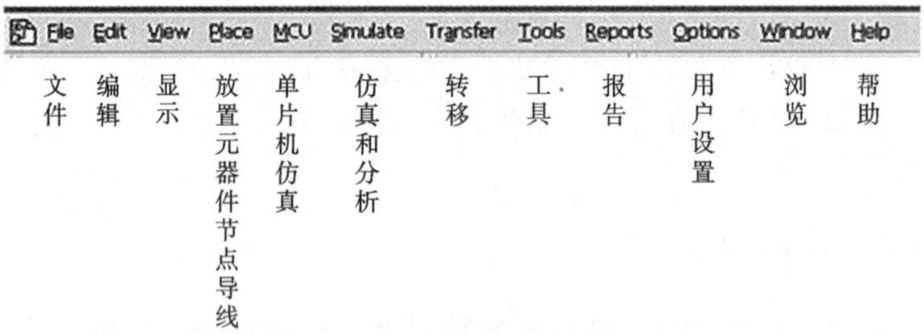

图 1.1.2 Multisim 菜单栏

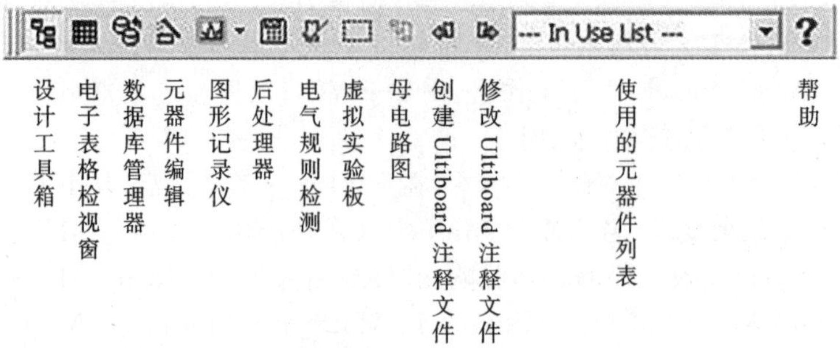

图 1.1.3 Multisim 主工具栏

其中,"选项"→"全局偏好"→"元器件"选项可进行个性化界面设置,Multisim14 提供两套电气元器件符号标准,如图 1.1.5 所示。

图 1.1.4 Multisim 元器件工具栏

图 1.1.5 Multisim 电气元器件符号标准选择对话框

ANSI：美国国家标准学会，美国标准，默认为该标准，本章采用默认设置。

DIN：德国国家标准学会，欧洲标准，与中国符号标准一致。

项目管理器位于 Multisim14 工作界面的左半部分，电路以分层的形式展示，主要用于层次电路的显示，3个标签如下。

Hierarchy：对不同电路的分层显示，单击"新建"按钮，生成 Circuit2 电路。

Visibility：设置是否显示电路的各种参数标识，如集成电路的引脚名称。

Project View：显示同一电路的不同页。

## 二、Multisim 仿真的基本步骤

（1）建立电路文件；
（2）放置元器件和仪表；
（3）元器件编辑；
（4）连线和进一步调整；
（5）电路仿真；
（6）输出分析结果。

## 三、具体方式

**1. 建立电路文件**

具体建立电路文件的方法如下。

（1）打开 Multisim 时，自动打开空白电路文件 Circuit1，保存该文件时可以重新命名。

（2）选择 File→New。

（3）选择工具栏 New 按钮。

（4）选择快捷键 Ctrl+N。

**2. 放置元器件和仪表**

Multisim14 的元器件数据库有主元器件库、企业元器件库和用户元器件库。后两个库由用户或合作人创建，新安装的 Multisim14 中这两个数据库是空的。

放置元器件的方法如下。

（1）选择"菜单"→"绘制"→"元器件"，来放置元器件。

（2）使用元器件工具栏来放置元器件。

（3）在绘图区右击鼠标，弹出菜单，放置元器件。

（4）使用快捷键 Ctrl+W 来放置元器件。

可以点击虚拟仪器工具栏相应按钮，或者使用菜单等方式来放置仪表。

以电阻基本网络测量电路放置+12 V 直流电源为例，点击元器件工具栏"放置电源"按钮，得到如图 1.1.6 所示界面。

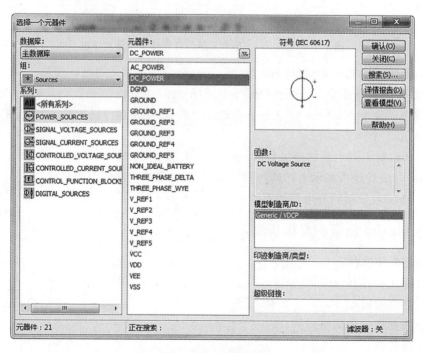

图 1.1.6 放置电源

修改电压为 12 V,如图 1.1.7 所示。

图 1.1.7 修改电压源的电压

同理,放置接地端和电阻,如图 1.1.8 所示。

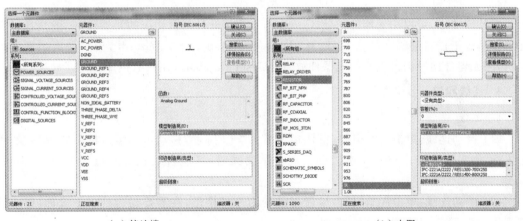

（a）接地端　　　　　　　　　　　　　　（b）电阻

图 1.1.8 放置接地端和电阻

图 1.1.9 所示的为放置了元器件和仪器仪表的效果图,其中左下角是直流电源,右上角是万用表。

### 3. 元器件编辑

1）元器件参数设置

双击元器件,弹出相关对话框,选项卡如下。

◆ Label:标签、编号,由系统自动分配,可以修改,但须保证标签、编号的唯一性。

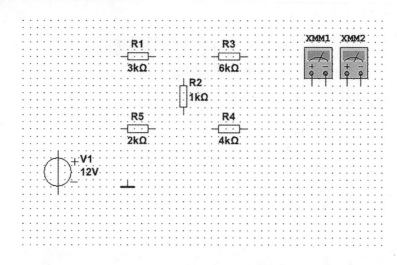

图 1.1.9 放置元器件和仪器仪表

- Display：显示。
- Value：数值。
- Fault：故障设置，Leakage 表示漏电，Short 表示短路，Open 表示开路，None 表示无故障（默认）。
- Pins：引脚，指明各引脚编号、类型、电气状态。

2) 元器件向导

对特殊要求，可以用元器件向导（Component Wizard）编辑相应的元器件，一般是在已有元器件基础上进行编辑。方法是：选择"Tools"→"Component Wizard"，按照规定步骤进行编辑，用元器件向导编辑生成的元器件放置在 User Database（用户数据库）中。

**4. 连线和进一步调整**

1) 连线

（1）自动连线：单击起始引脚，鼠标指针变为"十"字形，移动鼠标至目标引脚或导线，单击鼠标，则完成连线。当导线连接后呈现丁字交叉时，系统自动在交叉点放置节点（Junction）。

（2）手动连线：单击起始引脚，鼠标指针变为"十"字形，在需要拐弯处单击鼠标，可以固定连线的拐弯点，从而设定连线路径。

（3）关于交叉点，Multisim14 默认丁字交叉为导通，十字交叉为不导通，对于十字交叉而又希望导通的情况，可以分段连线，即先连接起点到交叉点，然后连接交叉点到终点；也可以在已有连线上增加一个节点，从该节点引出新的连线，添加节点可以选择"Place"→"Junction"，或者使用快捷键 Ctrl+J。

2) 进一步调整

（1）调整位置：单击选定元器件，移动至合适位置。

（2）改变标号：双击进入属性对话框更改。

（3）显示节点编号以方便仿真结果输出：选择"Options"→"Sheet Properties"→"Circuit"→"Net Names",再选择"Show All"即可。

（4）导线和节点删除：右击鼠标，选择"Delete"，或者选中导线和节点，点击键盘"Delete"键。

图 1.1.10 所示的为连线和调整后的电路图，图 1.1.11 所示的为节点编号后的电路图。

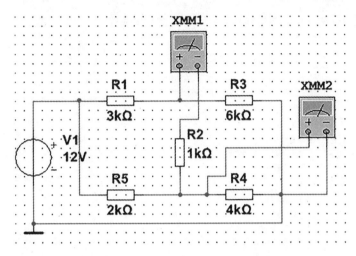

图 1.1.10　连线和调整后的电路图

**5. 电路仿真**

电路仿真基本方法如下。

- 按下仿真开关，电路开始工作，Multisim14 界面的状态栏右端出现仿真状态指示。
- 双击虚拟仪器，进行仪器设置，获得仿真结果。

仿真运行效果如图 1.1.12 所示。

图 1.1.13 所示的为万用表界面，双击"万用表"按钮，进行仪器设置，可以点击 中的直线按钮来设置测量直流电，若选择 中的"A"选项，则测量电流；若选择"V"选项，则测量电压。显示区给出对应位置的电压或者电流数值。

※**任务驱动**

**任务 1.1.1**　使用 Multisim 电路仿真软件绘制如图 1.1.14 所示仿真电路，练习设置不同元器件属性的设置方法及导线的连接方法。为仿真图添加节点编号，按照要求，测量中间支路上的电流大小。

**解**：如图 1.1.14 所示，分别在电源库及基本元器件库中找到相关元器件，将元器件修改相关属性值后，按照要求摆放并进行连线，最后显示电路中的节点编号。完成后的电路仿真图如图 1.1.15 所示。

※**技能驱动**

**技能 1.1.1**　熟悉 Multisim14 的操作界面。

**技能 1.1.2**　练习电路元器件的操作及原理图的连接。

**技能 1.1.3**　如何设置元器件的属性？

**技能 1.1.4**　如何设置元器件符号标准？

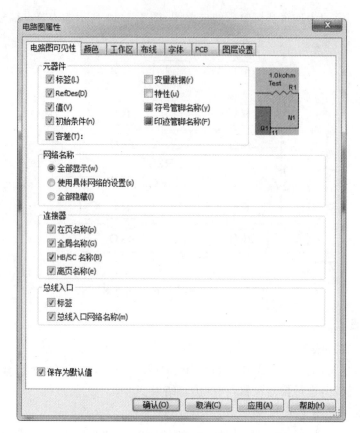

(a)节点编号对话框

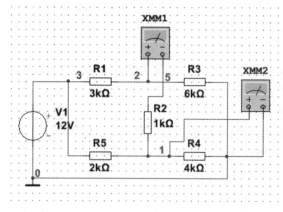

(b)电路图

图 1.1.11 节点编号后的电路图

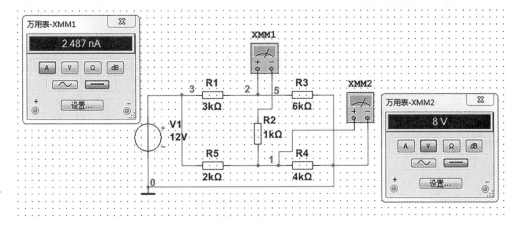

图 1.1.12 仿真运行效果图

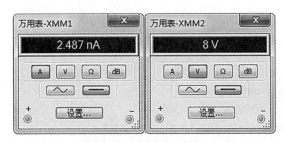

图 1.1.13 万用表界面

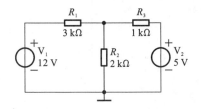 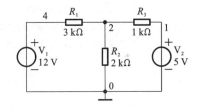

图 1.1.14 任务 1.1.1 电路图　　图 1.1.15 任务 1.1.1 显示节点编号的电路仿真图

**技能 1.1.5** 在电路工作区放置一个 10 kΩ 的电位器,设置其控制按键为"R",调整率为 5%。调整其阻值,观察其变化。

## 任务 1.2　使用 Multisim 电路仿真软件的元器件库

### ※能力目标

了解 Multisim 电路仿真软件的仿真元器件管理方式,熟悉查找仿真元器件的方法,掌握在 Multisim 电路仿真软件中放置仿真元器件的基本方法。

### ※核心知识

#### 一、Multisim 电路仿真软件中的元器件库大类

Multisim14 电路仿真软件的元器件库把元器件分成了 17 个大的类别,以便使用者在创

建仿真电路时能够快速找到对应元器件。这 17 个类别如图 1.2.1 所示。

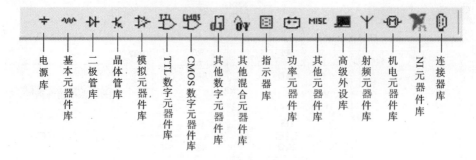

图 1.2.1　元器件库的类别

## 二、Multisim 电路仿真软件中的元器件库具体组成

### 1. 电源库

点击"放置信号源"快捷命令,弹出对话框中的"系列"栏,如图 1.2.2 所示。

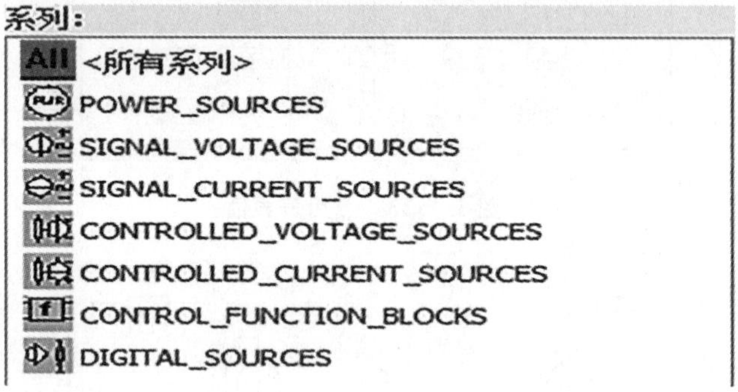

图 1.2.2　电源库组成

对应电源库系列名称如表 1.2.1 所示。

表 1.2.1　电源库组成列表

| 名　　称 | 对　应　库 |
| --- | --- |
| POWER_SOURCES | 功率源库 |
| SIGNAL_VOLTAGE_SOURCES | 信号电压源库 |
| SIGNAL_CURRENT_SOURCES | 信号电流源库 |
| CONTROLLED_VOLTAGE_SOURCES | 受控电压源库 |
| CONTROLLED_CURRENT_SOURCES | 受控电流源库 |
| CONTROLL_FUNCTION_BLOCKS | 控制函数元器件库 |
| DIGTAL_SOURCES | 数字电源库 |

### 2. 基本元器件库

点击"放置基本元器件库"快捷命令,弹出对话框中的"系列"栏,如图 1.2.3 所示。

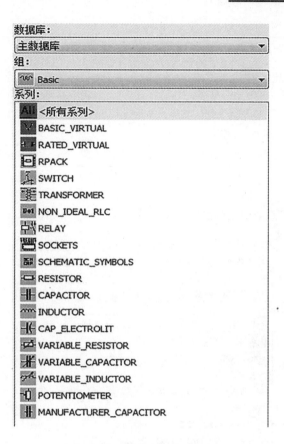

图 1.2.3 基本元器件库组成

对应基本元器件库系列名称如表 1.2.2 所示。

表 1.2.2 基本元器件库组成列表

| 名　称 | 对　应　库 |
|---|---|
| BASIC_VIRTUAL | 基本虚拟元器件库 |
| RATED_VIRTUAL | 额定虚拟元器件库 |
| RPACK | 电阻排库 |
| SWITCH | 开关库 |
| TRANSFORMER | 变压器库 |
| NON_IDEAL_RLC | 非理想电阻电感电容库 |
| RELAY | 继电器库 |
| SOCKETS | 插座库 |
| SCHEMATIC_SYMBOLS | 原理图符号库 |
| RESISTOR | 电阻库 |
| CAPACITOR | 电容库 |
| INDUCTOR | 电感库 |
| CAP_ELECTROLIT | 电解电容库 |

续表

| 名 称 | 对 应 库 |
| --- | --- |
| VARIABLE_RESISTOR | 可变电阻库 |
| VARIABLE_ CAPACITOR | 可变电容库 |
| VARIABLE_ INDUCTOR | 可变电感库 |
| POTENTIOMETER | 电位器库 |
| MANUFACTURER_ CAPACITOR | 厂商电容库 |

**3. 二极管库**

点击"放置二极管"快捷命令,弹出对话框中的"系列"栏,如图1.2.4所示。

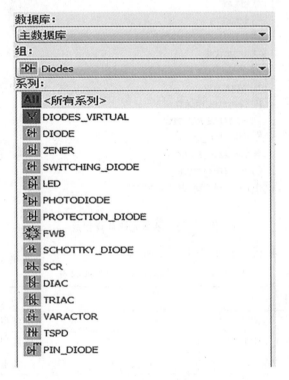

图 1.2.4　二极管库组成

对应二极管库系列名称如表1.2.3所示。

表 1.2.3　二极管库组成列表

| 名 称 | 对 应 库 |
| --- | --- |
| DIODES_VIRTUAL | 虚拟二极管元器件库 |
| DIODE | 普通二极管元器件库 |
| ZENER | 稳压管元器件库 |
| SWITCHING_DIODE | 开关二极管元器件库 |
| LED | 发光二极管元器件库 |

续表

| 名　称 | 对　应　库 |
|---|---|
| PHOTODIODE | 光电二极管元器件库 |
| PROTECTION_DIODE | 保护二极管元器件库 |
| FWB | 整流桥堆库 |
| SCHOTTKY_DIODE | 肖特基二极管库 |
| SCR | 可控硅元器件库 |
| DIAC | 双向开关二极管元器件库 |
| TRIAC | 可控硅开关库 |
| VARACTOR | 变容二极管元器件库 |
| TSPD | 晶闸管浪涌保护元器件库 |
| PIN_DIODE | PIN 二极管元器件库 |

**4. 晶体管库**

点击"放置晶体管"快捷命令,弹出对话框中的"系列"栏,如图 1.2.5 所示。

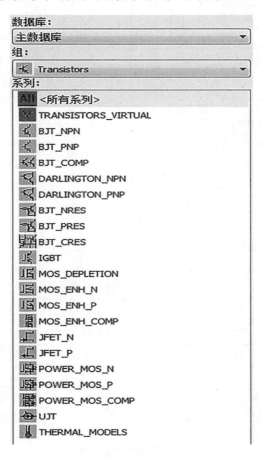

图 1.2.5　晶体管库组成

对应晶体管库系列名称如表 1.2.4 所示。

表 1.2.4 晶体管库组成列表

| 名　　称 | 对　应　库 |
| --- | --- |
| TRANSISTORS_VIRTUAL | 虚拟晶体管元器件库 |
| BJT_NPN | NPN 晶体管元器件库 |
| BJT_PNP | PNP 晶体管元器件库 |
| BJT_COMP | 复合型晶体管元器件库 |
| DARLINGTON_NPN | 达林顿 NPN 晶体管元器件库 |
| DARLINGTON_PNP | 达林顿 PNP 晶体管元器件库 |
| BJT_NRES | 双极性 NPN 晶体管元器件库 |
| BJT_PRES | 双极性 PNP 晶体管元器件库 |
| BJT_CRES | 复合型双极性晶体管元器件库 |
| IGBT | 绝缘栅双极型晶体管库 |
| MOS_DEPLETION | 耗尽型 MOS 场效应管元器件库 |
| MOS_ENH_N | 增强型 NMOS 场效应管元器件库 |
| MOS_ENH_P | 增强型 PMOS 场效应管元器件库 |
| MOS_ENH_COMP | 复合增强型 MOS 场效应管元器件库 |
| JFET_N | N 沟道 JFET 元器件库 |
| JFET_P | P 沟道 JFET 元器件库 |
| POWER_MOS_N | 功率 NMOSFET 元器件库 |
| POWER_MOS_P | 功率 PMOSFET 元器件库 |
| POWER_MOS_COMP | 复合型功率 MOSFET 元器件库 |
| UJT | 单结晶体管元器件库 |
| THERMAL_MODELS | 热模型元器件库 |

**5. 模拟元器件库**

点击"放置模拟"快捷命令,弹出对话框中的"系列"栏,如图 1.2.6 所示。

对应模拟元器件库系列名称如表 1.2.5 所示。

表 1.2.5 模拟元器件库组成列表

| 名　　称 | 对　应　库 |
| --- | --- |
| ANALOG_VIRTUAL | 模拟虚拟元器件库 |
| OPAMP | 运算放大器库 |
| OPAMP_NORTON | 诺顿运算放大器库 |
| COMPARATOR | 比较器库 |
| DIFFERENTIAL_AMPLIFIERS | 差动放大器库 |
| WIDEBAND_AMPS | 宽频带运算放大器库 |
| AUDIO_AMPLIFIER | 音频放大器库 |

续表

| 名　称 | 对　应　库 |
| --- | --- |
| CURRENT_SENSE_AMPLIFIERS | 电流放大器库 |
| INSTRUMENTATION_AMPLIFIERS | 仪表放大器库 |
| SPECIAL_FUNCTION | 特殊功能运算放大器库 |

图 1.2.6　模拟元器件库组成

6. TTL 数字元器件库

点击"放置 TTL"快捷命令,弹出对话框中的"系列"栏,如图 1.2.7 所示。

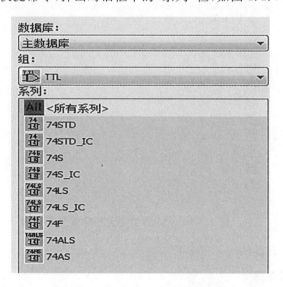

图 1.2.7　TTL 数字元器件库组成

对应 TTL 数字元器件库系列名称如表 1.2.6 所示。

表 1.2.6  TTL 数字元器件库组成列表

| 名　　称 | 对　应　库 |
| --- | --- |
| 74STD | 标准型 74 系列集成电路库 |
| 74STD_IC | 标准型 74 系列集成电路芯片库 |
| 74S | 肖特基型 74 系列集成电路库 |
| 74S_IC | 肖特基型 74 系列集成电路芯片库 |
| 74LS | 低功耗肖特基型 74 系列集成电路库 |
| 74LS_IC | 低功耗肖特基型 74 系列集成电路芯片库 |
| 74F | 高速型 74 系列集成电路库 |
| 74ALS | 先进低功耗肖特基型 74 系列集成电路库 |
| 74AS | 先进肖特基型 74 系列集成电路库 |

**7. CMOS 数字元器件库**

点击"放置 CMOS"快捷命令,弹出对话框中的"系列"栏,如图 1.2.8 所示。

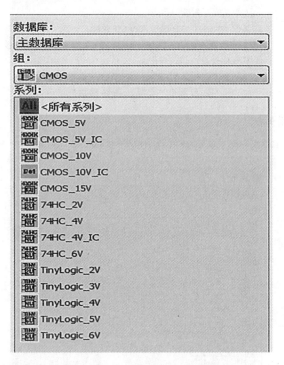

图 1.2.8  CMOS 数字元器件库组成

对应 CMOS 数字元器件库系列名称如表 1.2.7 所示。

**8. 其他数字元器件库**

点击"放置其他数字"快捷命令,弹出对话框中的"系列"栏,如图 1.2.9 所示。

表 1.2.7 CMOS 数字元器件库组成列表

| 名 称 | 对 应 库 |
|---|---|
| CMOS_5V | 4000 系列 5 V CMOS 集成电路库 |
| CMOS_5V_IC | 4000 系列 5 V CMOS 集成电路芯片库 |
| CMOS_10V | 4000 系列 10 V CMOS 集成电路库 |
| CMOS_10V_IC | 4000 系列 10 V CMOS 集成电路芯片库 |
| CMOS_15V | 4000 系列 15 V CMOS 集成电路库 |
| 74HC_2V | 74HC 系列 2 V CMOS 集成电路库 |
| 74HC_4V | 74HC 系列 4 V CMOS 集成电路库 |
| 74HC_4V_IC | 74HC 系列 4 V CMOS 集成电路芯片库 |
| 74HC_6V | 74HC 系列 6 V CMOS 集成电路库 |
| TinyLogic_2V | 2 V 微型逻辑电路库 |
| TinyLogic_3V | 3 V 微型逻辑电路库 |
| TinyLogic_4V | 4 V 微型逻辑电路库 |
| TinyLogic_5V | 5 V 微型逻辑电路库 |
| TinyLogic_6V | 6 V 微型逻辑电路库 |

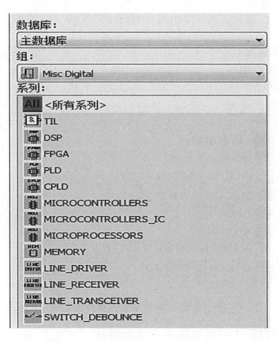

图 1.2.9 其他数字元器件库组成

对应其他数字元器件库系列名称如表 1.2.8 所示。

表 1.2.8  其他数字元器件库组成列表

| 名　　称 | 对　应　库 |
|---|---|
| TIL | TIL 数字逻辑元器件库 |
| DSP | DSP 元器件库 |
| FPGA | FPGA 元器件库 |
| PLD | PLD 元器件库 |
| CPLD | CPLD 元器件库 |
| MICROCONTROLLERS | 微控制器元器件库 |
| MICROCONTROLLERS_IC | 微控制器芯片库 |
| MICROPROCESSORS | 微处理器元器件库 |
| MEMORY | 存储器元器件库 |
| LINE_DRIVER | 线性驱动元器件库 |
| LINE_RECEIVER | 线性接收元器件库 |
| LINE_TRANSCEIVER | 线性无线电收发元器件库 |
| SWITCH_DEBOUNCE | 开关去抖元器件库 |

**9. 其他混合元器件库**

点击"放置其他混合"快捷命令,弹出对话框中的"系列"栏,如图 1.2.10 所示。

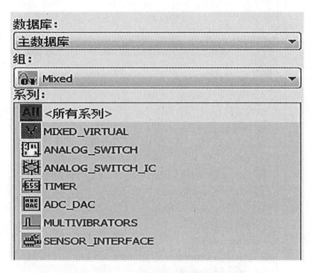

图 1.2.10  其他混合元器件库组成

对应其他混合元器件库系列名称如表 1.2.9 所示。

**10. 指示器库**

点击"放置指示器"快捷命令,弹出对话框中的"系列"栏,如图 1.2.11 所示。

表 1.2.9 其他混合元器件库组成列表

| 名　称 | 对　应　库 |
|---|---|
| MIXED_VIRTUAL | 混合虚拟元器件库 |
| ANALOG_SWITCH | 模拟开关库 |
| ANALOG_SWITCH_IC | 模拟开关芯片库 |
| TIMER | 定时器库 |
| ADC_DAC | ADC/DAC 库 |
| MULTIVIBRATORS | 多频振荡器库 |
| SENSOR_INTERFACE | 传感器接口库 |

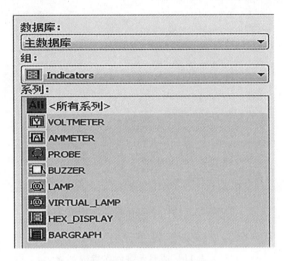

图 1.2.11 指示器库组成

对应指示器库系列名称如表 1.2.10 所示。

表 1.2.10 指示器库组成列表

| 名　称 | 对　应　库 |
|---|---|
| VOLTMETER | 电压表库 |
| AMMETER | 电流表库 |
| PROBE | 发光显示器库 |
| BUZZER | 蜂鸣器库 |
| LAMP | 灯泡库 |
| VIRTUAL_LAMP | 虚拟灯泡库 |
| HEX_DISPLAY | 十六进制显示器库 |
| BARGRAPH | 光柱显示器库 |

**11. 功率元器件库**

点击"放置功率元器件"快捷命令,弹出对话框中的"系列"栏,如图 1.2.12 所示。

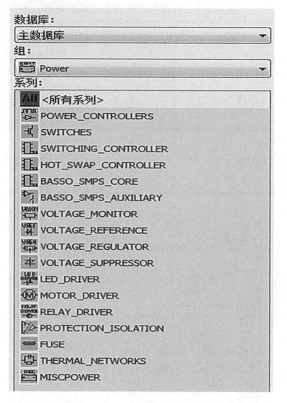

图 1.2.12　功率元器件库组成

对应功率元器件库系列名称如表 1.2.11 所示。

表 1.2.11　功率元器件库组成列表

| 名　　称 | 对　应　库 |
|---|---|
| POWER_CONTROLLERS | PWM 控制器库 |
| SWITCHES | 开关电源库 |
| SWITCHING_CONTROLLER | 开关电源控制器库 |
| HOT_SWAP_CONTROLLER | 热插拔控制器库 |
| BASSO_SMPS_CORE | 低频开关电源核心部件库 |
| BASSO_SMPS_AUXILIARY | 低频开关电源辅助部件库 |
| VOLTAGE_MONITOR | 电压监测元器件库 |
| VOLTAGE_REFERENCE | 基准电压元器件库 |
| VOLTAGE_REGULATOR | 稳压元器件库 |
| VOLTAGE_SUPPRESSOR | 电压抑制器库 |
| LED_DRIVER | LED 驱动器库 |
| MOTOR_DRIVER | 电机驱动器库 |
| RELAY_DRIVER | 继电器驱动器库 |
| PROTECTION_ISOLATION | 保护隔离元器件库 |

续表

| 名　称 | 对　应　库 |
| --- | --- |
| FUSE | 熔断器库 |
| THERMAL_NETWORKS | 热网络元器件库 |
| MISCPOWER | 功率类杂项元器件库 |

**12. 其他元器件库**

点击"放置其他"快捷命令,弹出对话框中的"系列"栏,如图1.2.13所示。

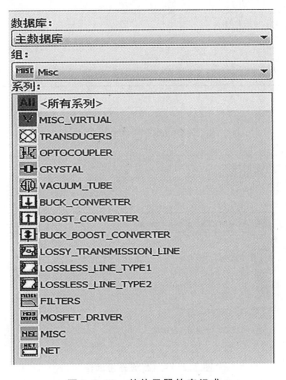

图 1.2.13　其他元器件库组成

对应其他元器件库系列名称如表1.2.12所示。

表 1.2.12　其他元器件库组成列表

| 名　称 | 对　应　库 |
| --- | --- |
| MISC_VIRTUAL | 虚拟杂类元器件库 |
| TRANSDUCERS | 换能器库 |
| OPTOCOUPLER | 光耦库 |
| CRYSTAL | 晶振库 |
| VACUUM_TUBE | 真空管库 |
| BUCK_CONVERTER | 降压变换器库 |

续表

| 名 称 | 对 应 库 |
|---|---|
| BOOST_CONVERTER | 升压变换器库 |
| BUCK_BOOST_CONVERTER | 升降压变换器库 |
| LOSSY_TRANSMISSION_LINE | 有损传输线库 |
| LOSSLESS_LINE_TYPE1 | 一类无损传输线库 |
| LOSSLESS_LINE_TYPE2 | 二类无损传输线库 |
| FILTERS | 滤波器库 |
| MOSFET_DRIVER | MOSFET驱动芯片库 |
| MISC | 其他杂类元器件库 |
| NET | 网络杂类元器件库 |

13. 高级外设库

点击"放置高级外设"快捷命令,弹出对话框中的"系列"栏,如图1.2.14所示。

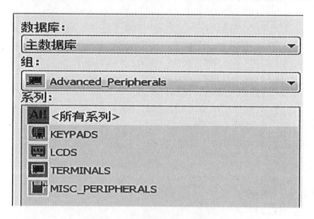

图1.2.14 高级外设库组成

对应高级外设库系列名称如表1.2.13所示。

表1.2.13 高级外设库组成列表

| 名 称 | 对 应 库 |
|---|---|
| KEYPADS | 键盘库 |
| LCDS | 液晶显示器库 |
| TERMINALS | 串行终端库 |
| MISC_PERIPHERALS | 其他外设库 |

14. 射频元器件库

点击"放置RF"快捷命令,弹出对话框中的"系列"栏,如图1.2.15所示。
对应射频元器件库系列名称如表1.2.14所示。

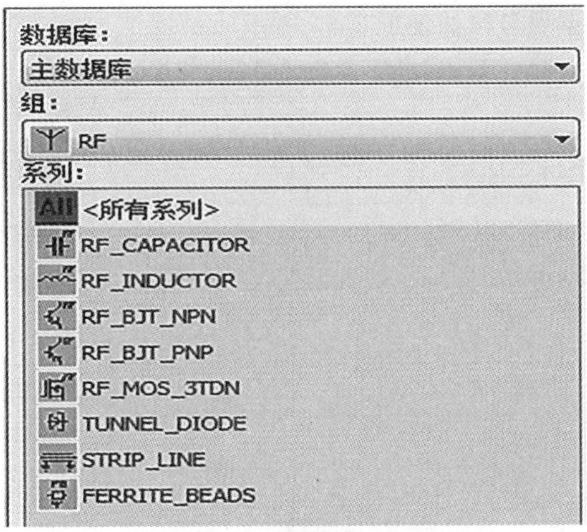

图 1.2.15 射频元器件库组成

表 1.2.14 射频元器件库组成列表

| 名 称 | 对 应 库 |
|---|---|
| RF_CAPACITOR | 射频电容器库 |
| RF_INDUCTOR | 射频电感器库 |
| RF_BJT_NPN | 射频双极型 NPN 晶体管库 |
| RF_BJT_PNP | 射频双极型 PNP 晶体管库 |
| RF_MOS_3TDN | 射频 N 沟道耗尽型 MOS 管库 |
| TUNNEL_DIODE | 射频隧道二极管库 |
| STRIP_LINE | 射频传输线库 |
| FERRITE_BEADS | 铁氧体元器件库 |

## 15. 机电元器件库

点击"放置机电式"快捷命令,弹出对话框中的"系列"栏,如图 1.2.16 所示。

图 1.2.16 机电元器件库组成

对应机电元器件库系列名称如表 1.2.15 所示。

表 1.2.15　机电元器件库组成列表

| 名　　称 | 对　应　库 |
|---|---|
| MACHINES | 机械类元器件库 |
| MOTION_CONTROLLERS | 运动控制器库 |
| SENSORS | 传感器元器件库 |
| MECHANICAL_LOADS | 机械负载元器件库 |
| TIMED_CONTACTS | 时间继电器库 |
| COILS_RELAYS | 保护继电器库 |
| SUPPLEMENTARY_SWITCHES | 辅助开关元器件库 |
| PROTECTION_DEVICES | 保护装置库 |

**16. NI 元器件库**

点击"放置 NI 元器件"快捷命令,弹出对话框中的"系列"栏,如图 1.2.17 所示。

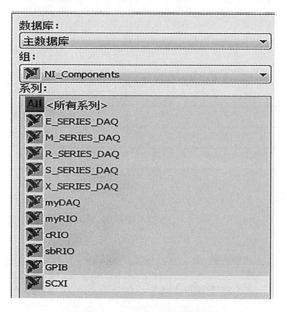

图 1.2.17　NI 元器件库组成

对应 NI 元器件库系列名称如表 1.2.16 所示。

表 1.2.16　NI 元器件库组成列表

| 名　　称 | 对　应　库 |
|---|---|
| E_SERIES_DAQ | E 系列数据采集库 |
| M_SERIES_DAQ | M 系列数据采集库 |
| R_SERIES_DAQ | R 系列数据采集库 |

续表

| 名称 | 对应库 |
|---|---|
| S_SERIES_DAQ | S系列数据采集库 |
| X_SERIES_DAQ | X系列数据采集库 |
| myDAQ | 我的数据采集库 |
| myRIO | 我的嵌入式测控系统库 |
| cRIO | 可重新配置的嵌入式测控系统库 |
| sbRIO | 单板嵌入式测控系统库 |
| GPIB | 通用接口总线库 |
| SCXI | 信号调理平台库 |

17. 连接器库

点击"放置连接器"快捷命令,弹出对话框中的"系列"栏,如图 1.2.18 所示。

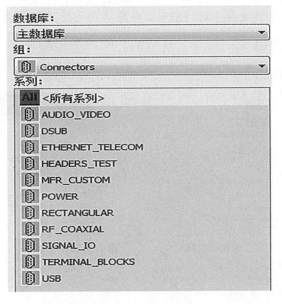

图 1.2.18  连接器库组成

对应连接器库系列名称如表 1.2.17 所示。

表 1.2.17  连接器库组成列表

| 名称 | 对应库 |
|---|---|
| AUDIO_VIDEO | 音频视频连接器库 |
| DSUB | DSUB 连接器库 |
| ETHERNET_TELECOM | 电信以太网连接器库 |
| HEADERS_TEST | 集箱测试连接器库 |

续表

| 名　　称 | 对　应　库 |
| --- | --- |
| MFR_CUSTOM | 微小流量调节定制连接器库 |
| POWER | 电源连接器库 |
| RECTANGULAR | 矩形连接器库 |
| RF_COAXIAL | 射频同轴连接器库 |
| SIGNAL_IO | IO 信号连接器库 |
| TERMINAL_BLOCKS | 终端块连接器库 |
| USB | USB 连接器库 |

※**任务驱动**

**任务 1.2.1**　在 1.1 节的任务电路图(见图 1.1.14)基础上,按照要求在图中增加万用表,用来测量中间支路上的电流大小,具体电路如图 1.2.19 所示。

**解**:由于要测量的未知量为中间支路上的电流,故放置万用表时首先要将中间支路断开,然后将万用表串联到该支路来进行测量。电路仿真图绘制完成后,万用表的设置及测量结果如图 1.2.20 所示。

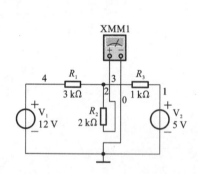

图 1.2.19　任务 1.2.1 电路仿真图

图 1.2.20　任务 1.2.1 万用表显示结果图

※**技能驱动**

**技能 1.2.1**　重新设置元器件的属性。

**技能 1.2.2**　显示电路原理图的节点。

**技能 1.2.3**　分别将直流电压源、交流电压源、直流电流源、交流电流源放入电路工作区,并练习设置其参数的大小。

## 任务 1.3　使用 Multisim 电路仿真软件的分析仪器

※**能力目标**

了解 Multisim 电路仿真软件的分析仪器,熟悉常用分析测量仪器的基本使用方法。

## ※核心知识

### 一、仪器工具栏

Multisim 的仪器工具栏提供了常用的仿真测量仪器和仪表,使用简单方便。仪器工具栏如图 1.3.1 所示。仪器工具栏一般是竖条显示在屏幕的右边,也可以用鼠标左键点击工具栏左边的双竖线之后,把其拖到想放置的位置再松开左键的方式,来改变仪器工具栏位置。

图 1.3.1　Multisim 的仪器工具栏

仪器工具栏从左至右,分别是数字万用表(Multimeter)、函数信号发生器(Function Generator)、瓦特表(Wattmeter)、双通道示波器(Oscilloscope)、四通道示波器(4 Channel Oscilloscope)、波特测试仪(Bode Plotter)、频率计数器(Frequency Counter)、字信号发生器(Word Generator)、逻辑分析仪(Logic Analyzer)、逻辑转换仪(Logic Converter)、IV 分析仪(IV-Analyzer)、失真分析仪(Distortion Analyzer)、频谱分析仪(Spectrum Analyzer)、网络分析仪(Network Analyzer)、Agilent 函数发生器(Agilent Function Generator)、Agilent 数字万用表(Agilent Multimeter)、Agilent 示波器(Agilent Oscilloscope)、Tektronix 示波器(Tektronix Oscilloscope)和节点测量表(Measurement Probe)等。

### 二、常用虚拟仪器的使用说明

**1. 数字万用表**

Multisim 提供的数字万用表(见图 1.3.2)外观和操作与实际的数字万用表的相似,可以测量电流(A)、电压(V)、电阻(Ω)和分贝值(dB),测量直流或交流信号。数字万用表有正极和负极 2 个引线端。

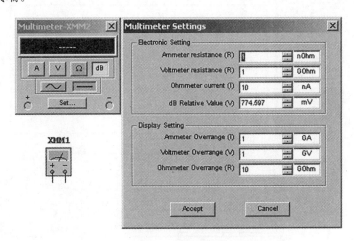

图 1.3.2　数字万用表图标及设置对话框

**2. 函数发生器**

Multisim 提供的函数发生器(见图 1.3.3)可以产生正弦波、三角波和矩形波,信号频率可在 1 Hz 到 999 MHz 范围内进行调整。信号的幅值及占空比等参数也可以根据需要进行调节。信号发生器有 3 个引线端口:负极、正极和公共端。

**3. 瓦特表**

Multisim 提供的瓦特表(见图 1.3.4)用来测量电路的交流或直流功率,瓦特表有 4 个引线端口:电压正极和负极,电流正极和负极。

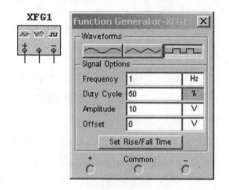
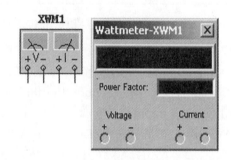

图 1.3.3　函数发生器图标及设置对话框　　图 1.3.4　瓦特表图标及设置对话框

**4. 双通道示波器**

Multisim 提供的双通道示波器(见图 1.3.5)与实际双通道示波器外观和基本操作大致相同,该双通道示波器可以观察一路或两路信号波形,分析被测周期信号的幅值和频率,时间基准可在秒至纳秒数量级进行调节。示波器图标有 4 个连接点:A 通道输入、B 通道输入、外触发端 T 和接地端 G。

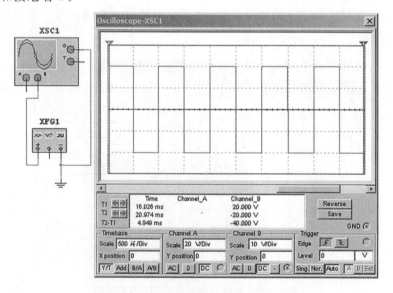

图 1.3.5　双通道示波器图标及设置对话框

示波器的控制面板分为以下四个部分。

1) Timebase(时间基准)

Scale(量程):设置显示波形时的 $X$ 轴时间基准。X position($X$ 轴位置):设置 $X$ 轴的起始位置。

显示方式有四种:Y/T 方式指的是 $X$ 轴显示时间,$Y$ 轴显示电压值;Add 方式指的是 $X$ 轴显示时间,$Y$ 轴显示 A 通道和 B 通道电压之和;A/B 或 B/A 方式指的是 $X$ 轴和 $Y$ 轴都显示电压。

2) Channel A(通道 A)

Scale(量程):通道 A 的 $Y$ 轴电压刻度设置。

Y position($Y$ 轴位置):设置 $Y$ 轴的起始点位置,起始点为 0 表明 $Y$ 轴和 $X$ 轴重合,起始点为正值表明 $Y$ 轴原点位置向上移,否则 $Y$ 轴原点位置向下移。

触发耦合方式:AC(交流耦合)、0(0 耦合)或 DC(直流耦合)。交流耦合只显示交流分量,直流耦合显示直流和交流之和,0 耦合则在 $Y$ 轴设置的原点处显示一条直线。

3) Channel B(通道 B)

通道 B 的 $Y$ 轴量程、起始点位置、耦合方式等项内容的设置与通道 A 的相同。

4) Tigger(触发)

触发方式主要用来设置 $X$ 轴的触发信号、触发电平及边沿等。

Edge(边沿):设置被测信号开始的边沿,设置先显示上升沿或下降沿。

Level(电平):设置触发信号的电平,使触发信号在某一电平时启动扫描。

触发信号选择:Auto(自动)、通道 A 和通道 B 表明用相应的通道信号作为触发信号;ext 为外触发;Sing 为单脉冲触发;Nor 为一般脉冲触发。

**5. 波特测试仪**

波特测试仪(见图 1.3.6)是测量电路、系统或放大器频幅特性和相频特性的虚拟仪器,类似于实验室的频率特性测试仪(或扫描仪)。利用波特测试仪可以方便地测量和显示电路的频率特性,适用于分析滤波电路,特别易于观察截止频率。图 1.3.6 所示的 XBP1 是波特测试仪的图标。双击波特测试仪的图标将显示其面板,控制面板分为几个区,分别是:模式(Mode)区、水平区(横轴)、垂直(纵轴)区、控件(控制)区。

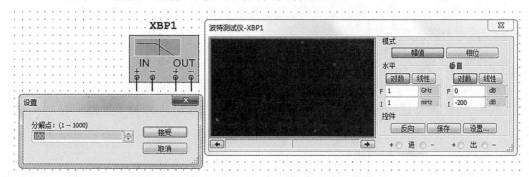

图 1.3.6　波特测试仪图标及设置对话框

1) 连接规则

波特测试仪的图标包括 4 个连接端，左边 IN 是输入端口，其"＋"、"－"分别与电路输入端的正、负端子相连；右边 OUT 是输出端口，其"＋"、"－"分别与电路输出端的正、负端子相连。由于波特测试仪本身没有信号源，所以在使用时，必须在电路的输入端口示意性地接入一个交流信号源（或函数信号发生器），且无须对其参数进行设置。

2) 面板操作

(1) 模式区。

幅值：显示屏显示幅频特性曲线。

相位：显示屏显示相频特性曲线。

(2) 水平区。

设定波特测试仪显示的 X 轴频率范围。为了清楚地显示某一频率范围的频率特性，可将 X 轴频率范围设定得小一些。

若点击"对数"按钮，则标尺用 Log(f) 表示；若点击"线性"按钮，则坐标标尺是线性的。当测量信号的频率范围较宽时，用"对数"标尺为宜。

F 和 I 分别是频率的最终值(Final)和初始值(Initial)的缩写。

(3) 垂直区。

设定波特测试仪显示的 Y 轴的刻度类型。测量幅频特性时，若点击"对数"按钮，则 Y 轴的刻度单位为 dB（分贝）；若点击"线性"按钮，则 Y 轴是线性刻度。测量相频特性时，Y 轴坐标表示相位，单位是度，刻度是线性的。F 栏用于设置 Y 轴最终值，I 栏用于设置 Y 轴初始值。

需要指出的是：若被测电路是无源网络（谐振电路除外），则由于频幅特性 $A(f)$ 的最大值是 1，Y 轴坐标的最终值应设置为 0 dB，初始值为负值。对于含有放大环节的网络，$A(f)$ 值可大于 1，最终值设为正值为宜。

(4) 控件区。

反向：改变屏幕背景颜色。

保存：以 BOD 格式保存测量结果。

设置：设置扫描的分辨率，点击该按钮后，屏幕出现如图 1.3.6 所示的对话框。

在"分解点"栏中选定扫描的分辨率，数值越大读数精度越高，但这会增加运行时间。"分解点"栏中的默认值是 100。

**6. 其他示波器**

1) 四通道示波器

Multisim14 的仪器库中提供一台四通道示波器，通道数由常见的 2 变为 4，使用方法与双通道示波器的相似。

2) Agilent 示波器

仪器库中有 Agilent 示波器，该仪器的图标和面板如图 1.3.7 所示。操作方法与实际 Agilent 示波器的相同，使用时要先用鼠标左键单击 Power 开关。

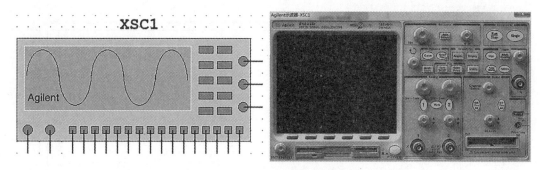

图 1.3.7　Agilent 示波器图标和面板

3）Tektronix 示波器

Multisim14 的仪器库中还包括 Tektronix 示波器，该仪器的图标和面板如图 1.3.8 所示。该示波器的操作方法与实际 Tektronix 示波器的相同。

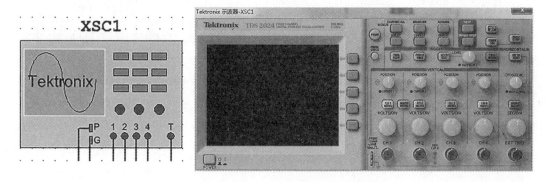

图 1.3.8　Tektronix 示波器图标和面板

※任务驱动

**任务 1.3.1**　绘制如图 1.3.9 所示的电路仿真图，使用虚拟示波器查看相关输出波形。

**解**：电路仿真图绘制完成后，点击"仿真运行"按钮，双击示波器图标，打开示波器属性对话框，参考图 1.3.10 所示来设置相关参数，观察示波器输出波形。

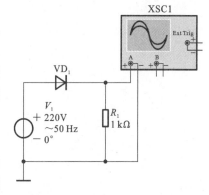

图 1.3.9　任务 1.3.1 电路仿真图

※技能驱动

**技能 1.3.1**　试用函数信号发生器产生一个有效值为 2.2 V、周期为 50 Hz、初相位为 60°的正弦电压信号。

**技能 1.3.2**　将技能 1.3.1 产生的电压信号用双踪示波器显示出来，并读出其相关参数。

**技能 1.3.3**　试搭建一个简单的直流电路，测量电路中的电压、电流、功率等物理量。

**技能 1.3.4**　测量二极管 1N4001 的伏安特性曲线。

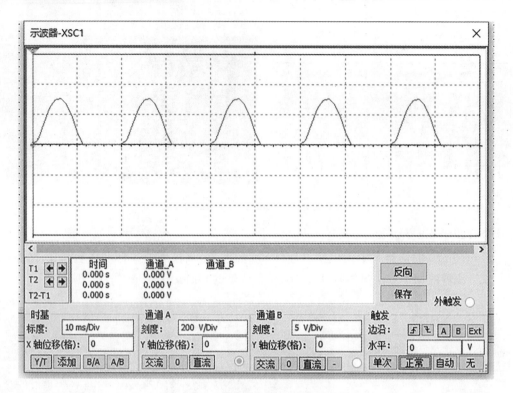

图 1.3.10　任务 1.3.1 示波器显示图

# 模块 2

# 电工技术虚拟仿真

## 项目 2　直流线性电路的分析与调试

### 任务 2.1　直流电路中的基本知识

※ 能力目标

了解电路的基本概念,熟悉电路中的基本物理量的定义,掌握电压和电流参考方向的物理意义,掌握电路中关联参考方向的判断方法,掌握电路中功率的计算方法,掌握常用电路中基本物理量的测量方法。

※ 核心知识

一、电路的组成认知

所谓的电路,就是人们为了某种需要,将某些电气设备和元器件按照一定方式连接起来的整体。电路提供了电流流过的路径。

**1. 电路及电路图**

1) 电路的作用

电路在我们的实际生活中无处不在,而且其种类繁多,但按照电路的基本功能,我们大致可以把电路分为以下两大类。

（1）能够实现能量的传输和转换,如电力系统的传输、发电等。

（2）能够实现信号的传递和处理的功能的总体,如通信电路、电视机等。

2) 电路的基本组成

一个完整的电路一般由以下三部分组成。

电源:是将机械能、化学能等其他形式的能转化为电能的设备或元器件,如电路中的蓄电池,常用的电源还有发电机等。

负载:即用电设备,是将电能转化成其他形式的能的设备或元器件,如电路中的电阻、电灯、电动机和电炉等设备。

中间环节:是指连接导线及控制、保护和测量的电气设备和元器件,它将电能安全地输送和分配到负载,如电路中的开关和导线。

3) 电路模型与电路图

(1) 电路模型。

电路模型是由若干理想化元器件组成的。

实际电路在运行过程中的表现相当复杂,如制作一个电阻仅是要利用它对电流呈现阻力的性质。然而有电流通过时电路还会产生磁场。要在数学上精确描述这些现象相当困难。为了用数学的方法从理论上判断电路的主要性能,必须在一定条件下,忽略实际元器件次要性质,按其主要性质加以理想化,从而得到一系列理想化元器件。

这种理想化元器件称为实际元器件的"元器件模型"。

① 理想电阻元器件:只消耗电能,如电阻、灯泡、电炉等,可以用理想电阻来反映其消耗电能的这一主要特征。

② 理想电容元器件:只储存电能,如各种电容,可以用理想电容来反映其储存电能的特征。

③ 理想电感元器件:只储存磁能,如各种电感线圈,可以用理想电感来反映其储存磁能的特征。

(2) 电路图。

将实际电路中各个元器件用其模型符号表示,这样画出的图称为实际电路的电路模型图,简称电路图,如图 2.1.1 所示。

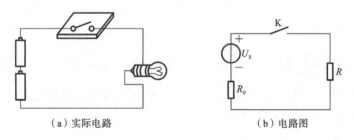

(a) 实际电路　　　　　(b) 电路图

图 2.1.1　实际电路与电路图

① 实际元器件在不同的应用条件下,其模型可以有不同的形式。

② 不同的实际元器件只要有相同的主要电气特性,在一定的条件下可用相同的模型表示,如灯泡、电炉等在低频电路中都可统一用理想电阻表示。

**2. 电路的基本物理量**

1) 电流

我们知道,电荷的定向移动形成电流。电流的方向习惯上指正电荷运动的方向,电流的大小常用电流强度来衡量。人们把单位时间内通过导体横截面的电荷量定义为电流强度,简称电流,用符号 $i$ 表示。

设在极短的时间 d$t$ 内,通过导体横截面的电荷量为 d$q$,则电流为

$$i = \frac{dq}{dt} \tag{2.1.1}$$

在国际单位制中,电流的单位是安培,简称安,符号是 A。此外,常用的电流单位还有千安、毫安和微安,各单位之间的换算关系如下:

$$1\ kA = 10^3\ A,\quad 1\ mA = 10^{-3}\ A,\quad 1\ \mu A = 10^{-6}\ A$$

一般情况下,电流 $i$ 是时间 $t$ 的函数。如果 d$q$/d$t$ 不随时间变化,即任意时刻,通过导体横截面的电量,其大小和方向都不随时间发生变化,则这种电流称为恒定直流,简称直流,常简写为 dc 或 DC,用符号 $I$ 表示。若电流的大小和方向随时间的变化而变化,则这种电流称为交变电流,简称交流,常简写为 ac 或 AC,用符号 $i$ 表示。

很显然,对直流电流来说,有

$$I = \frac{q}{t} \tag{2.1.2}$$

我们习惯上规定正电荷运动的方向(或负电荷运动的相反方向)为电流的方向,它在电路中是客观存在的,但在分析复杂的直流电路时,某个支路上的电流的实际方向难以事先确定,或者分析交流电路时,电流的方向会随着时间的变化而变化,此时也无法使用一个简单的箭头来表示电流的实际方向。为此,我们引入了电流的参考方向这一概念,来解决这个问题。我们人为规定,若电流的参考方向与电流的实际方向一致,则电流为正值;若电流的参考方向与电流的实际方向相反,则电流为负值。因此,在电流的参考方向确定了之后,电流的数值才有了正负之分,如图 2.1.2 所示。

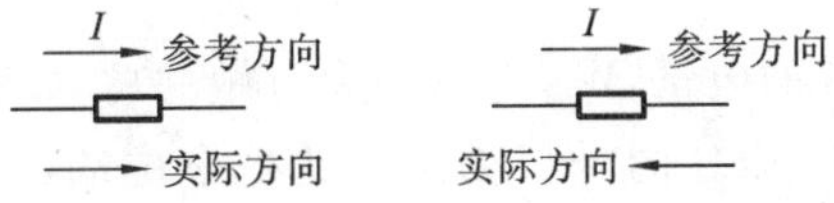

图 2.1.2 电流的实际方向和参考方向

在这里,我们要注意区分这两个方向,电流的实际方向指的是正电荷运动的方向,是客观存在的;而电流的参考方向是我们人为假定的正电荷运动的方向,它在客观上是不存在的。

对电流的参考方向进行假设时,原则上电流的参考方向可任意设定。但在习惯上,凡是一眼可看出电流方向的,一般将此方向设为电流的参考方向,而对看不出具体电流方向的,我们可以任意设定。

电流方向总结如下。

(1) 电路图上只标参考方向。电流的参考方向是任意指定的,一般用箭头在电路图中标出,也可以用双下标表示,如 $I_{ab}$ 表示电流的参考方向是由 $a$ 点到 $b$ 点,$I_{ba}$ 表示电流的参考方向是由 $b$ 点到 $a$ 点,两者之间相差一个负号,即 $I_{ab} = -I_{ba}$。

(2) 电流是一个既具有大小又有方向的代数量。在没有设定参考方向的情况下,讨论电流的正负毫无意义。

图 2.1.3 中,给出了几种不同的电流形式,试着分析每种电流的特点,并指出它们的类型。

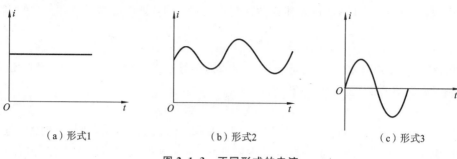

(a) 形式1　　　　　　　(b) 形式2　　　　　　　(c) 形式3

图 2.1.3　不同形式的电流

2) 电压

我们在电路分析中用到的另一个物理量是电压。类似的,直流电压用符号 $U$ 表示,交流电压用符号 $u$ 表示。

那么什么是电压呢？下面我们来看图 2.1.4 所示电路。

图 2.1.4 中,当开关 K 闭合时,我们发现电阻 $R$ 中有电流流过,若电阻元器件 $R$ 代表的是白炽灯,则 K 闭合时灯泡就会发光。灯泡发光的过程中,在电源 $E$ 的作用下,在正电极 $a$ 和负电极 $b$ 之间产生电场,其方向由 $a$ 点指向 $b$ 点,在这个电场的作用下,正电荷从电极 $a$ 经过灯泡流向电极 $b$,这就是电场力对电荷做了功。为了衡量这个功的大小,我们引入了电压的概念。电压又称为电位差,是衡量电场力做功本领大小的物理量。$a$、$b$ 两点之间的电压 $U_{ab}$ 在数值上等于电场力把单位正电荷从 $a$ 点移动到 $b$ 点所做的功,记为

$$U_{ab}=\frac{W_{ab}}{Q} \tag{2.1.3}$$

式中:$Q$ 为由 $a$ 点移动到 $b$ 点的电量,$W_{ab}$ 为电场力所做的功,如图 2.1.5 所示。习惯上,我们规定 $a$ 点为高电位端,记为电压 $U_{ab}$ 的"+"极,$b$ 点为低电位端,记为电压 $U_{ab}$ 的"-"极。两点电位降低的方向称为电压的方向。

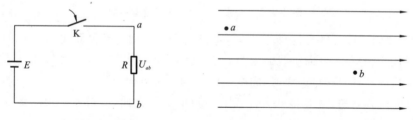

图 2.1.4　白炽灯电路模型　　　　　　图 2.1.5　电场力做功示意图

在国际单位制中,电压的单位是伏特,简称伏,符号是 V。此外,常用的电流单位还有千伏、毫伏等,各单位之间的换算关系如下:

$$1\ \text{kV}=10^3\ \text{V},\quad 1\ \text{mV}=10^{-3}\ \text{V}$$

类似地,在分析复杂的直流电路时,电路中任意两点间的电压的实际方向难以事先确定,或者分析交流电路时,电压的方向也会随着时间的变化而变化,此时也无法使用一对"+"极、"-"极来表示电压的实际方向,如图 2.1.6 所示。

电压方向总结如下。

(1) 电路图上只标参考方向。电压的参考方向是任意指定的,一般用"+"极、"-"极在

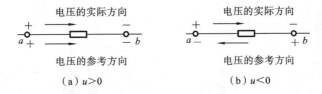

图 2.1.6 电压的实际方向和参考方向

电路图中标出,也可以用双下标表示,如 $U_{ab}$ 表示电压的参考方向是 $a$ 点作为"+"极,$b$ 点作为"−"极,$U_{ba}$ 表示电压的参考方向是 $b$ 点作为"+"极,$a$ 点作为"−"极,两者之间相差一个负号,即 $U_{ab}=-U_{ba}$。

(2) 电压是一个既具有大小又有方向的代数量。在没有设定参考方向的情况下,讨论电压的正负毫无意义。

3) 电动势

电动势是衡量电源转换本领的物理量。

在电源内部,非静电力(电源力)做功,不断将正电荷由负极送到正极所做的功。

$$E = \frac{W}{Q} \tag{2.1.4}$$

电动势方向:在电源内部由负极指向正极。电动势只存在于电源内部。

4) 电位

物理学中的电位又称为电势。

在电路中任选一点为参考点,则某点的电位就为该点到参考点之间的电压,如图 2.1.7 所示。

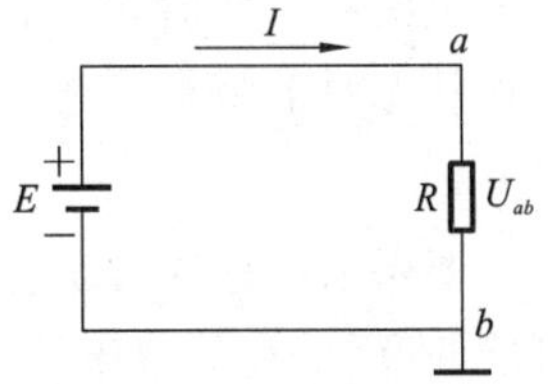

在图 2.1.7 中,我们选取 $b$ 点作为参考点,常用接地符号"⊥"来表示,则 $a$ 点的电位就为 $a$、$b$ 两点之间的电压 $U_{ab}$,记为 $V_a$,即

$$U_{ab}=V_a-V_b \tag{2.1.5}$$

图 2.1.7 电路中的参考点表示方法

式(2.1.5)也说明,电路中任意两点之间的电压等于这两点之间的电位差。

5) 功率

电路分析中常用到的一个复合物理量是电功率,简称功率,用 $p$ 或 $P$ 表示。功率反映的是电能对时间的变化率,数值上等于单位时间所做的功。

功率的表达式为

$$p=\frac{\mathrm{d}w}{\mathrm{d}t} \tag{2.1.6}$$

式中:$\mathrm{d}w$ 为 $\mathrm{d}t$ 时间内电路元器件吸取(或消耗)的电能。

在国际单位制中,电压的单位是瓦特,简称瓦,符号是 W。此外,常用的功率单位还有千瓦、毫瓦等,各单位之间的换算关系如下:

$$1\ \mathrm{kW}=10^3\ \mathrm{W},\quad 1\ \mathrm{mW}=10^{-3}\ \mathrm{W}$$

下面,我们来讨论一段电路中功率与电压、电流的关系。对二端元器件而言,电压的参考极性和电流参考方向的选择有 4 种可能的方式,如图 2.1.8 所示。

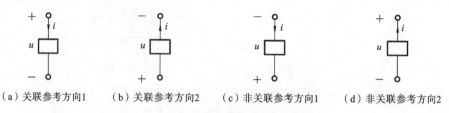

(a) 关联参考方向1　　(b) 关联参考方向2　　(c) 非关联参考方向1　　(d) 非关联参考方向2

图 2.1.8　二端元器件电流、电压参考方向

为了电路分析和计算的方便,常采用电压电流的关联参考方向,也就是说,当电压参考极性已经规定时,电流参考方向为从"+"指向"-";当电流参考方向已经规定时,电压参考极性的"+"号标在电流参考方向的进入端,"-"号标在电流参考方向的流出端。

若元器件上电压与电流的参考方向为关联参考方向,则功率表达式为

$$P=UI \tag{2.1.7}$$

若元器件上电压与电流的参考方向为非关联参考方向,则功率表达式为

$$P=-UI \tag{2.1.8}$$

功率 $P$ 表示元器件吸收的功率。当 $P>0$ 时,表示元器件实际上是吸收或消耗电能;当 $P<0$ 时,表示元器件实际上释放或提供电能。

**3. 直流电路的三种工作状态**

电路在工作时,会出现几种不同的工作状态,本节主要讨论电路在开路、短路和在额定工作状态时的特征。

1) 开路

要保证电路正常工作,必须要求电路构成一个闭合路径。闭合路径中的任何一处都有可能断开,从而导致电路无法工作,这种情况称为开路状态,也就是说电源与负载未构成闭合路径,此时电流 $I=0$,断开处的电压称为开路电压,用 $U_{OC}$ 来表示。开路有时也称为断路。

在实际生活中用开关控制电灯的亮与灭,当合上开关时,灯泡不亮,说明电路中有开路(断路),即电路中某一处断开了,没有电流通过。

开路特点:开路时,电流为零,负载不工作 $U=IR=0$,而开路处的端电压 $U_O=U_S$。

2) 短路

电路中的某两点没有经过负载而直接由导线连在一起时的状态,称为短路状态。此导线称为短路线,流过短路线的电流称为短路电流,用 $I_{SC}$ 表示。

短路可分为有用短路和故障短路。例如,在测量电路中的电流时常将电流表串联到电路中,为了保护电流表,在不需要用电流表测量时,用闭合开关将电流表两端短路,这种做法称为有用短路。接线不当或线路绝缘老化损坏等情况,使电路中本不应该连接的两点相连。这种造成电路故障的情况称为故障短路,其中最为严重的是电源短路。

在实际生活中用开关控制电灯的亮与灭,当合上开关时,电源保险丝马上被烧坏,这是因为电路中有短路(俗话中的电线相碰),造成电流急剧增大,从而烧毁了保险丝。

电路在短路时,由于电源内阻很小,此时电流 $I_{SC}$ 将很大,其瞬间释放的热量很大,从而大大超过线路正常工作时的发热量,不仅能烧毁绝缘层,而且有可能使金属熔化,引起可燃物燃烧,进而发生火灾。因此在实际工作中要经常检查电气设备的使用情况和导线的绝缘情

况,避免短路故障的发生。

3) 额定工作状态

实际的电路元器件和电气设备所能承受的电压和电流都有一定的限度,其工作电压、电流、功率都有一个正常的使用数值,这一数值常称为设备的额定值。

电气设备在额定值时的工作状态称为额定工作状态。在电气设备的铭牌上都有额定值,如额定电压($U_N$)、额定电流($I_N$)、额定功率($P_N$)、额定容量($S_N$)等。如一盏电灯上标注的电压是 220 V,功率 100 W,这就是额定值,也就是说电灯在电压为 220V(额定电压)的情况下工作,电灯的额定功率为 100 W。若电压低于 220 V,则电灯的功率达不到 100 W。若电压高于 220 V,则电灯的功率会超出 100 W,如果超出最大功率,则电灯就会烧坏。所以,对电气设备来说,电压、电流过高,都会使设备烧坏,而电压、电流过低,设备无法达到额定功率。最为合理的使用电气设备,就是让其工作在额定工作状态。

※ **任务驱动**

**任务 2.1.1**  电路中以 $c$ 点作为参考点时,电路中 $U_{ab}=1$ V,$U_{bc}=1$ V,求 $V_a$、$V_b$、$V_c$ 和 $U_{ac}$。若改为 $b$ 点为参考点,则 $V_a$、$V_b$、$V_c$ 和 $U_{ac}$ 又为多少?

**解**:以 $c$ 点为参考点,则 $V_c=0$ V。

又 $U_{bc}=V_b-V_c$,得 $V_b=U_{bc}-V_c=1$ V。

同理 $U_{ab}=V_a-V_b$,得 $V_a=U_{ab}-V_b=2$ V,而 $U_{ac}=V_a-V_c=2$ V。

若以 $b$ 点为参考点,则 $V_b=0$ V,而 $U_{ab}=V_a-V_b$,得 $V_a=U_{ab}-V_b=1$ V。

又 $U_{bc}=V_b-V_c$,得 $V_c=U_{bc}-V_c=-1$ V,而 $U_{ac}=V_a-V_c=2$ V。

电路中参考点的位置可以任意设定,在参考点选定后,电路中各点的电位也就随之确定了,若参考点的位置发生了变化,则电路中各点的电位也随之发生了改变,但电路中任意两点之间的电压却始终不变。

**任务 2.1.2**  计算图 2.1.9 中各元器件的功率,指出该元器件是吸收电能还是释放电能。

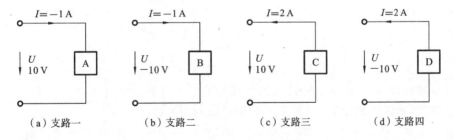

(a) 支路一    (b) 支路二    (c) 支路三    (d) 支路四

**图 2.1.9  任务 2.1.2 电路图**

**解**:图 2.1.9(a)中,电压、电流为关联参考方向,所以有

$$P=UI=10\times(-1) \text{ W}=-10 \text{ W}<0$$

因此,A 释放电能,为电源。

图 2.1.9(b)中,电压、电流为关联参考方向,所以有

$$P=UI=(-10)\times(-1) \text{ W}=10 \text{ W}>0$$

因此,B 吸收电能,为负载。

图 2.1.9(c)中,电压、电流为非关联方向,所以有

$$P=UI=-10\times 2=-20 \text{ W}<0$$

因此,C 释放电能,为电源。

图 2.1.9(d)中,电压、电流为非关联方向,所以有

$$P=UI=-(-10)\times 2=20 \text{ W}>0$$

因此,D 吸收电能,为负载。

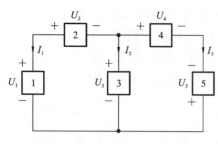

图 2.1.10 任务 2.1.3 电路图

**任务 2.1.3** 在图 2.1.10 中,方框代表电源或电阻,各电压、电流的参考方向均已设定。已知 $I_1=2$ A,$I_2=1$ A,$I_3=-1$ A,$U_1=7$ V,$U_2=3$ V,$U_3=-4$ V,$U_4=8$ V,$U_5=4$ V。求各元器件消耗或向外提供的功率。

**解**:元器件 1、3、4 的电压、电流为关联方向,有

$$P_1=U_1 I_1=7\times 2 \text{ W}=14 \text{ W}(消耗)$$
$$P_3=U_3 I_2=-4\times 1 \text{ W}=-4 \text{ W}(提供)$$
$$P_4=U_4 I_3=8\times(-1) \text{ W}=-8 \text{ W}(提供)$$

元器件 2、5 的电压、电流为非关联方向,有

$$P_2=-U_2 I_1=-3\times 2 \text{ W}=-6 \text{ W}(提供)$$
$$P_5=-U_5 I_3=-4\times(-1) \text{ W}=4 \text{ W}(消耗)$$

电路向外提供的总功率为

$$(4+8+6) \text{ W}=18 \text{ W}$$

电路消耗的总功率为

$$(14+4) \text{ W}=18 \text{ W}$$

计算结果说明该电路符合能量守恒原理,因此是正确的。

**任务 2.1.4** 有一个额定值为 5 W,500 Ω 的电阻,求其额定电压和额定电流。

**解**:由 $P=UI=I^2 R$ 得

$$I=\sqrt{\frac{P}{R}}=\sqrt{\frac{5}{500}} \text{ A}=0.1 \text{ A}$$
$$U=IR=0.1\times 500 \text{ V}=50 \text{ V}$$

在进行电路分析时,也会用到过载和欠载的概念。当实际电流或功率大于额定值时电路称为过载;当实际电流或功率小于额定值时电路称为欠载。

**任务 2.1.5** 已知如图 2.1.11 所示电路,XMM1 所示的为 $R_1$ 电阻两端的电压,XMM3 所示的为 $R_2$ 电阻两端的电压,XMM4 所示的为 $R_3$ 电阻两端的电压,XMM2 所示的为整个电路中的电流。根据每个万用表的方向及数值,指出每个电压和电流的实际方向,计算图 2.1.11 中所有元器件上的功率,指出该元器件是吸收电能还是释放电能,并用是否满足能量守恒原理来验证答案。

**解**:如图 2.1.11 所示,万用表 XMM2 的读数为 $-1$ mA,万用表 XMM2 上的参考电流方向为从右到左,则推出整个电路中的实际电流大小为 1 mA,实际电流方向为逆时针方向。根据三个电阻两端万用表的连接方向和表头数值,可以得到 3 个电阻两端参考电压方向及参

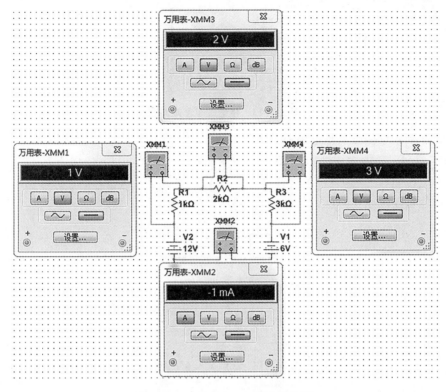

图 2.1.11　任务 2.1.5 电路仿真图

考电压值。最后根据各元器件参考电压的方向和参考电流的方向,图 2.1.11 中取关联参考方向的元器件为 $V_2$,取非关联参考方向的元器件为 $V_1$、$R_1$、$R_2$、$R_3$,故有

$$P_{V1} = -U_{V1}I = -6\times(-1)\text{ mW} = 6\text{ mW}(消耗)$$
$$P_{R1} = -U_{R1}I = -1\times(-1)\text{ mW} = 1\text{ mW}(消耗)$$
$$P_{R2} = -U_{R2}I = -2\times(-1)\text{ mW} = 2\text{ mW}(消耗)$$
$$P_{R3} = -U_{R3}I = -3\times(-1)\text{ mW} = 3\text{ mW}(消耗)$$
$$P_{V2} = U_{V2}I = 12\times(-1)\text{ mW} = -12\text{ mW}(提供)$$

总功率全部加起来结果为 0,满足能量守恒原理。

## ※技能驱动

**技能 2.1.1**　如图 2.1.12 所示,已知 $I_1 = 10$ A,$I_2 = -2$ A,$I_3 = 8$ A,试确定 $I_1$、$I_2$、$I_3$ 的实际方向。

**技能 2.1.2**　图 2.1.13 所示的各元器件均为负载(消耗电能),其电压、电流的参考方向如图所示。已知各元器件端电压的绝对值为 5 V,通过的电流绝对值为 4 A。

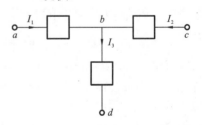

图 2.1.12　技能 2.1.1 电路图

要求:(1) 若电压参考方向与真实方向相同,判断电流的正负;(2) 若电流的参考方向与真实方向相同,判断电压的正负。

**技能 2.1.3**　若图 2.1.13 中各元器件电压、电流为参考方向,已知(a) $U = 10$ V,$I = 2$ A;(b) $U = -10$ V,$I = -2$ A;(c) $U = -10$ V,$I = 2$ A;(d) $U = 10$ V,$I = -2$ A。求各元器

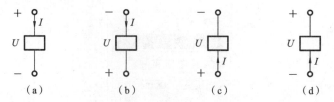

图 2.1.13 技能 2.1.2 电路图

件的功率,并判断它们分别是电源还是负载。

**技能 2.1.4** 在图 2.1.14 中,已知 $U_1=1$ V,$U_2=-6$ V,$U_3=-4$ V,$U_4=5$ V,$U_5=-10$ V,$I_1=1$ A,$I_2=-3$ A,$I_3=4$ A,$I_4=-1$ A,$I_5=-3$ A,求各元器件消耗或向外提供的功率,并用能量守恒原理验证。

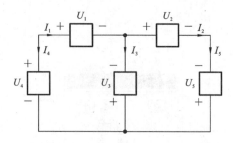

图 2.1.14 技能 2.1.4 电路图

## 任务 2.2 直流电路中的基本定律

※ **能力目标**

了解电阻、电位器的识读与测量方法,掌握电烙铁的使用方法,掌握欧姆定律的基本概念,掌握电路中电源的种类及其特性,掌握电路中电源等效的变换方法,熟悉电位分析法,掌握基尔霍夫定律的基本概念。

※ **核心知识**

### 一、简单直流电路的分析

对于任何元器件,加在元器件上的电压和流过元器件的电流必然存在一定的函数关系。德国科学家欧姆(George Simon Ohm)通过科学实验总结出:二端耗能元器件(如电炉、白炽灯)上的电压 $u(t)$ 与电流 $i(t)$ 成正比,即

$$u(t)=Ri(t) \tag{2.2.1}$$

式中:$R$ 是比例常数。这一规律称为欧姆定律(Ohm's Law)。

这是电压与电流关联参考方向下(电压和电流的参考方向一致的条件下)欧姆定律的表达式。若电阻元器件上电压与电流参考方向为非关联,则欧姆定律的表达式为

$$u(t)=-Ri(t) \tag{2.2.2}$$

电阻元器件上电压与电流是否为关联参考方向示意图如图 2.2.1 所示。

式(2.2.2)中的比例常数是表征导体对电流呈现阻碍作用的电路参数,该参数称为电阻(Re-

(a) $u$ 与 $i$ 关联　　　　(b) $u$ 与 $i$ 非关联

**图 2.2.1　电压电流参考方向关联及非关联示意图**

sistance),又称为电阻值、阻值。具有电阻性质的二端元器件称为电阻元器件,简称电阻。因此,"电阻"这一名词有时指元器件,有时指元器件的参数。电阻的单位是欧姆,简称欧,其国际标准符号为 Ω,还常用千欧($k\Omega$)或兆欧($M\Omega$)。

改写式(2.2.1),得

$$i(t)=\frac{u(t)}{R} \tag{2.2.3}$$

式(2.2.3)说明:流过电阻的电流与加在电阻上的电压成正比,与电阻的阻值成反比。式(2.2.3)中电阻的倒数称为电导(Conductance),是表征元器件导电能力强弱的电路参数,用符号 $G$ 表示,即

$$G=\frac{1}{R} \tag{2.2.4}$$

电导的单位是西门子(Siemens),简称西,用符号 S 表示。

## 二、电阻元器件的伏安特性

在电路分析中,我们往往通过元器件(或部件)上的电压 $u(t)$ 与电流 $i(t)$ 的函数关系来描述元器件的特性,这一关系称为伏安特性(Volt-Ampere Characteristics),简称伏安关系,用 VAR 表示。对于电阻元器件,如果其阻值大小与所加的电压大小和流过的电流大小无关,其伏安关系必然符合欧姆定律,这种电阻称为线性电阻(Linear Resistance)。线性电阻的伏安关系曲线如图 2.2.2 所示,图中直线的斜率就等于电阻值,即

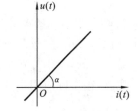

图 2.2.2　电阻元器件的伏安特性图

$$\tan\alpha=R=\frac{u(t)}{i(t)} \tag{2.2.5}$$

## 三、电源元器件

电源是有源的电路元器件,它是各种电能量(电功率)产生器的理想化模型。电源又可以分为电压源和电流源。

**1. 电压源**

若一个二端元器件接到任何电路后,该元器件两端电压总能保持给定的时间函数 $u_S(t)$,与通过它的电流大小无关,则此二端元器件称为电压源。电源在产生电能的同时,也有能量的消耗。例如,干电池有电流输出时电池本身发热,这时电池的端电压小于输出电流为零时的端电压,这种电源称为实际电源。在理想状态下,电源产生电能时不消耗电能,这种电源称为理想电源。理想电源是不存在的,只是在理论分析中抽象化的电源。

1) 理想电压源

电源除了用电压源模型表示外,还可以用电流源模型来表示(见图 2.2.3 和图 2.2.4)。理想电流源也是一个二端理想元器件,简称电流源,它具有以下两个特点:

(1) 通过电流源的电流是定值或者是时间 $t$ 的函数 $i(t)$,而与外电路无关;

(2) 电流源的端电压取决于外电路。

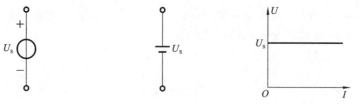

(a) 理想电压源电气符号　　(b) 理想电压源电路模型　　(c) 理想电压源伏安特性曲线

图 2.2.3　理想电压源电路模型及伏安特性图

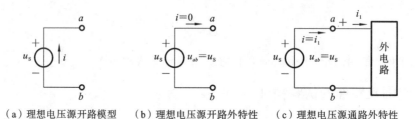

(a) 理想电压源开路模型　　(b) 理想电压源开路外特性　　(c) 理想电压源通路外特性

图 2.2.4　理想电压源外特性模型

图 2.2.4(a) 和图 2.2.4(b) 表示电压源未接外电路,即开路状态,$i=0$。图 2.2.4(c) 表示电压源接通外电路,且外电路电流为 $i_1$。图 2.2.4(b)、图 2.2.4(c) 两种情况下电压源的输出电压是一样的,由于外接电路不同,所以电流不同。

注意:在实际应用中,电压源不允许短路。

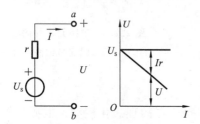

图 2.2.5　实际电压源电路模型图及外特性曲线图

2) 实际电压源

实际电压源,其端电压都随着电流变化而变化。例如,在电池接上负载后,我们通过伏特表来测量电池两端的电压,发现其电压会降低,这是由于电池内部有电阻的缘故,所以电池不是理想电压源。我们可以用图 2.2.5 所示的方法来表示实际电压源,即用一个电阻与电压源串联组合来表示,这个电阻称为电源的内阻,其电压与电流的关系可以用 $U=U_\mathrm{S}-I_\mathrm{S}r$ 来表示。

从定义可看出电压源有两个基本性质:

(1) 电压源端电压是定值或是一定的时间函数,与流过的电流无关,当 $u_\mathrm{S}=0$ 时,电压源相当于短路;

(2) 电压源的电压是由电压源本身决定的,流过电压源的电流则是任意的,由电压源与外电路共同决定。

需要注意:理想电压源在现实中是不存在的;实际电压源不能随意短路。

**2. 电流源**

1) 理想电流源

电源除了用电压源模型表示外,还可以用电流源模型表示。理想电流源也是一个二端理想元器件,简称电流源,它具有以下两个特点:

(1) 通过电流源的电流是定值或者是时间 $t$ 的函数 $i(t)$,而与外电路无关;

(2) 电流源的端电压取决于外电路。

由此我们给出直流理想电流源的符号,如图 2.2.6 所示。其中,$I_S$ 表示电流源的电流大小,箭头所指方向为 $I_S$ 的参考方向。

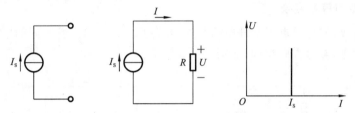

图 2.2.6 理想电流源电路模型及伏安特性图

在工程实际中电流源不允许断路。

2) 实际电流源

理想电流源是一种理想元器件,一般实际电源的输出电流是随着端电压的变化而变化的。例如,实际的光电池即使没有与外电路接通,还是有电流在内部流动的。可见,实际电流源可以用一个理想电流源 $I_S$ 和内阻 $r$ 相并联的模型来表示,如图 2.2.7 所示。

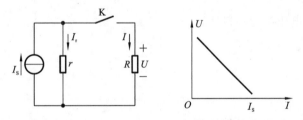

图 2.2.7 实际电流源电路模型图及外特性曲线图

**3. 电压源、电流源的串联和并联**

在电路中经常会遇到电源的串联或并联。当几个电压源串联时,可以用一个电压源来等效替代,如图 2.2.8(a)所示,其等效电压源的电压为

$$U_S = U_{S1} + U_{S2} + \cdots + U_{Sn} = \sum_{k=1}^{n} U_{Sk} \tag{2.2.6}$$

当 $n$ 个电流源并联时,可以用一个电流源来等效替代,如图 2.2.8(b)所示,这个等效的电流源的电流为

$$I_S = I_{S1} + I_{S2} + \cdots + I_{Sn} = \sum_{k=1}^{n} I_{Sk} \tag{2.2.7}$$

图 2.2.8(a)中,若某个电压源方向改变,按式(2.2.6)计算,其符号也要由正变负,对电流源并联时也有类似的结论。

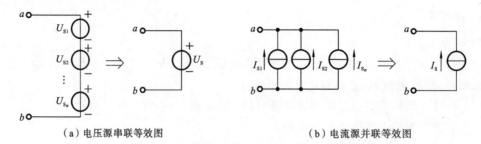

(a) 电压源串联等效图  (b) 电流源并联等效图

图 2.2.8 电压源的串联和电流源的并联等效图

**4. 电源模型的等效变换**

所谓外部等效，就是要求当与外电路相连的端钮 $a$、$b$ 之间具有相同的电压时，端钮上的电流必须大小相等，参考方向相同，如图 2.2.9 所示。

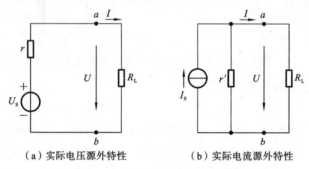

(a) 实际电压源外特性   (b) 实际电流源外特性

图 2.2.9 电源等效变换电路图

图 2.2.9(a) 中，电压源的外特性为

$$U = U_S - Ir \tag{2.2.8}$$

即

$$I = \frac{U_S}{r} - \frac{U}{r} \tag{2.2.9}$$

图 2.2.9(b) 中，电流源的外特性为

$$U = I_S r' - Ir' \tag{2.2.10}$$

根据等效的要求，只要满足 $U_S = I_S r'$ 及 $r = r'$，图 2.2.9 所示两个外电路的特性就完全相同，即它们对外电路是等效的，两者可以互相置换。因此，若已知电压源的 $U_S$ 和 $r$，则该电压源可等效为 $I_S = \dfrac{U_S}{r}$ 和 $r' = r$ 的电流源；反之，若已知电流源的 $I_S$ 和 $r'$，则该电流源可等效为 $U_S = I_S r'$ 和 $r = r'$ 的电压源。

### 四、电路中电位的计算

**1. 电位的定义**

在电路中任选一点作为参考点，在电路中规定零电位点（参考点）之后（通常设参考点的电位为零，记为 $V_0 = 0$），电路中任一点与零电位点之间电压（电位差），就是该点的电位，记为 $V_X$。

1) 电位参考点的选择方法

(1) 在工程中常选大地作为电位参考点;

(2) 在电子线路中,常选一条特定的公共线或机壳作为电位参考点。

例如,有些设备的机壳是需要接地的,这时凡与机壳连接的各点均为零电位。有些设备的机壳虽然不一定真的和大地连接,但很多元器件都要汇集到一个公共点,为了方便起见,可规定这一公共点为零电位点。

在电路中通常用符号"⊥"表示电位参考点。

电路中某一点 $M$ 的电位 $V_M$ 就是该点到电位参考点 $A$ 的电压,即 $M$、$A$ 两点间的电位差,即 $V_M = U_{MA}$。

2) 注意事项

若某点电位为正,则说明该点电位比参考点的高;

若某点电位为负,则说明该点电位比参考点的低。

3) 电位定义的补充

电位的定义是电荷在电场中某一点位置所具有的电位能($V_X$),其大小等于电荷从该点移到参考点时电场力所做的功。

**2. 电位的分析和计算**

下面通过举例说明如何用电位形式简化电路图。

如图 2.2.10 所示,图 2.2.10(a)可简化为图 2.2.10(b)所示的电路图,不画电源,各端标注该点的电位值。

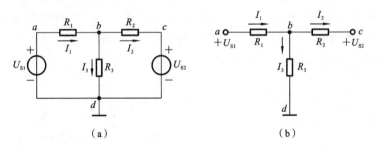

图 2.2.10 电位形式简化电路图

## 五、基尔霍夫定律

在介绍基尔霍夫定律之前,先介绍电路(见图 2.2.11)中几个常用的名词术语。

(1) 支路:电路中能通过同一电流的每个分支称为支路。如图 2.2.11 中 $a1b$、$a2b$ 和 $a3b$ 都是支路。其中支路 $a1b$ 和 $a2b$ 含有电源,称为有源支路(或含源支路);支路 $a3b$ 中没有电源,称为无源支路。

(2) 节点:电路中三个或三个以上支路的连接点称为节点。图 2.2.11 中有两个节点,即节点 $a$ 和节点 $b$。

(3) 回路:电路中任一闭合路径称为回路。图 2.2.11 中有三个回路,即回路 $a1b2a$、回路 $a2b3a$ 和回路 $a1b3a$。如果电路中只有一个回路,这样的电路称为单回路电路。

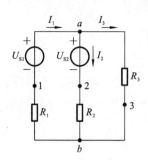

图 2.2.11 基尔霍夫定律电路示意图

(4) 网孔：是指其中不含有支路的回路。图 2.2.11 中回路 $a1b2a$ 和回路 $a2b3a$ 是网孔，而回路 $a1b3a$ 则不是网孔。在同一个电路中，网孔个数小于回路个数。

**1. 基尔霍夫电流定律**

基尔霍夫电流定律（KCL）是指在电路中任一时刻流入一个节点的电流之和等于从该节点流出的电流之和。它的依据是电流连续性原理，也就是说，在电路中任一点上，任何时刻都不会产生电荷的堆积或减少现象。

对于图 2.2.11 中节点 $a$，根据 KCL 可得

$$I_1 = I_2 + I_3 \quad \text{或} \quad I_1 - I_2 - I_3 = 0$$

其一般形式为

$$\sum I = 0 \tag{2.2.11}$$

对于交变电流，则有

$$\sum i = 0 \tag{2.2.12}$$

如图 2.2.12 所示，节点 $a$ 是截取某一电路中的一个节点，在给定的电流参考方向下，已知 $I_1 = 1$ A，$I_2 = -2$ A，$I_3 = 4$ A，试求出 $I_4$。

根据基尔霍夫电流定律（KCL），写出方程 $-I_1 + I_2 + I_3 - I_4 = 0$，代入已知数据，得 $-1 + (-2) + 4 - I_4 = 0$，因此 $I_4 = 1$ A。

如图 2.2.13 所示，用虚线框对三角形电路作一闭合面，根据图上各电流的参考方向，列出 KCL 的方程，则有 $I_1 + I_2 + I_3 = 0$。对电路中 $a$、$b$ 和 $c$ 三个节点列出 KCL 方程，得 $I_1 - I_a + I_c = 0$，$I_2 + I_a - I_b = 0$，$I_3 + I_b - I_c = 0$。将上述三式相加，得 $I_1 + I_2 + I_3 = 0$。可见，将 KCL 推广到电路中任一闭合面时仍是正确的。

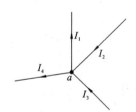
图 2.2.12 基尔霍夫电流定律示意图

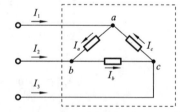
图 2.2.13 基尔霍夫电流定律（推广）示意图

**2. 基尔霍夫电压定律**

基尔霍夫电压定律（KVL）确定了电路中回路内各段电压之间的关系。KVL 指出：任一时刻，电路中任一回路内，各段电压的代数和等于零，即

$$\sum U = 0 \tag{2.2.13}$$

对于交变电压，有

$$\sum u = 0 \tag{2.2.14}$$

图 2.2.14 所示的为某电路中的一个回路，其电流、电压的参考方向及回路绕行方向在图

上已标出。

根据 KVL，可列出下列方程：
$$U_{ab}+U_{bc}+U_{cd}+U_{de}-U_{fe}-U_{af}=0 \tag{2.2.15}$$

或
$$U_{ab}+U_{bc}+U_{cd}+U_{de}=U_{fe}+U_{af}$$

式(2.2.15)表明，电路中两点间(例如，$a$ 点和 $e$ 点)的电压值是确定的。不论沿哪条路径，两节点

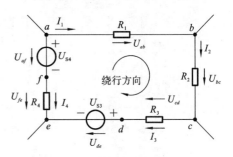

图 2.2.14 基尔霍夫电压定律示意图

间的电压值是相同的，所以，基尔霍夫电压定律实质上是电压与路径无关性质的反映。对于图 2.2.14 所示电路，如果把各元器件的电压和电流约束关系代入式(2.2.15)，可以写出 KVL 的另一种表达式。如将 $U_{ab}=I_1R_1$，$U_{bc}=I_2R_2$，$U_{cd}=I_3R_3$，$U_{de}=U_{S3}$，$U_{fe}=I_4R_4$，$U_{af}=U_{S4}$ 代入式(2.2.15)，并整理可得
$$I_1R_1+I_2R_2+I_3R_3-I_4R_4=U_{S4}-U_{S3}$$

或
$$\sum I_k R_k = \sum U_{Sk} \tag{2.2.16}$$

基尔霍夫电压定律不仅可以用于任一闭合回路，还可推广到任一不闭合的电路上，但要将开口处的电压列入方程。

如图 2.2.15 所示电路，在 $a$、$b$ 点处没有闭合，沿绕行方向一周，根据 KVL 则有
$$I_1R_1+I_2R_2+U_{S1}-U_{S2}-U_{ab}=0$$

或
$$U_{ab}=I_1R_1+I_2R_2+U_{S1}-U_{S2}$$

由此可得任何一段含源支路的电压和电流的表达式。

如图 2.2.16 所示，$a$、$b$ 两端的电压，其实就相当于一个不闭合电路开口处的电压，根据 KVL，可得
$$U_{ab}=IR+U_S \tag{2.2.17}$$

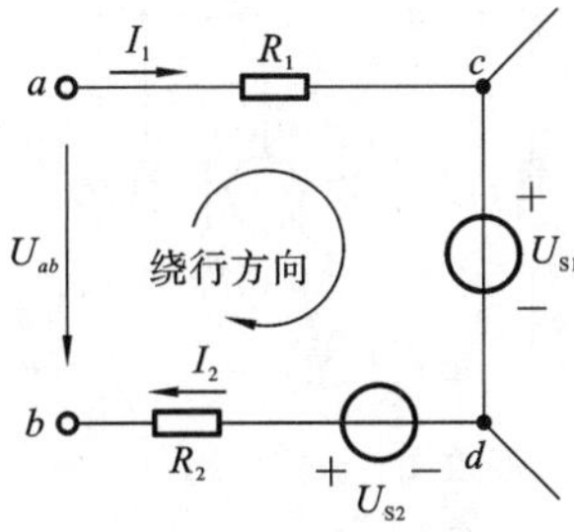

图 2.2.15 基尔霍夫电压定律(推广)示意图

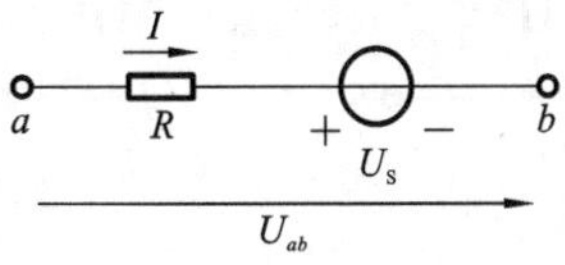

图 2.2.16 任意含源支路电路图

## ※任务驱动

**任务 2.2.1** 为图 2.2.17 所示电路画出等效电源图。

**解**：(1) 图 2.2.17(a)所示的为一电压源，可等效变换为图 2.2.18 所示的电流源。

(2) 图 2.2.17(b)所示的为一电流源，可等效变换为图 2.2.19 所示的电压源。

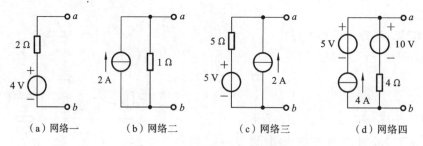

(a) 网络一    (b) 网络二    (c) 网络三    (d) 网络四

图 2.2.17　任务 2.2.1 电路图

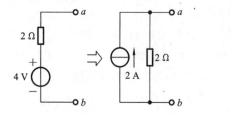 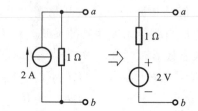

图 2.2.18　任务 2.2.1(a)等效图　　图 2.2.19　任务 2.2.1(b)等效图

(3) 先将图 2.2.17(c)中电压源变换为电流源,再与 2 A 的电流源并联成一个电流源,如图 2.2.20 所示。

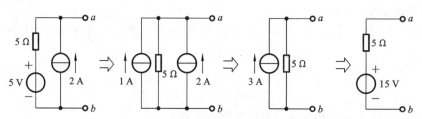

图 2.2.20　任务 2.2.1(c)等效图

(4) 将图 2.2.17(d)中 5 V 电压源用短路线代替,不影响它所在这段电路的电流大小,因此图 2.2.21(d)所示的电路可等效为图 2.2.21 所示的电路。

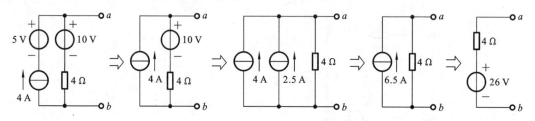

图 2.2.21　任务 2.2.1(d)等效图

**任务 2.2.2**　如图 2.2.22 所示,求 K 断开和闭合时两种情况下 $a$ 点的电位 $V_a$。

**解:**(1) 当 K 断开时,电路为单一支路,三个电阻上流过同一电流,因此

$$\frac{-12-V_a}{(6+4)\times 10^3}=\frac{V_a-12}{20\times 10^3}$$

得

$$V_a=-4 \text{ V}$$

(2) 当 K 闭合时，$V_b = 0$ V，4 kΩ 和 20 kΩ 电阻上流过同一电流，因此

$$\frac{V_b - V_a}{4 \times 10^3} = \frac{V_a - 12}{20 \times 10^3}$$

得

$$V_a = 2 \text{ V}$$

必须注意的是，电路中两点间的电位差（电压）是绝对的，不随电位参考点的不同发生变化，即电压值与电位参考点无关；而电路中某一点的电位则是相对电位参考点而言的，电位参考点不同，该点电位值也将不同。

具体电路仿真图如图 2.2.23 所示。

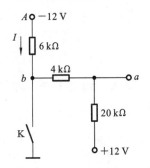

图 2.2.22 任务 2.2.2 电路图

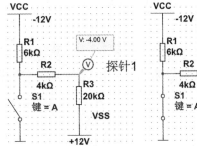

图 2.2.23 任务 2.2.2 电路仿真图

**任务 2.2.3** 一段有源支路 $ab$ 如图 2.2.24 所示，已知 $U_{S1} = 6$ V，$U_{S2} = 14$ V，$U_{ab} = 5$ V，$R_1 = 2$ Ω，$R_2 = 3$ Ω，设电流参考方向如图所示，求 $I$。

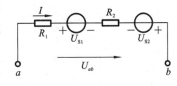

图 2.2.24 任务 2.2.3 电路图

**解**：这一段有源支路可看成是一个单回路电路，开口 $a$、$b$ 处可看成是一个电压大小为 $U_{ab}$ 的电压源，那么根据 KVL，选择顺时针绕行方向，可得

$$IR_1 + U_{S1} + IR_2 - U_{S2} - U_{ab} = 0$$

$$I = \frac{U_{ab} + U_{S2} - U_{S1}}{R_1 + R_2} = \frac{5 + 14 - 6}{2 + 3} \text{ A} = 2.6 \text{ A}$$

具体电路仿真图如图 2.2.25 所示。

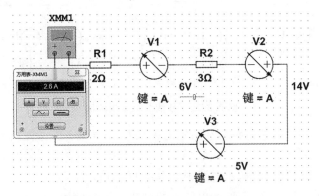

图 2.2.25 任务 2.2.3 电路仿真图

通过求解本题可知,从 $a$ 到 $b$ 的电压降 $U_{ab}$ 应等于由 $a$ 到 $b$ 路径上全部电压的代数和。

## ※ 技能驱动

**技能 2.2.1** 图 2.2.26 中,各元器件上所示的为电流、电压参考方向,求各元器件功率,并判断它是耗能元器件还是电源。

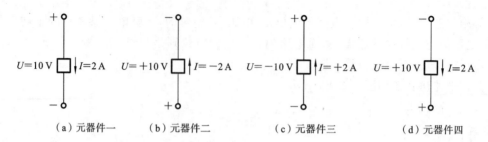

图 2.2.26 技能 2.2.1 电路图

**技能 2.2.2** 已知电阻 $R=4\ \Omega$,求图 2.2.27 中电压 $U_{ab}$,并指出电流和电压的实际方向。

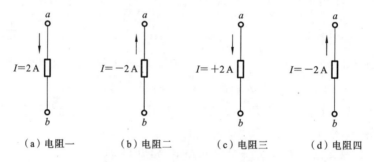

图 2.2.27 技能 2.2.2 电路图

**技能 2.2.3** 如图 2.2.28 所示,试求:
(1) 图(a)中电压 $U$ 和电流 $I$;
(2) 串入一个电阻 10 kΩ(见图(b))后,求电压 $U$ 和电流 $I$;
(3) 再并联一个 2 mA 的电流源(见图(c))后,求电压 $U$ 和电流 $I$。

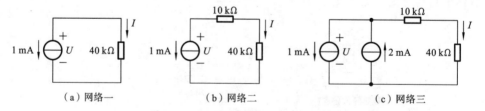

图 2.2.28 技能 2.2.3 电路图

**技能 2.2.4** 如图 2.2.29 所示,在指定的电压 $U$ 和电流 $I$ 参考方向下,写出各元器件 $U$ 和 $I$ 的约束方程。

**技能 2.2.5** 求图 2.2.30 所示电路中的电压 $U$ 和电流 $I$。

**技能 2.2.6** 做出图 2.2.31 所示电路中的等效电压源模型。

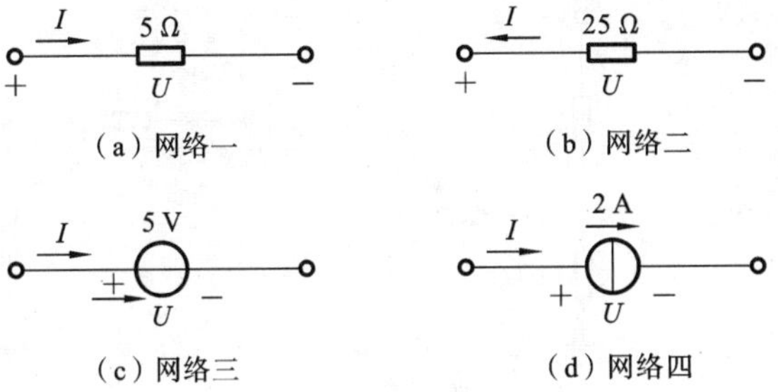

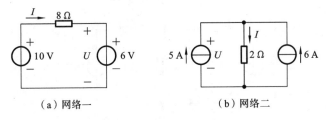

图 2.2.29 技能 2.2.4 电路图

图 2.2.30 技能 2.2.5 电路图

**技能 2.2.7** 求图 2.2.31 中各电路的等效电流源模型。

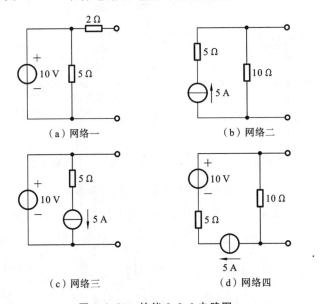

图 2.2.31 技能 2.2.6 电路图

**技能 2.2.8** 求题图 2.2.32 电路中的电压 $U_{ab}$ 和 $U_{bc}$。

**技能 2.2.9** 在图 2.2.33 所示电路中,求 $a$、$b$、$c$ 各点的电位。

**技能 2.2.10** 试求图 2.2.34 所示电路中 $a$ 和 $b$ 两点的电位。若将 $a$、$b$ 两点直接连接或仅接一个电阻,对电路工作有无影响?

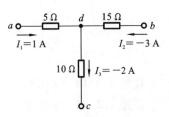

图 2.2.32 技能 2.2.8 电路图

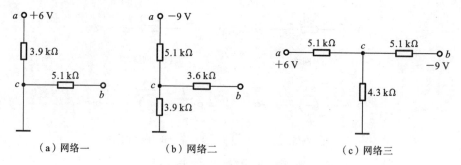

图 2.2.33 技能 2.2.9 电路图

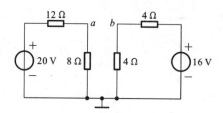

图 2.2.34 技能 2.2.10 电路图

**技能 2.2.11** 求图 2.2.35 电路中的未知电流。

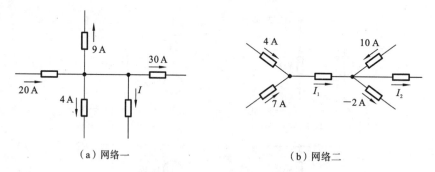

图 2.2.35 技能 2.2.11 电路图

**技能 2.2.12** 求图 2.2.36 中各有源支路中的未知量。图(d)中 $P_{IS}$ 表示电流源的功率。

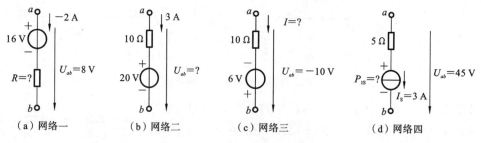

图 2.2.36 技能 2.2.12 电路图

**技能 2.2.13** 求图 2.2.37 中 $a$、$b$ 两点间的电压 $U_{ab}$。

**技能 2.2.14** 如图 2.2.38 所示,已知 $I_{S1}=2$ A,$I_{S2}=3$ A,$R_1=1$ Ω,$R_2=2$ Ω,$R_3=2$ Ω,求 $I_3$、$U_{ab}$ 和两理想电流源的端电压 $U_{cb}$ 和 $U_{db}$。

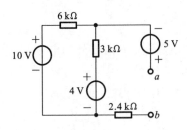

图 2.2.37 技能 2.2.13 电路图

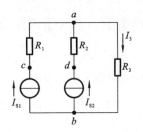

图 2.2.38 技能 2.2.14 电路图

## 任务 2.3 电阻电路的连接、仿真与调试

### ※能力目标

掌握电阻串联电路的分析方法,掌握电阻并联电路的分析方法,熟悉混联电路的分析方法,掌握电路中功率的计算方法。

### ※核心知识

#### 一、对电阻串联电路的认知和分析

图 2.3.1 所示的为电阻 $R_1$、$R_2$ 和 $R_3$ 相串联的电路,$a$、$b$ 两端外加电压 $U$,各电阻上流过同一电流 $I$,其参考方向如图 2.3.1 所示。

根据 KVL,可得

$$U=U_1+U_2+U_3=IR_1+IR_2+IR_3=IR$$

式中:$R$ 称为串联等效电阻,又称为串联电阻的总电阻。

$$R=R_1+R_2+R_3$$

其一般形式为

$$R = \sum_{k=1}^{n} R_k \qquad (2.3.1)$$

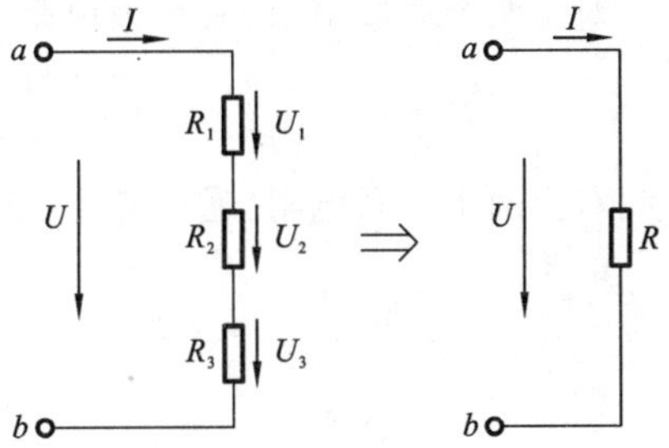

图 2.3.1 串联电阻模型

可见电阻串联时其等效电阻等于各个电阻之和。

电阻串联时,各电阻上的电压为

$$U_1 = IR_1 = \frac{U}{R}R_1 = \frac{R_1}{R}U$$

$$U_2 = IR_2 = \frac{U}{R}R_2 = \frac{R_2}{R}U \qquad (2.3.2)$$

$$U_3 = IR_3 = \frac{U}{R}R_3 = \frac{R_3}{R}U$$

其一般式为

$$U_k = \frac{R_k}{R}U \qquad (2.3.3)$$

## 二、对电阻并联电路的认知和分析

图 2.3.2 所示的为电阻 $R_1$、$R_2$ 和 $R_3$ 相并联的电路。$a$、$b$ 两端外加电压 $U$，总电流为 $I$，各支路电流分别为 $I_1$、$I_2$ 和 $I_3$，其参考方向如图 2.3.2 所示。

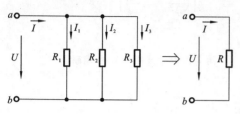

图 2.3.2 并联电阻模型

根据 KCL,可得

$$I = I_1 + I_2 + I_3 = \frac{U}{R_1} + \frac{U}{R_2} + \frac{U}{R_3} = U\left(\frac{1}{R_1} + \frac{1}{R_2} + \frac{1}{R_3}\right) = U\frac{1}{R} \quad (2.3.4)$$

式中：$R$ 为并联等效电阻或并联电阻的总电阻，即

$$\frac{1}{R} = \frac{1}{R_1} + \frac{1}{R_2} + \frac{1}{R_3}$$

$$G = G_1 + G_2 + G_3 \quad (2.3.5)$$

其一般形式为

$$G = \sum_{k=1}^{n} G_k \quad (2.3.6)$$

可见，当几个电阻并联时，其等效电导等于各个电导之和。

电导与电阻的关系式为

$$R = \frac{1}{G} \quad (2.3.7)$$

对于两个并联电阻，其等效电阻为

$$R = \frac{R_1 R_2}{R_1 + R_2} \quad (2.3.8)$$

对于两个并联电阻，通过各个电阻的电流为

$$I_1 = \frac{U}{R_1} \quad (2.3.9)$$

$$I_2 = \frac{U}{R_2} \quad (2.3.10)$$

而

$$U = IR = I\frac{R_1 R_2}{R_1 + R_2} \quad (2.3.11)$$

同理可得

$$I_1 = I \times \frac{R_2}{R_1 + R_2} = \frac{R}{R_1} I$$

$$I_2 = I \times \frac{R_1}{R_1 + R_2} = \frac{R}{R_2} I \quad (2.3.12)$$

式(2.3.12)说明，电阻并联电路中各支路电流反比于该支路的电阻，所以式(2.3.12)又称为电阻并联电路的分流公式。

## 三、电阻的混联

电阻的 Y 形连接与 △ 连接的等效互换如下。

在电路中,电阻的连接有时既不是串联也不是并联。如图 2.3.3(a)所示,$R_1$、$R_2$ 和 $R_3$,以及 $R_1$、$R_2$ 和 $R_4$ 这两组电阻的连接就不能用串联、并联来等效。我们把电阻 $R_1$、$R_2$ 和 $R_3$ 的连接方式称为 Y 形连接或星形连接,这三个电阻的一端接在同一点($c$ 点),另一端分别接到三个不同的端钮上($a$、$b$、$d$)。我们把 $R_1$、$R_2$ 和 $R_4$ 的连接方式称为△连接或三角形连接。

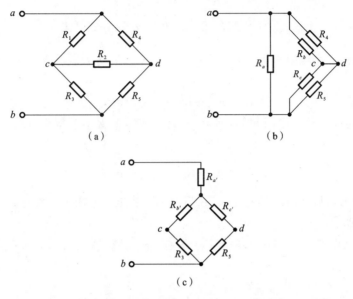

图 2.3.3 电阻的 Y 形连接与△连接

当电路中出现电阻的 Y 形连接或△连接时,就不能用简单的串联、并联来等效。我们发现,如果把图 2.3.3(a)中按星形连接的 $R_1$、$R_2$ 和 $R_3$ 这三个电阻等效变换成按三角形连接的 $R_a$、$R_b$ 和 $R_c$,如图 2.3.3(b)所示,则端钮 $a$、$b$ 之间的等效电阻就可以用串联、并联公式求得。同样,若把图 2.3.3(a)中 $R_1$、$R_2$ 和 $R_4$ 等效变换成图 2.3.3(c)中 $R_{a'}$、$R_{c'}$ 和 $R_{b'}$,那么 $a$、$b$ 间的等效电阻 $R_{ab}$ 也就不难求出了。

现以图 2.3.4 为例,若将电阻三角形连接等效互换为星形连接,则其等效变换公式为

$$R_1 = \frac{R_{12} \times R_{31}}{R_{12} + R_{23} + R_{31}}$$

$$R_2 = \frac{R_{23} \times R_{12}}{R_{12} + R_{23} + R_{31}} \quad (2.3.13)$$

$$R_3 = \frac{R_{31} \times R_{23}}{R_{12} + R_{23} + R_{31}}$$

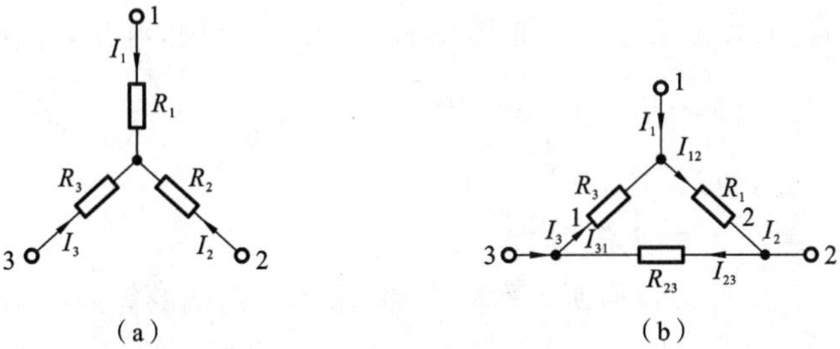

图 2.3.4 电阻的 Y 形连接与△连接的等效变换

若把电阻的星形连接等效互换为三角形连接,则对应各电阻的关系式为

$$R_{12} = \frac{R_1R_2 + R_2R_3 + R_3R_1}{R_3} = R_1 + R_2 + \frac{R_1R_2}{R_3}$$

$$R_{23} = \frac{R_1R_2 + R_2R_3 + R_3R_1}{R_1} = R_2 + R_3 + \frac{R_2R_3}{R_1} \quad (2.3.14)$$

$$R_{31} = \frac{R_1R_2 + R_2R_3 + R_3R_1}{R_2} = R_1 + R_3 + \frac{R_1R_3}{R_2}$$

若星形连接的三个电阻相等,即 $R_1 = R_2 = R_3 = R_Y$,则等效互换为三角形连接的电阻也相等,有

$$R_{12} = R_{23} = R_{31} = R_\triangle = 3R_Y \quad (2.3.15)$$

反之,若三角形连接的三个电阻相等,即 $R_{12} = R_{23} = R_{31} = R_\triangle$,则等效互换为 Y 形连接的三个电阻也相等,有

$$R_1 = R_2 = R_3 = R_Y = \frac{1}{3}R_\triangle \quad (2.3.16)$$

星形网络与三角形网络的等效互换,在后面的三相电路应用中有着重要的作用。

### ※任务驱动

**任务 2.3.1** 设 $R_1 = R_4 = 3\ \Omega, R_2 = R_3 = 6\ \Omega$,分别计算图 2.3.5(a)所示开关打开与闭合时的等效电阻 $R_{ab}$。

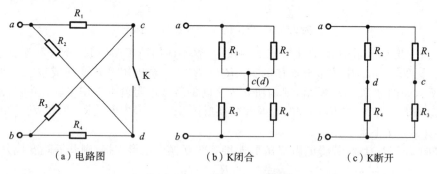

(a) 电路图　　　　(b) K 闭合　　　　(c) K 断开

图 2.3.5　任务 2.3.1 电路图

**解**:由图 2.3.5(b)可知,K 闭合后,可将 $c$ 与 $d$ 视为同一点,故等效电阻为

$$R_{ab} = R_1 \parallel R_2 + R_3 \parallel R_4 = \frac{R_1R_2}{R_1 + R_2} + \frac{R_3R_4}{R_3 + R_4}$$

代入数值后,得 $R_{ab} = 4\ \Omega$。

由图 2.3.5(c)可知,K 断开后,$R_1$ 和 $R_3$ 串联,$R_2$ 和 $R_4$ 串联,再并联,故等效电阻为

$$R_{ab} = (R_2 + R_4) \parallel (R_1 + R_3) = \frac{(R_1 + R_3) \times (R_2 + R_4)}{(R_1 + R_3) + (R_2 + R_4)}$$

代入数值后,得 $R_{ab} = 4.5\ \Omega$。

具体仿真电路如图 2.3.6 所示。

**任务 2.3.2** 对于图 2.3.7(a)所示桥式电路,求 1、2 两端的等效电阻 $R_{12}$。

**解**:(1) 将图 2.3.7(a)中 1 Ω、2 Ω、3 Ω 构成的 △ 网络用等效 Y 形网络代替,得

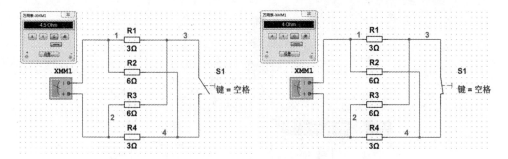

图 2.3.6  任务 2.3.1 仿真电路图

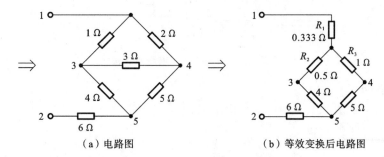

(a) 电路图　　　　　　(b) 等效变换后电路图

图 2.3.7  任务 2.3.2 电路图

$$R_1 = \frac{1\times 2}{1+2+3}\ \Omega = \frac{1}{3}\ \Omega = 0.333\ \Omega$$

$$R_2 = \frac{1\times 3}{1+2+3}\ \Omega = \frac{1}{2}\ \Omega = 0.5\ \Omega$$

$$R_3 = \frac{2\times 3}{1+2+3}\ \Omega = 1\ \Omega$$

相应的等效电路如图 2.3.7(b) 所示,然后用电阻的串联、并联方法求得

$$R_{12} = \left(0.333 + \frac{4.5\times 6}{4.5+6} + 6\right)\ \Omega = 8.9\ \Omega$$

(2) 另一种方法是把 Y 形连接用等效△连接代替。

先把图 2.3.7(a) 中 1 Ω、3 Ω、4 Ω 构成的 Y 形连接变换成△连接。

$$R_{14} = \left(1 + 3 + \frac{1\times 3}{4}\right)\ \Omega = 4.75\ \Omega$$

$$R_{45} = \left(3 + 4 + \frac{3\times 4}{1}\right)\ \Omega = 19\ \Omega$$

$$R_{51} = \left(1 + 4 + \frac{1\times 4}{3}\right)\ \Omega = 6.33\ \Omega$$

再对电阻串联、并联公式化简,求得

$$R_{12} = \left(6 + \frac{6.33\times (1.4+3.96)}{6.33+(1.4+3.96)}\right)\ \Omega = 8.9\ \Omega$$

具体电路仿真图如图 2.3.8 所示。

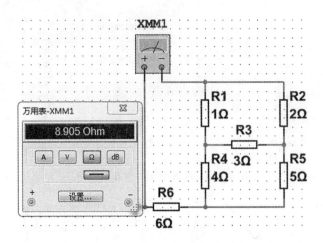

图 2.3.8  任务 2.3.2 电路仿真图

## ※技能驱动

**技能 2.3.1**  求图 2.3.9 中的等效电阻 $R_{ab}$。

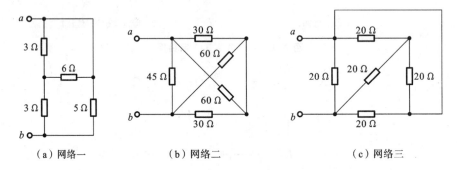

图 2.3.9  技能 2.3.1 电路图

**技能 2.3.2**  求图 2.3.10 电路中 $a$、$b$ 两点间的等效电阻 $R_{ab}$。

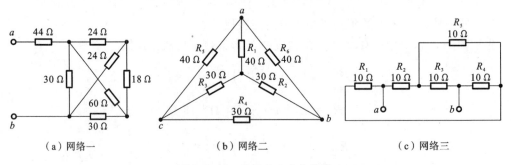

图 2.3.10  技能 2.3.2 电路图

**技能 2.3.3**  利用一个内阻 $R_g = 3500\ \Omega$,$I_g = 50\ \mu A$ 的表头,测量直流电流挡分别为 100 μA、1 mA、10 mA、100 mA、1 A,如图 2.3.11 所示,求电阻 $R_1$、$R_2$、$R_3$、$R_4$、$R_5$ 的值。

**技能 2.3.4**  在图 2.3.12 所示电路中,已知 $R_1 = 120\ \Omega$,$R_2 = 400\ \Omega$,$R_3 = 240\ \Omega$,$R_4 = 400\ \Omega$,$R_5 = 300\ \Omega$,求开关 K 断开与闭合两种情况下,$a$、$b$ 两端钮间的等效电阻。

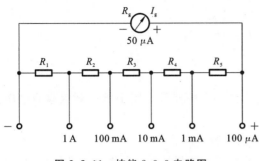

图 2.3.11 技能 2.3.3 电路图

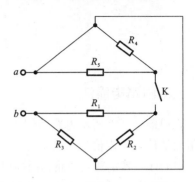

图 2.3.12 技能 2.3.4 电路图

## 任务 2.4 综合混联电路的仿真与调试

### ※能力目标

掌握常用直流电路的一般分析方法,掌握直流电路中任意电压、电流的分析方法,掌握电路中功率的计算方法。

### ※核心知识

### 一、支路电流法

当组成电路的电阻元器件不能用简单的串联、并联方法计算其等效电阻时,这种电路称为复杂电路,如图 2.4.1 所示。

现以图 2.4.1 所示电路为例介绍用支路电流法求解电路的基本步骤。图 2.4.1 中电压源 $U_{S1}$、$U_{S2}$ 和电阻 $R_1$、$R_2$、$R_3$ 均为已知,求各支路电流。

(1) 设备支路电流为 $I_1$、$I_2$ 和 $I_3$,参考方向如图 2.4.1 所示。该电路有三个支路,两个节点。

(2) 根据 KCL 列出节点 $a$ 和 $b$ 的电流方程。

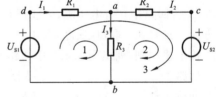

图 2.4.1 支路电流法电路图

节点 $a$ $\qquad I_1+I_2-I_3=0$

节点 $b$ $\qquad -I_1-I_2+I_3=0$

节点 $a$ 和节点 $b$ 的电流方程只是各量正负相反,显然只有 1 个方程是独立的。一般来说,对具有 $n$ 个节点的电路应用 KCL 列方程式时,只能得出 $(n-1)$ 个独立方程。

(3) 图 2.4.1 中有三个回路,根据 KVL 列出回路电压方程。回路绕行方向如图 2.4.1 所示。

回路 1 $\qquad I_1R_1+I_3R_3=U_{S1}$

回路 2 $\qquad -I_2R_2-I_3R_3=-U_{S2}$

回路 3 $\qquad I_1R_1-I_2R_2=U_{S1}-U_{S2}$

(4) 把独立节点电流方程与独立回路的电压方程联立起来,三个未知量,三个方程刚好可以求解出支路电流。

$$I_1 + I_2 - I_3 = 0$$
$$I_1 R_1 + I_3 R_3 = U_{S1} \qquad (2.4.1)$$
$$-I_2 R_2 - I_3 R_3 = -U_{S2}$$

## 二、回路电流法

现以图 2.4.2 所示电路为例介绍回路电流法的分析步骤。图中所有电压源的电压值与电阻元器件的电阻值均为已知。

(1) 首先确定独立回路，并设定回路电流的绕行方向。

假设在每一个回路中有一个回路电流沿着回路的边界流动。如图 2.4.2 所示，$I_a$ 和 $I_b$ 是两个独立回路的回路电流。$I_a$ 只沿着 $R_1$、$R_3$ 和 $U_{S1}$ 流动，$I_b$ 只沿着 $R_2$、$R_3$ 和 $U_{S2}$ 流动。它们的绕行方向是任意选定的，习惯上选顺时针方向。

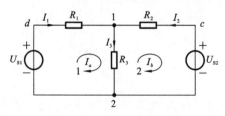

图 2.4.2 回路电流法电路图

(2) 根据 KVL 列出以回路电流为未知量的电压方程。

根据 KVL 列出 $\sum U = 0$ 方程时应注意以下几个方面。

① 当某一电阻上有几个回路电流流过时，该电阻上的电压必须写成几个回路电流与电阻乘积的代数和。其正负号的确定：自身回路电流与该电阻的乘积取正，相邻回路电流的方向与自身回路电流方向一致时的乘积取正，相反时取负。图 2.4.2 中，$R_3$ 上既有 $I_a$ 流过又有 $I_b$ 流过，列写回路 1 的电压方程时，$I_a R_3$ 取正，而 $I_b R_3$ 取负，即 $-I_b R_3$。

② 若回路中含有电压源，一般把 $U_S$ 写在等号右边，电压源的电压方向与回路电流的绕行方向一致时，$U_S$ 取负，反之，取正。

按上述原则，列出图 2.4.2 中回路 1、回路 2 的电压方程为

回路 1　　　　　　　　$I_a R_1 + I_a R_3 - I_b R_3 = U_{S1}$

回路 2　　　　　　　　$I_b R_2 + I_b R_3 - I_a R_3 = -U_{S2}$

电路中有几个独立回路，就要列几个回路电压方程。

③ 两个未知量，两个方程，联立求解 $I_a$ 和 $I_b$。

④ 求解出回路电流后，再用回路电流表示各支路电流。

## 三、节点电位法

现以图 2.4.3 为例，介绍节点电位法的分析方法。图 2.4.3 中 $I_{S1}$、$U_{S5}$ 及 $R_1$、$R_2$、$R_3$、$R_4$、$R_5$ 均为已知。

设以节点 0 为参考点，则节点 1 和节点 2 的节点电压分别为 $U_{10}$ 和 $U_{20}$。本书规定节点电压的参考极性均以参考点为负极性。

各支路电流的参考方向标在图上，根据 KCL，可写出

节点 1　　　　　　　　$-I_1 - I_2 - I_3 + I_{S1} = 0$

节点 2　　　　　　　　$I_3 - I_4 + I_5 = 0$

根据欧姆定律和不闭合电路 KVL，得

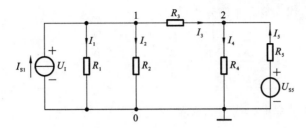

图 2.4.3 节点电位法电路图

$$I_1 = \frac{U_{10}}{R_1} = G_1 U_{10}$$

$$I_2 = \frac{U_{10}}{R_2} = G_2 U_{10}$$

$$I_3 = \frac{U_{10} - U_{20}}{R_3} = G_3(U_{10} - U_{20})$$

$$I_4 = \frac{U_{20}}{R_4} = G_4 U_{20}$$

$$I_5 = \frac{U_{S5} - U_{20}}{R_5} = G_5(U_{S5} - U_{20})$$

将各支路电流代入并整理节点方程,得

节点 1  $\left(\dfrac{1}{R_1} + \dfrac{1}{R_2} + \dfrac{1}{R_3}\right)U_{10} - \dfrac{1}{R_3}U_{20} = I_{S1}$  (2.4.2)

节点 2  $-\dfrac{1}{R_3}U_{10} + \left(\dfrac{1}{R_3} + \dfrac{1}{R_4} + \dfrac{1}{R_5}\right)U_{20} = \dfrac{U_{S5}}{R_5}$

或用电导表示电阻,得

节点 1  $(G_1 + G_2 + G_3)U_{10} - G_3 U_{20} = I_{S1}$  (2.4.3)
节点 2  $-G_3 U_{10} + (G_3 + G_4 + G_5)U_{20} = G_5 U_{S5}$

式(2.4.4)的一般形式为

节点 1  $G_{11}U_{10} + G_{12}U_{20} = I_{S1}$
节点 2  $G_{21}U_{10} + G_{22}U_{20} = I_{S2}$  (2.4.4)

通常把求解由电压源和电阻组成的只有两个节点的电路的节点电压法称为弥尔曼定理。
对于图 2.4.4 所示电路,设以 0 点为参考点,$U_{10}$ 为节点 1 的节点电压,根据 KCL 列出节点 1 的方程为

$$I_1 + I_2 - I_3 - I_4 = 0$$

$$I_1 = \frac{U_{S1} - U_{10}}{R_1}$$

$$I_2 = \frac{U_{S2} - U_{10}}{R_1}$$

$$I_3 = \frac{U_{10}}{R_3}$$

$$I_4 = \frac{U_{10} + U_{S4}}{R_4}$$

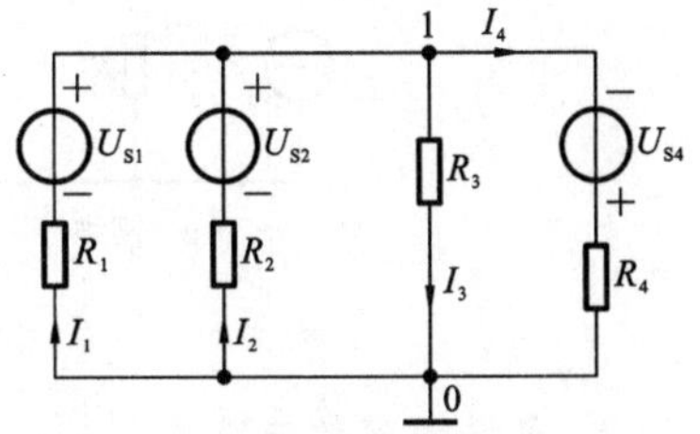

图 2.4.4 弥尔曼定理电路图

将 $I_1$、$I_2$、$I_3$ 和 $I_4$ 代入节点 1 的方程,得

$$U_{10} = \frac{\dfrac{U_{S1}}{R_1} + \dfrac{U_{S2}}{R_2} - \dfrac{U_{S4}}{R_4}}{\dfrac{1}{R_1} + \dfrac{1}{R_2} + \dfrac{1}{R_3} + \dfrac{1}{R_4}} = \frac{\sum_{k=1}^{n} \dfrac{U_{Sk}}{R_k}}{\sum_{k=1}^{n} \dfrac{1}{R_k}} = \frac{\sum_{k=1}^{n} G_k U_{Sk}}{\sum_{k=1}^{n} G_k}$$

两个节点电路的节点电压法一般式为

$$U = \frac{\sum_{k=1}^{n} G_k U_{Sk}}{\sum_{k=1}^{n} G_k} \tag{2.4.5}$$

## 四、叠加定理

在线性电阻电路中,任一支路电流(或支路电压)都是电路中各个独立电源单独作用时在该支路产生的电流(或电压)叠加。

使用叠加定理时,应注意以下几点:

(1) 该定理只能用来计算线性电路的电流和电压,对非线性电路不适用;

(2) 电压源不作用时要短路,电流源不作用时要开路;

(3) 在分解的电路模型中,若电流或电压的参考方向与原电路中电流或电压的参考方向相同,则叠加时电流或电压取正号,否则取负号;

(4) 该定理不能用来计算功率,因为电功率与电压或电流不呈线性关系。

## 五、戴维南定理

**1. 二端网络**

如果网络具有两个引出端钮与其他电路连接,不管其内部结构如何都称为二端网络。图 2.4.5 所示电路都是二端网络。

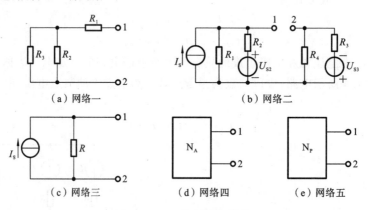

图 2.4.5 二端网络电路图

**2. 戴维南等效电路**

一无源二端网络可以等效为一个电阻,那么有源二端网络的等效电路又是什么呢?

一个有源二端网络的等效电路可以用图 2.4.6 所示电路表示。该支路又称为等效电压源电路。

## ※任务驱动

**任务 2.4.1** 如图 2.4.7 所示,用支路电流法求各支路电流及理想电流源上的端电压 $U$。

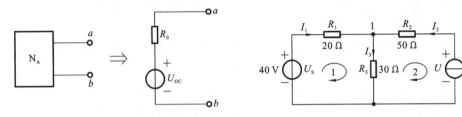

图 2.4.6 戴维南定理等效二端网络示意图　　　图 2.4.7 任务 2.4.1 电路图

**解**:设各支路电流为 $I_1$、$I_2$、$I_3$,其参考方向如图 2.4.7 所示,电流源端电压 $U$ 的参考方向如图 2.4.7 所示。

根据 KCL 和 KVL,列出下述方程

节点 1　　　　　　　　$I_1 + I_2 - I_3 = 0$

回路 1　　　　　　　　$I_1 R_1 + I_3 R_3 = U_{S1}$

回路 2　　　　　　　　$-I_2 R_2 - I_3 R_3 + U = 0$

式中:$I_2 = I_S$。

联立方程,解得

$$I_1 = -0.4 \text{ A}, \quad I_3 = 1.6 \text{ A}, \quad U = 148 \text{ V}$$

具体电路仿真图如图 2.4.8 所示。

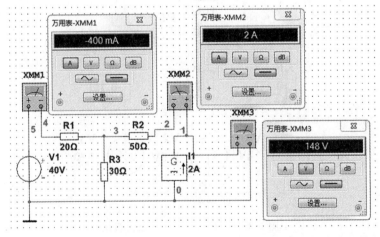

图 2.4.8 任务 2.4.1 电路仿真图

**任务 2.4.2** 图 2.4.9 电路中,已知 $U_{S1} = 12$ V,$U_{S2} = 7.5$ V,$U_{S3} = 1.5$ V,$R_1 = 0.1$ Ω,$R_2 = 0.2$ Ω,$R_3 = 0.1$ Ω,$R_4 = 2$ Ω,$R_5 = 6$ Ω,$R_6 = 10$ Ω,求各支路电流。

**解**:该电路的支路数 $b = 6$,节点数 $n = 4$,独立回路数 $m = 3$。选定独立回路电流 $I_a$、$I_b$、$I_c$

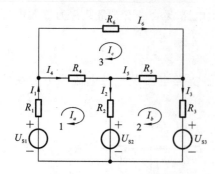

图 2.4.9 任务 2.4.2 电路图

的绕行方向如图 2.4.9 所示。

回路方程为

回路 1
$$(R_1+R_2+R_4)I_a - R_2 I_b - R_4 I_c = U_{S1} - U_{S2}$$

回路 2
$$(R_2+R_3+R_5)I_b - R_2 I_a - R_5 I_c = U_{S2} - U_{S3}$$

回路 3
$$(R_4+R_5+R_6)I_c - R_4 I_a - R_5 I_b = 0$$

代入数据,得

$$(0.1+0.2+2)I_a - 0.2 I_b - 2 I_c = 12 - 7.5$$
$$-0.2 I_a + (0.2+0.1+6)I_b - 6 I_c = 7.5 - 1.5$$
$$-2 I_a - 6 I_b + (2+6+10)I_c = 0$$

解得

$$I_a = 3 \text{ A}, \quad I_b = 2 \text{ A}, \quad I_c = 1 \text{ A}$$

选定各支路电流及参考方向如图 2.4.9 所示,得

$$I_1 = I_a = 3 \text{ A}, \quad I_2 = I_a - I_b = 1 \text{ A}, \quad I_3 = I_b = 2 \text{ A}$$
$$I_4 = I_a - I_c = 2 \text{ A}, \quad I_5 = I_b - I_c = 1 \text{ A}, \quad I_6 = I_c = 1 \text{ A}$$

具体电路仿真图如图 2.4.10 所示。

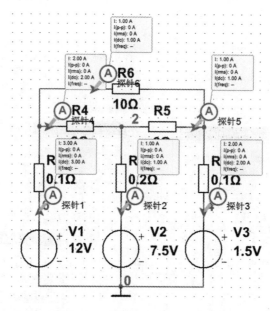

图 2.4.10 任务 2.4.2 电路仿真图

**任务 2.4.3** 已知 $U_{S1}=6$ V,$U_{S2}=8$ V,$I_S=0.4$ A,$R_1=1$ Ω,$R_2=6$ Ω,$R_3=10$ Ω,$R=3$ Ω,用节点电压法求图 2.4.11 所示电路中各支路电流。

**解**:设 0 点为参考点,则节点电压 $U_{10}$ 为

$$U_{10}=\frac{\frac{U_{S1}}{R_1}+\frac{U_{S2}}{R_2}+I_S}{\frac{1}{R_1}+\frac{1}{R_2}+\frac{1}{R_3}}=\frac{\frac{6}{1}-\frac{8}{6}+0.4}{\frac{1}{1}+\frac{1}{6}+\frac{1}{10}}\text{ V}=4\text{ V}$$

由欧姆定律及 KVL 得

$$I_1=\frac{U_{S1}-U_{10}}{R_1}=2\text{ A}$$

$$I_2=\frac{U_{S2}-U_{10}}{R_2}=\frac{8+4}{6}\text{ A}=2\text{ A}$$

$$I_3=\frac{U_{10}}{R_3}=\frac{4}{10}\text{ A}=0.4\text{ A}$$

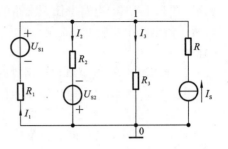

图 2.4.11　任务 2.4.3 电路图

具体电路仿真图如图 2.4.12 所示。

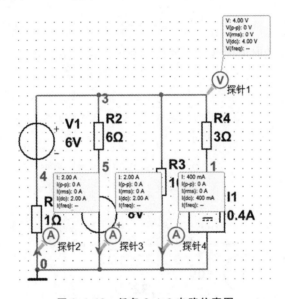

图 2.4.12　任务 2.4.3 电路仿真图

**任务 2.4.4**　图 2.4.13(a)电路中,有电压源和电流源共同作用。已知 $U_S=10$ V,$I_S=1$ A,$R_1=2$ Ω,$R_2=3$ Ω,$R=1$ Ω,试用叠加定理求各支路电流。

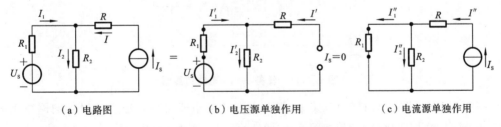

（a）电路图　　　　　　（b）电压源单独作用　　　　　　（c）电流源单独作用

图 2.4.13　任务 2.4.4 电路图

**解：**(1) 首先将原电路分解成每一个电源单独作用时的电路模型。图 2.4.13(b)所示的为电压源 $U_S$ 单独作用时的电路模型。电流源不作用,即令 $I_S=0$,所以电流源开路。图 2.4.13(c)为电流源单独作用时的电路模型。此时电压源 $U_S$ 不作用,令 $U_S=0$,所以电压源短路。图 2.4.13(a)电路中任一支路的电流(或电压)是图 2.4.13(b)所示的电路与图 2.4.13(c)所示的电路中相应支路电流(或电压)的叠加,并且要把待求量的参考方向标在图上,以便于叠加。

(2) 根据每一个电源单独作用时的电路模型,求出每个支路的电流或电压。

由图 2.4.13(b)求出电压源单独作用时各支路电流。因为电阻 R 开路,所以
$$I' = 0$$

由图 2.4.13(c)求出电流源单独作用时各支路电流,即
$$I'' = I_s = 1 \text{ A}$$

又因为 $R_1$ 和 $R_2$ 并联,利用分流公式,得
$$I''_1 = \frac{R_2}{R_1 + R_2} I_s = \frac{3}{2+3} \times 1 \text{ A} = 0.6 \text{ A}$$
$$I''_2 = \frac{R_1}{R_1 + R_2} I_s = \frac{2}{2+3} \times 1 \text{ A} = 0.4 \text{ A}$$

(3) 各电源单独作用时电流或电压的代数和就是各支路的电流或电压值。
$$I = I' + I'' = (0+1) \text{ A} = 1 \text{ A}$$
$$I_1 = I'_1 - I''_1 = (2-0.6) \text{ A} = 1.4 \text{ A}$$
$$I_2 = I'_2 + I''_2 = (2+0.4) \text{ A} = 2.4 \text{ A}$$

具体电路仿真图如图 2.4.14 所示。

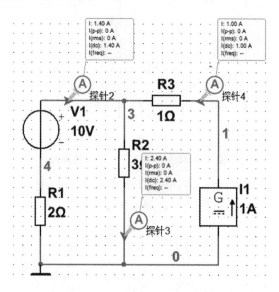

图 2.4.14 任务 2.4.4 电路仿真图

**任务 2.4.5** 图 2.4.15(a)电路中,现要求 R 上的电流大小。先把 R 以外的网络用电源等效变换的方法加以化简,步骤如图 2.4.15(b)至图 2.4.15(d)所示。

用戴维南定理计算图 2.4.15(a)所示电路的等效电路的过程如图 2.4.16 所示。

由图 2.4.16(c)求得开路电压为
$$U_{OC} = \left( \frac{20-10}{5+2} \times 2 + 10 \right) \text{ V} = 12.86 \text{ V}$$

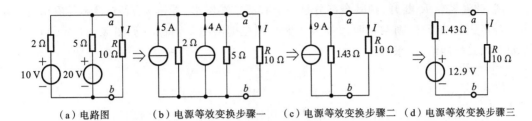

(a) 电路图　　(b) 电源等效变换步骤一　　(c) 电源等效变换步骤二　　(d) 电源等效变换步骤三

**图 2.4.15　电源等效变换电路图**

求等效电阻 $R_0$ 时,将 10 V 电压源与 20 V 电压源短路,如图 2.4.16(d) 所示。

$$R_0 = \frac{2 \times 5}{2+5} \ \Omega = 1.43 \ \Omega$$

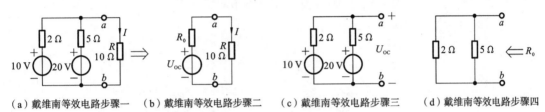

(a) 戴维南等效电路步骤一　　(b) 戴维南等效电路步骤二　　(c) 戴维南等效电路步骤三　　(d) 戴维南等效电路步骤四

**图 2.4.16　戴维南等效电路图**

具体电路仿真图如图 2.4.17 所示。

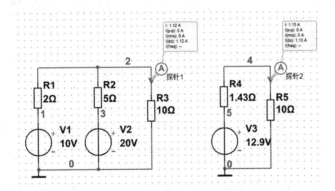

**图 2.4.17　任务 2.4.5 电路仿真图**

**任务 2.4.6**　用戴维南定理求图 2.4.18(a) 所示电路中流过 $R_2$ 的电流 $I_2$。

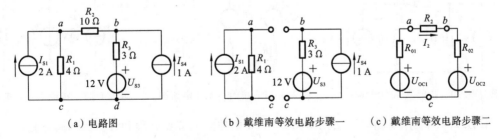

(a) 电路图　　(b) 戴维南等效电路步骤一　　(c) 戴维南等效电路步骤二

**图 2.4.18　任务 2.4.6 电路图**

**解**：此题若将 $R_2$ 断开，则其余部分是一个有源二端网络（端钮为 $a$、$b$），但不易看出电路结构。若将 $c$ 点也断开，则左右两边各为一个有源二端网络 $ac$ 和 $bc$（见图 2.4.18(b)）。对于左侧有源二端网络，可求得

$$U_{OC1} = I_{S1}R_1 = 2\times 4 \text{ V} = 8 \text{ V}$$

$$R_{01} = R_1 = 4 \text{ }\Omega\text{（此时 }I_{S1}\text{ 开路）}$$

对于右侧有源二端网络，因 $b$、$c$ 端开路，所以流过 $R_3$、$U_{S3}$ 的电流即为 $I_{S4}$，则

$$U_{OC2} = I_{S4}R_3 + U_{S3} = (1\times 3 + 12) \text{ V} = 15 \text{ V}$$

求 $R_{02}$ 时，$U_{S3}$ 短路，$I_{S4}$ 开路，则 $b$、$c$ 端等效电阻为 $R_{02} = R_3 = 3 \text{ }\Omega$。

整个电路等效为图 2.4.6(c)，故

$$I_2 = \frac{U_{OC1} - U_{OC2}}{R_{01} + R_{02} + R_2} = \frac{8 - 15}{4 + 3 + 10} \text{ A} = -0.41 \text{ A}$$

具体电路仿真图如图 2.4.19 所示。

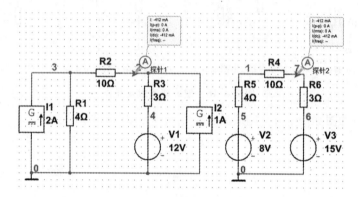

图 2.4.19  任务 2.4.6 电路仿真图

## ※ 技能驱动

**技能 2.4.1**  求图 2.4.20 所示电路中两电流源的端电压及各支路电流。

**技能 2.4.2**  在图 2.4.21 所示电路中，$U_{S1} = 114$ V，$R_1 = 2$ Ω，$U_{S2} = 110$ V，$R_2 = 0.2$ Ω，$R_3 = 110$ Ω，用支路电流法求各支路电流。

**技能 2.4.3**  用支路电流法求图 2.4.22 所示电路中各支路电流，以及两个电源的功率，说明它们是提供功率还是消耗功率。

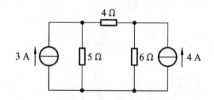

图 2.4.20  技能 2.4.1 电路图

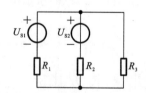

图 2.4.21  技能 2.4.2 电路图

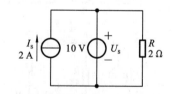

图 2.4.22  技能 2.4.3 电路图

**技能 2.4.4**  用支路电流法列出图 2.4.23 中独立的节点方程和独立的回路方程。

**技能 2.4.5**  用回路电流法求图 2.4.24 中各支路电流及两个电源的功率，并指出它们是提供功率还是消耗功率。

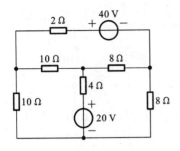
图 2.4.23　技能 2.4.4 电路图
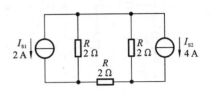
图 2.4.24　技能 2.4.5 电路图

**技能 2.4.6**　用节点电压法求图 2.4.25 所示电路中各支路电流。

**技能 2.4.7**　用节点法求图 2.4.26 所示电路中各支路电流。

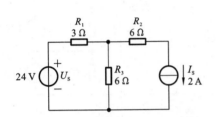
图 2.4.25　技能 2.4.6 电路图
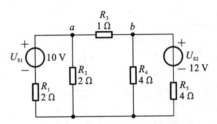
图 2.4.26　技能 2.4.7 电路图

**技能 2.4.8**　求图 2.4.27 电路中 $a$ 点电位。

**技能 2.4.9**　应用叠加定理求图 2.4.28 所示电路中的电压 $U$。

**技能 2.4.10**　用叠加定理求图 2.4.29 所示电路中电压 $U_{ab}$。如果 $U_{S2}$ 极性反向,$U_{ab}$ 将变化多少? 已知 $U_{S1}=U_{S2}=120$ V,$R_1=R_2=R_3=50$ Ω。

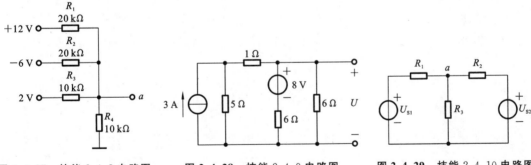
图 2.4.27　技能 2.4.8 电路图　　图 2.4.28　技能 2.4.9 电路图　　图 2.4.29　技能 2.4.10 电路图

**技能 2.4.11**　求图 2.4.30(a)的戴维南等效电路,用戴维南定理求图 2.4.30(b)所示电路中 $U$ 两端的电压。

**技能 2.4.12**　用戴维南定理求图 2.4.31 所示二端网络的等效含源支路(戴维南等效电路)。

**技能 2.4.13**　用戴维南定理将图 2.4.32 所示电路中左右两虚线框中有源二端网络用电压源模型替代,求流过电阻 $R$ 上的电流。

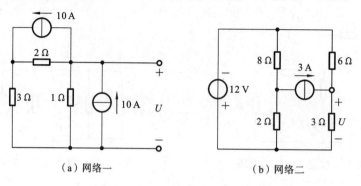

(a) 网络一　　　　　　(b) 网络二

图 2.4.30　技能 2.4.11 电路图

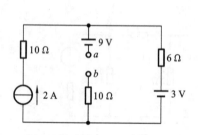

图 2.4.31　技能 2.4.12 电路图

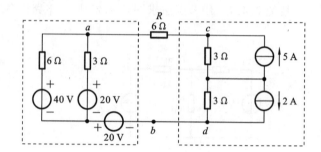

图 2.4.32　技能 2.4.13 电路图

# 项目 3　正弦交流电路的分析与调试

## 任务 3.1　正弦交流电路中的基本知识

### ※能力目标

了解正弦交流电的特征,掌握正弦交流电的表示方法,掌握正弦交流电的幅值与有效值、频率与周期、初相与相位差等特征量,掌握正弦交流电的相量表示法,能用相量图和相量关系分析和计算简单的正弦电路。

### ※核心知识

#### 一、正弦交流电基本特征和三要素

**1. 交流电的基本特征**

在直流电路中电压和电流,其大小和方向(或极性)都是不随时间变化的,是恒定的,如图 3.1.1(a)所示。但是在工业生产和日常生活中广泛应用的一般都是交流电,与直流电不同,交流电的大小和方向是随时间不断变化的,是交变的,这种交变的电压或电流分别称为交流电压或交流电流,统称为交流电量。其波形如图 3.1.1(b)和图 3.1.1(c)所示。若电压或电流随时间按正弦规律变化,则该电压或电流统称为正弦交流电,如图 3.1.1(c)所示。如果没有特别说明,本书所说的交流电都是指正弦交流电。

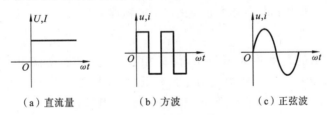

(a) 直流量　　(b) 方波　　(c) 正弦波

图 3.1.1　几种常见的波形图

**2. 正弦量的三要素**

大小和方向都随时间按正弦规律变化的电动势、电压和电流称为正弦电动势、正弦电压和正弦电流,统称为正弦量,它们的一般表达式为

$$\begin{aligned} u &= U_m \sin(\omega t + \varphi_u) \\ i &= I_m \sin(\omega t + \varphi_i) \\ e &= E_m \sin(\omega t + \varphi_e) \end{aligned} \qquad (3.1.1)$$

式中:$u$、$i$、$e$ 称为正弦量的瞬时值;$I_m$、$U_m$、$E_m$ 称为正弦量的幅值;$\omega$ 为正弦量的角频率;$\varphi_u$、$\varphi_i$、$\varphi_e$ 称为正弦量的初相位。幅值、频率(或角频率)和初相位,表明正弦量变化的大小、快慢和初始值,称为正弦量的三要素。

## 二、正弦交流电周期、频率和角频率

描述正弦量变化的快慢用周期、频率或角频率。

**1. 周期 T**

正弦量完整变化一周所用的时间,称为周期,用 T 表示,单位是 s(秒)。

**2. 频率 f**

正弦量在 1 s 内变化的周期数称为频率,用 f 表示,单位为 Hz(赫兹)。在工程中常用的单位还有 kHz(千赫兹)、MHz(兆赫兹)、GHz(吉赫兹),其关系为

$$1 \text{ kHz} = 1 \times 10^3 \text{ Hz}, \quad 1 \text{ MHz} = 1 \times 10^3 \text{ kHz}, \quad 1 \text{ GHz} = 1 \times 10^3 \text{ MHz}$$

周期和频率两者之间的关系为

$$f = \frac{1}{T} \tag{3.1.2}$$

**3. 角频率 ω**

正弦交流电变化一周期的角度相当于 $2\pi$ 弧度,每秒内所经历的弧度数称为角频率,用 $\omega$ 表示,单位是 rad/s(弧度/秒)。

角频率、周期、频率三者之间的关系为

$$\omega = \frac{2\pi}{T} = 2\pi f \tag{3.1.3}$$

我国电力系统的交流电频率为 50 Hz,称为工频,其周期为 0.02 s,角频率为 314 rad/s。

## 三、正弦交流电相位和相位差

相位和初相是用来表示正弦交流电变化进程的物理量。

**1. 相位**

正弦量表达式中的角度称为相位角,简称相位,它反映了交流电变化的进程。在式(3.1.1)中,$\omega t + \varphi_u$、$\omega t + \varphi_i$、$\omega t + \varphi_e$ 分别为正弦电压、正弦电流和正弦电动势的相位。相位的单位一般用 rad(弧度),有时为了方便,也可以用 °(度)为其单位。

**2. 初相位**

在 $t=0$ 时刻的相位称为初相位,简称初相。初相表示交流电在计时零点的瞬时值。单位用 rad(弧度)或 °(度)表示。一般规定其取值范围 $|\varphi| \leqslant \pi$。

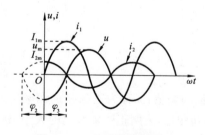

图 3.1.2 正弦波的初相位

需要注意的是,初相的大小和正负与计时起点($t=0$ 时刻)的选择有关,选择不同,初相则不同,正弦量的初始值也会不同。当电路中有多个相同频率的正弦量同时存在时,可根据需要选择其中某一正弦量在由负向正变化过程中通过零值的瞬间作为计时起点,那么这个正弦量的初相就是零,称这个正弦量为参考正弦量。图 3.1.2所示的为三个不同频率的电流和电压波形。现规定:靠近计时起点最近的,并且由负值向正值变化所

经过的那个零值称为正弦量的零值,简称正弦零值。正弦量的初相的绝对值就是正弦零值到计时起点(坐标原点)之间的电角度。初相的正负判断:若正弦零值在计时起点左边,则初相位为正值;若在右边,则初相为负值;若正弦零值与计时起点重合,则初相为零。如图 3.1.2 所示,三个同频率的电流和电压波形,$i_1$ 的坐标原点与零值点重合,则 $\varphi_1 = 0°$,其正弦表达式为 $i_1 = I_{1m}\sin(\omega t)$;$i_2$ 的零值点在坐标原点左边的 $\pi/2$ 处,则 $\varphi_2 = 90°$,其正弦表达式为 $i_2 = I_{2m}\sin(\omega t + \pi/2)$;$u$ 的零值点在坐标原点右边的 $\pi/2$ 处,则 $\varphi_3 = -90°$,其正弦表达式为 $u = U_m\sin(\omega t - \pi/2)$。

### 3. 相位差

在一个正弦电路中,存在两个以上的正弦信号,但它们的初相并不一定都相同,在分析电路时常常要比较同频率正弦量的相位。两个同频率的正弦量的相位之差称为相位差。

设有两个同频率的正弦量为

$$u = U_m\sin(\omega t + \varphi_u)$$
$$i = I_m\sin(\omega t + \varphi_i)$$

则它们的相位差为

$$\Delta\varphi = (\omega t + \varphi_u) - (\omega t + \varphi_i) = \varphi_u - \varphi_i \tag{3.1.4}$$

可见,两个同频率正弦量的相位差等于它们的初相之差,它是一个与时间无关、与计时起点也无关的常数。如果时间的起点选择有变化,则电压的初相和电流的初相会随之发生改变,但是相位差不变。相位差反映两个同频率正弦量在时间上的"超前"和"滞后"关系。一般规定其取值范围 $|\Delta\varphi| \leqslant \pi$。

(1) 当 $\Delta\varphi = 0$,即 $\varphi_u = \varphi_i$ 时,两个正弦量的变化进程相同,称这两个正弦量为同相。同相的两个正弦量同时达到零值或最大值,如图 3.1.3(a)所示。当 $\Delta\varphi > 0$(小于 180°),即 $\varphi_u > \varphi_i$ 时,电压 $u$ 比电流 $i$ 先到达零值或正的最大值,称电压 $u$ 比电流 $i$ 在相位上超前 $\varphi$,反过来也

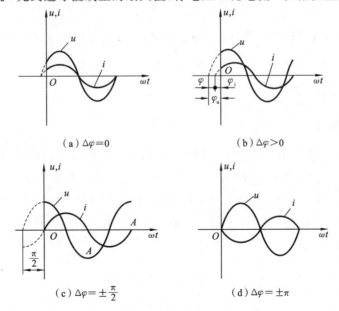

图 3.1.3 两个同频率正弦量的相位差

可以称电流 $i$ 比电压 $u$ 滞后 $\varphi$，如图 3.1.3(b)所示。

(2) 当 $\Delta\varphi = \pm \pi/2$ 时，一个正弦量较另一个正弦量超前或滞后 90°，称这两个正弦量正交，如图 3.1.3(c)所示。

(3) 当 $\Delta\varphi = \pm \pi$ 时，两个正弦量的变化进程刚好相反，称这两个正弦量为反相，如图 3.1.3(d)所示。

### 四、瞬时值、最大值和有效值

描述正弦量大小的量有瞬时值、最大值和有效值。

(1) 瞬时值用来描述交流电在变化过程中任意时刻的值，瞬时值是时间函数，通常规定瞬时值用小写字母表示，如式(3.1.1)中 $u$、$i$、$e$。

(2) 瞬时值中的最大值即为幅值，一般大写字母加脚标 m 表示，如式(3.1.1)中的 $U_m$、$I_m$、$E_m$。

(3) 为了确切反映交流电在能量转换方面的实际效果，工程上常采用有效值来表述正弦量。交流电有效值是根据电流的热效应来规定的，即在相同的电阻 $R$ 中，分别通入直流电和交流电，在经过一个交流周期的时间内，如果它们在电阻上产生的热量相等，则用此直流电的数值表示交流电的有效值。有效值规定用大写字母表示，如 $U$、$I$、$E$。

理论和实验证明，正弦交流电电压、电流、电动势的有效值和最大值之间的关系为

$$U = \frac{U_m}{\sqrt{2}} \approx 0.707 U_m$$

$$I = \frac{I_m}{\sqrt{2}} \approx 0.707 I_m \qquad (3.1.5)$$

$$E = \frac{E_m}{\sqrt{2}} \approx 0.707 E_m$$

可见，正弦交流量的最大值是其有效值的 $\sqrt{2}$ 倍。通常所说的交流电压 220 V 是指有效值，其最大值约为 311 V。

### 五、正弦交流电的相量表示法

**1. 复数及其运算**

在数学中表示复数常用 $A = a + ib$，其中 $a$ 为实部，$b$ 为虚部，$i = \sqrt{-1}$ 称为虚部单位。在电工技术中虚部单位用 j 表示。例如，$A = 3 + j4$ 在复平面上的表示如图 3.1.4 所示。复数 $A$ 在复平面上可用 $\overrightarrow{OA}$ 矢量表示，如图 3.1.5 所示。$a$ 是 $A$ 的实部，$b$ 是 $A$ 的虚部，$\overrightarrow{OA}$ 的长度称为复数模 $|A|$，用 $r$ 表示，即 $r = |A|$，$\overrightarrow{OA}$ 与实轴正方向的夹角称为复数的辐角，用 $\varphi$ 表示。

$$r = |A| = \sqrt{a^2 + b^2}$$

$$\varphi = \arctan \frac{b}{a} \quad (\varphi \leq 2\pi) \qquad (3.1.6)$$

$$a = r\cos\varphi$$
$$b = r\sin\varphi \qquad (3.1.7)$$

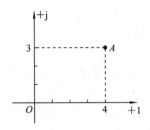
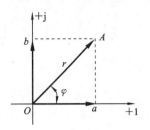

图 3.1.4 复数在复平面上的表示　　　图 3.1.5 复数的矢量表示

复数的代数式为

$$A = a + jb \tag{3.1.8}$$

由式(3.1.7)和式(3.1.8)可知,复数的三角函数为

$$A = a + jb = r\cos\varphi + jr\sin\varphi \tag{3.1.9}$$

根据欧拉公式 $e^{j\varphi} = \cos\varphi + j\sin\varphi$,复数的指数式可由式(3.1.9)写成

$$A = re^{j\varphi} \tag{3.1.10}$$

在工程上,常把指数式写成极坐标式

$$A = r\angle\varphi \tag{3.1.11}$$

**2. 复数的四则运算**

设有两复数

$$A = a_1 + jb_1 = r_1\angle\varphi_1, \quad B = a_2 + jb_2 = r_2\angle\varphi_2$$

1) 加减运算

利用代数式,将复数的实部和虚部分别相加减,即

$$A \pm B = (a_1 \pm a_2) + j(b_1 \pm b_2) \tag{3.1.12}$$

也可利用图解法(平行四边形法)求解,如图 3.1.6 所示。

2) 乘除运算

在一般情况下,利用极坐标形式进行运算,将模相乘除,而辐角相加减,如

$$A \cdot B = r_1\angle\varphi_1 \cdot r_2\angle\varphi_2 = r_1r_2\angle(\varphi_1+\varphi_2) \tag{3.1.13}$$

图 3.1.6 复数相加减矢量图

$$\frac{A}{B} = \frac{r_1\angle\varphi_1}{r_2\angle\varphi_2} = \frac{r_1}{r_2}\angle(\varphi_1-\varphi_2) \tag{3.1.14}$$

## 六、正弦量的相量表示法

在分析正弦交流电路中,除了用解析式和波形图表示外,还可以用相量表示。所谓的相量表示法就是用模值等于正弦量的最大值(或有效值),辐角等于正弦量的初相位的复数对应地表示相应的正弦量,把这样的复数称为正弦量的相量。相量的模等于正弦量的有效值时,称为有效值相量,用 $\dot{I}$、$\dot{U}$ 等表示;相量的模等于正弦量的最大值时,称为最大值相量,用 $\dot{I}_m$、$\dot{U}_m$ 等表示。

设正弦电压 $u = U_m\sin(\omega t + \varphi_u)$,可以表示为有效值相量

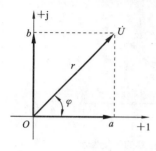

图 3.1.7 电压的相量图

$$\dot{U}=U\angle\varphi_u \quad (3.1.15)$$

也可以用最大值相量来表示正弦量,即

$$\dot{U}_m=U_m\angle\varphi_u \quad (3.1.16)$$

注意:相量只是表示正弦量,并不等于正弦量;只有正弦量才能用向量表示,非正弦量不能用向量表示。

在复平面上,相量 $\dot{U}$ 可用长度为 $U$,与实轴正向的夹角为 $\varphi$ 的矢量表示。这种表示相量的图形称为相量图,如图3.1.7所示。只有同频率的正弦量才能画在同一相量图上。

### ※任务驱动

**任务 3.1.1** 已知两正弦量的解析式为

$$u(t)=311\sin(100t+100°) \text{ V}$$
$$i(t)=-5\sin(314t+30°) \text{ A}$$

试求两个正弦量的三要素。

**解**:$u(t)=311\sin(100t+100°)$ V,从解析式可知电压的幅值 $U_m=311$ V,角频率 $\omega=100$ rad/s,初相 $\varphi=100°$。

$$i(t)=-5\sin(314t+30°) \text{ A}=5\sin(314t+30°+180°) \text{ A}$$
$$=5\sin(314t+210°) \text{ A}=5\sin(314t-150°) \text{ A}$$

所以电流的振幅值 $I_m=5$ A,角频率 $\omega=314$ rad/s,初相 $\varphi=-150°$。

**任务 3.1.2** 已知正弦电压、电流的解析式为

$$u(t)=311\sin(70t-180°) \text{ V}$$
$$i_1(t)=5\sin(70t-45°) \text{ A}$$
$$i_2(t)=10\sin(70t+60°) \text{ A}$$

试求电压 $u(t)$ 与电流 $i_1(t)$ 和 $i_2(t)$ 的相位差并确定其超前滞后关系。

**解**:电压 $u(t)$ 与电流 $i_1(t)$ 的相位差为

$$\Delta\varphi=(-180°)-(-45°)=-135°<0°$$

因此电压 $u(t)$ 滞后电流 $i_1(t)$ 135°。

电压 $u(t)$ 与电流 $i_2(t)$ 的相位差为

$$\Delta\varphi=(-180°)-60°=-240°$$

由于 $|\Delta\varphi|\leqslant\pi$,因此电压 $u(t)$ 与电流 $i_2(t)$ 的相位差应为 $-240°+360°=120°>0$,因此电压 $u(t)$ 超前电流 $i_2(t)$ 120°。

**任务 3.1.3** 已知正弦电压的有效值 $U=220$ V,初相 $\varphi_u=30°$;正弦电流的有效值 $I=10$ A,初相 $\varphi_i=-60°$,它们的频率均为 50 Hz,试分别写出电压和电流的瞬时值表达式。

**解**:电压的最大值为

$$U_m=\sqrt{2}U=\sqrt{2}\times220 \text{ V}=310 \text{ V}$$

电流的最大值为

$$I_m=\sqrt{2}I=\sqrt{2}\times10 \text{ A}=14.1 \text{ A}$$

电压的瞬时值表达式为

$$u=U_m\sin(\omega t+\varphi_u)=310\sin(314t+30°) \text{ V}$$

电流的瞬时值表达式为

$$i = I_m \sin(\omega t + \varphi_i) = 14.1\sin(314t - 60°) \text{ A}$$

**任务 3.1.4** 已知正弦电压 $u$ 在 $t=0$ 时的值为 8.66 V，初相 $\varphi_u = 60°$，经过 $t = \dfrac{1}{600}$ s，$u$ 达到第一个正的最大值，试写出该电压的正弦表达式。

**解**：根据题意，该电压的正弦表达式为

$$u = U_m \sin(\omega t + \varphi_u) = \sqrt{2} U \sin(\omega t + 60°)$$

当 $t=0$ 时，$u(0) = \sqrt{2} U \sin 60° = 8.66$ V

$$U = \frac{8.66}{\sqrt{2}\sin 60°} \text{ V} = 5\sqrt{2} \text{ V}$$

因此 $u$ 的有效值为

$$u = 5\sqrt{2} \times \sqrt{2} \sin(\omega t + 60°) \text{ V} = 10\sin(\omega t + 60°) \text{ V}$$

因为当 $t = \dfrac{1}{600}$ s 时，$u = U_m = 10$ V，所以

$$\frac{1}{600}\omega + \frac{\pi}{3} = \frac{\pi}{2}$$

可计算出角频率为

$$\omega = \left(\frac{\pi}{2} - \frac{\pi}{3}\right) \times 600 \text{ rad/s} = 100\pi \text{ rad/s}$$

$u$ 的正弦表达式为

$$u = 10\sin(100\pi t + 60°) \text{ V}$$

**任务 3.1.5** 现有复数 $A_1 = 3 + j4$，$A_2 = 100\angle 45°$，求出它们的其他三种表达式。

**解**：(1) $A_1$ 的模 $r_1 = \sqrt{3^2 + 4^2} = 5$，辐角 $\varphi_1 = \arctan 4/3 = 53°$，则三角函数式为

$$A_1 = r_1(\cos\varphi_1 + j\sin\varphi_1) = 5(\cos 53° + j\sin 53°)$$

指数式为

$$A_1 = r_1 e^{j\varphi_1} = 5e^{j53°}$$

极坐标式为

$$A_1 = r_1 \angle \varphi_1 = 5\angle 53°$$

(2) 由 $A_2 = 100\angle 45°$ 可知，模 $r_2 = 100$，辐角 $\varphi_2 = 45°$，由式(3.1.7)可知，

$$a_2 = r_2\cos\varphi_2 = 100\cos 45° = 50\sqrt{2}, \quad b_2 = r_2\sin\varphi_2 = 100\sin 45° = 50\sqrt{2}$$

则代数式为

$$A_2 = a_2 + jb_2 = 50\sqrt{2} + j50\sqrt{2}$$

三角函数式为

$$A_2 = r_2(\cos\varphi_2 + j\sin\varphi_2) = 100(\cos 45° + j\sin 45°)$$

指数式为

$$A_2 = r_2 e^{j\varphi_2} = 100e^{j45°}$$

**任务 3.1.6** 已知复数 $A = 6 + j8$，$B = 4 - j3$，试计算 $A + B$、$AB$。

**解**：$A + B = (6 + j8) + (4 - j3) = (6 + 4) + j(8 - 3) = 10 + j5$

$$AB=(6+j8)\cdot(4-j3)=10\angle53.1°\cdot5\angle-36.9°=50\angle16.2°$$

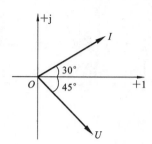

图 3.1.8　任务 3.1.7 相量图

**任务 3.1.7**　已知同频率的正弦量的解析式分别为 $i=10\sin(\omega t+30°)$ A 和 $u=220\sqrt{2}\sin(\omega t-45°)$ V，写出电流和电压的相量，并绘出相量图。

**解**：由式(3.1.15)可得

$$\dot{I}=\frac{10}{\sqrt{2}}\angle30°\text{ A}$$

$$\dot{U}=\frac{220\sqrt{2}}{\sqrt{2}}\angle-45°\text{ V}$$

相量图如图 3.1.8 所示。

**任务 3.1.8**　已知两个同频率正弦电压量 $u_1=100\sqrt{2}\sin(\omega t)$ V 和 $u_2=150\sqrt{2}\sin(\omega t-120°)$ V，求 $u_1+u_2$，并画出相量图。

**解**：由式(3.1.15)可得

$$\dot{U}_1=\frac{100\sqrt{2}}{\sqrt{2}}\angle0°\text{ V}=100\text{ V}$$

$$\dot{U}_2=\frac{150\sqrt{2}}{\sqrt{2}}\angle-120°=150(\cos(-120°)+j\sin(-120°))$$
$$=(-75-j75\sqrt{3})\text{ V}$$

$$\dot{U}_1+\dot{U}_2=100+(-75-j75\sqrt{3})=25-j75\sqrt{3}$$
$$=132.3\angle-79°\text{ V}$$

再将和相量 $\dot{U}_1+\dot{U}_2$ 还原成对应的正弦量，得

$$u_1+u_2=132.3\sqrt{2}\sin(\omega t-79°)\text{ V}$$

相量图如图 3.1.9 所示。

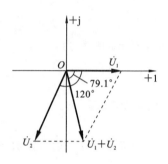

图 3.1.9　任务 3.1.8 相量图

## ※ 技能驱动

**技能 3.1.1**　写出下列正弦电压和电流的解析式。

(1) $U_m=311$ V，$\omega=314$ rad/s，$\varphi=-30°$；

(2) $I_m=10$ A，$\omega=10$ rad/s，$\varphi=60°$。

**技能 3.1.2**　已知电流相量 $\dot{I}=-4-j3$ A，求其瞬时值表达式。

**技能 3.1.3**　设电压相量 $\dot{U}=220\angle-30°$ V，试写出 $j\dot{U}$、$-j\dot{U}$ 和 $-\dot{U}$，并画出它们的相量图。

**技能 3.1.4**　已知正弦电压和电流为

$$u(t)=311\sin\left(314t-\frac{\pi}{6}\right)\text{ V},\quad i(t)=-10\sqrt{2}\sin\left(50\pi t+\frac{3\pi}{4}\right)\text{ A}$$

(1) 求正弦电压和电流的振幅、有效值、角频率、频率和初相；

(2) 画出正弦电压和电流的波形。

**技能 3.1.5**　已知电压 $u(t)$ 和电流 $i(t)$ 的瞬时表达式分别为

$$u(t)=U_m\sin(1000t+70°)\text{ V},\quad i(t)=I_m\sin(1000t+10°)\text{ A}$$

试问 $u(t)$ 和 $i(t)$ 哪个超前?

**技能 3.1.6** 已知电压 $u(t)=U_m\sin(\omega t+30°)$ V,当 $t=0$ 时,$u(t)=200$ V;当 $t=1/300$ s 时,$u(t)=400$ V。试求 $U_m$ 和 $\omega$。

**技能 3.1.7** 已知某正弦电流,当初相位为 60°时,其电流值为 $10\sqrt{3}$ A,试求该电流的有效值。

**技能 3.1.8** 写出下列各正弦量对应的相量,并绘出相量图。

(1) $u_1=220\sqrt{2}\sin(\omega t+100°)$ V;

(2) $u_2=110\sqrt{2}\sin(\omega t-240°)$ V;

(3) $i_1=10\sqrt{2}\cos(\omega t+30°)$ A;

(4) $i_2=14.14\sin(\omega t-90°)$ A。

**技能 3.1.9** 如图 3.1.10 所示,已知 $U=220$ V,$I_1=10$ A,$I_2=5\sqrt{2}$ A,它们的角频率是 $\omega$,试写出各正弦量的瞬时值表达式。

**技能 3.1.10** 试将下列各时间函数用对应的相量来表示:

(1) $i_1=5\sin\omega t$ A,$i_2=10\sin(\omega t+60°)$ A;

(2) $i=i_1+i_2$。

**技能 3.1.11** 已知 $i_1=8\sin(314t)$ A,$i_2=6\sin(314t+90°)$ A。(1)试写出电流幅值的相量形式;(2) 求 $i=i_1+i_2$;(3) 画出相量图。

**技能 3.1.12** 已知正弦电压量为

$u_1=20\sqrt{2}\sin(\omega t+45°)$ V, $u_2=10\sqrt{2}\cos(\omega t+45°)$ V

$u_3=30\sqrt{2}\sin(\omega t-45°)$ V

若以 $u_2$ 为电压参考量,写出 $u_1$、$u_2$、$u_3$ 的表达式。

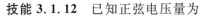

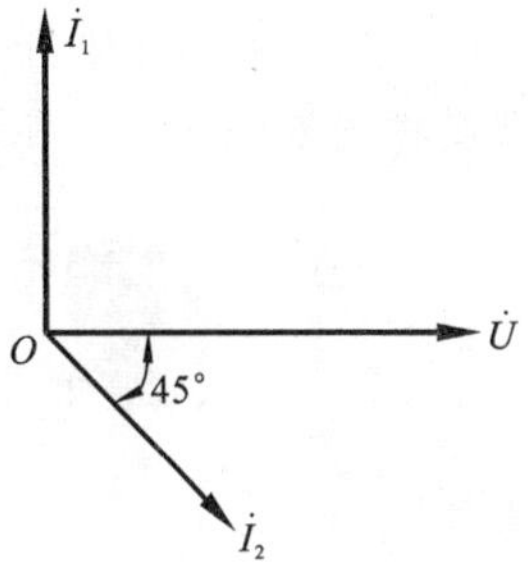

图 3.1.10 技能 3.1.9 图

## 任务 3.2 单一元器件的正弦交流电路的仿真与调试

※**能力目标**

了解电感元器件的组成,电感、电容元器件分类;理解电感、电容元器件符号及特点;掌握电感、电容元器件的电压与电流的关系;掌握电感、电容元器件功率的分析与计算方法。

※**核心知识**

### 一、电感元器件认知

**1. 电感元器件分类**

电感元器件也称为电感器,简称电感,通常是指导线绕制而成的线圈,它是一种储存磁场能量的元器件。电感器一般由骨架、绕组、屏蔽罩、磁心等组成。根据使用场合不同,有的线圈没有磁心或屏蔽罩,或两者都没有,还有的连骨架也没有。大多数线圈的绕组是由绝缘导线在骨架上缠绕而成的。圈数的多少由电感量的大小决定,一般电感量越大,线圈的圈数就越多。

电感是一种储能元器件，在电路中有通直流、阻交流的作用，可以在交流电路中起到阻流、降压、负载等作用，与电容器配合并用于调谐、振荡、耦合、滤波、分频等电路中。

为了适应各种用途的需要，电感做成各式各样的形状，具体分类如下。

（1）按形式分类：电感分为固定电感和可调电感，如图 3.2.1 所示。

（a）固定电感　　　　　　　（b）可调电感

图 3.2.1　按形式分类的电感

（2）按导磁体性质分类：电感可分为空心线圈电感、铁氧体线圈电感、铁心线圈电感等，典型实物图如图 3.2.2 所示。

（a）空心线圈　　　　（b）铁氧体线圈　　　　　（c）铁心线圈

图 3.2.2　按导磁体性质分类的电感

（3）按工作性质分类：电感可分为天线线圈电感、振荡线圈电感、扼流线圈电感、陷波线圈电感、偏转线圈电感等。

（4）按结构特点分类：电感可分为磁心线圈电感、可变电感线圈电感、色码电感线圈电感、无磁心线圈电感等。

（5）按绕线结构分类：电感可分为单层线圈电感、多层线圈电感、蜂房式线圈电感。

**2. 电感元器件的标识**

根据用途的不同，电感器也有很多的种类，但它们可用"电感元器件"这个共同的理想化模型来代替，一般用 $L$ 表示。电感的基本单位是"亨"，用 H 表示，其单位也可以用 mH（毫亨）、$\mu$H（微亨）表示。

常见电感的电路符号如表 3.2.1 所示。

**3. 电感元器件特性**

1）电感元器件参数

（1）电感量 $L$。

电感量 $L$ 也称为自感系数，是表示电感元器件自感应能力的一种物理量，其大小与线圈的匝数、尺寸和导磁材料有关。

表 3.2.1　电感类电路符号

| 类型 | 电路图形符号 | 外形图 | 类型 | 电路图形符号 | 外形图 |
|---|---|---|---|---|---|
| 色码电感 | | | 空心线圈电感 | | |
| 带磁心可变电感 | | | 铁心线圈电感 | | |
| | | | 磁心线圈电感 | | |

(2) 额定电流。

额定电流是电感中允许通过的最大电流，额定电流大小与绕制线圈的线径大小有关。国产色码电感通常在电感体上用印刷字母的方法来表示最大直流工作电流，字母 A、B、C、D、E 分别表示最大工作电流 50 mA、150 mA、300 mA、700 mA、1600 mA。

(3) 品质因数 $Q$。

品质因数是表示线圈质量的一个参数，它是指线圈在某一频率的交流电压工作时，线圈所呈现的感抗和线圈的直流电阻之比，即

$$Q = \frac{2\pi f L}{R} = \frac{\omega L}{R}$$

式中：$Q$ 为线圈的品质因数；$\omega$ 为工作角频率；$R$ 为线圈的等效总损耗电阻；$L$ 为线圈的电感量。当 $\omega$ 和 $L$ 一定时，品质因数仅与线圈的等效电阻有关，电阻越大，$Q$ 值越小。在谐振回路中，线圈的 $Q$ 值越高，回路的损耗就越小，效率就越高，滤波性能就越好。

(4) 感抗 $X_L$。

线圈对交流电电流阻碍作用的大小称为感抗，用 $X_L$ 表示，单位是欧姆。电感元器件上电压与电流的有效值满足"$\omega L$"倍关系，感抗与频率的关系是 $X_L = 2\pi f L = \omega L$，感抗 $X_L$ 与电感 $L$、频率 $f$ 成正比，因此频率越高，电感对电流的阻碍作用越大。对直流电来讲，由于频率 $f = 0$，感抗 $X_L = 0$，电感相当于短路。

2) 无互感电感的连接

图 3.2.3(a)所示的为电感串联电路，各电压、电流参考方向关联，由电感元器件的电压、电流关系知

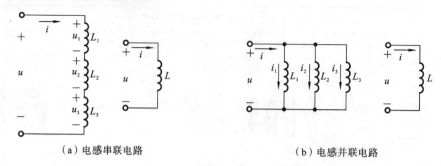

(a)电感串联电路　　　　　　　(b)电感并联电路

图 3.2.3　电感串联、并联电路

$$u_1 = L_1 \frac{di}{dt}, \quad u_2 = L_2 \frac{di}{dt}, \quad u_3 = L_3 \frac{di}{dt}$$

由 KVL 可知,端电压为

$$u = u_1 + u_2 + u_3 = (L_1 + L_2 + L_3) \frac{di}{dt} = L \frac{di}{dt}$$

即电感串联后的等效电感为各串联电感之和

$$L = L_1 + L_2 + L_3 \tag{3.2.1}$$

电感并联电路如图 3.2.3(b)所示,利用电感元器件上电压、电流的积分关系可得,电感并联电路等效电感的倒数等于并联各电感倒数之和,即

$$\frac{1}{L} = \frac{1}{L_1} + \frac{1}{L_2} + \frac{1}{L_3} \tag{3.2.2}$$

3) 电感元器件的电压、电流关系

单一电感元器件组成的交流电路,又称为纯电感电路。图 3.2.4 所示的为由电感元器件构成的交流电路和相量模型及波形。

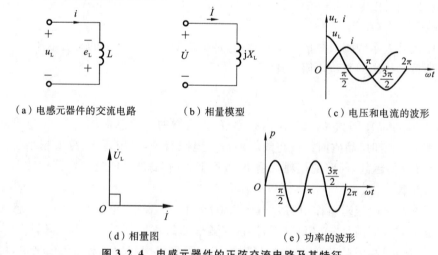

(a)电感元器件的交流电路　　(b)相量模型　　(c)电压和电流的波形

(d)相量图　　　　　　(e)功率的波形

图 3.2.4　电感元器件的正弦交流电路及其特征

由 KVL 可知

$$u_L + e_L = 0$$

$$u_L = -e_L = L \frac{di}{dt} \tag{3.2.3}$$

设 $i = I_m \sin(\omega t)$，代入式(3.2.3)可得
$$u_L = U_{Lm} \sin(\omega t + 90°) \tag{3.2.4}$$
即 $u$ 和 $i$ 是同频率的正弦量，它们的波形如图 3.2.4(c)所示。

比较 $u$ 和 $i$ 可知，电压在相位上超前于电流 90°，或者说电流滞后于电压 90°，如图 3.2.4(d)所示，且电压与电流的大小关系为
$$U_{Lm} = \omega L I_m \quad \text{或者} \quad U_L = X_L I$$
式中：$X_L = \omega L = 2\pi f L$。由于 $\dot{I}_L = I_L \angle \varphi_i$，故电压的相量为
$$\dot{U}_L = U_L \angle \varphi_u = X_L I_L \angle \left(\varphi_i + \frac{\pi}{2}\right) = jX_L I_L \angle \varphi_i$$
即
$$\dot{U}_L = j\omega L \dot{I}_L = jX_L I_L \angle \varphi_i \tag{3.2.5}$$
电感元器件的电压和电流相量之间符合欧姆定律。

4) 电感电路的功率

纯电感电路的瞬时功率为
$$p = u_L i_L = U_{Lm} \sin(\omega t + \varphi_i + 90°) \cdot I_{Lm} \sin(\omega t + \varphi_i)$$
$$= U_{Lm} I_{Lm} \sin(\omega t + \varphi_i) \cos(\omega t + \varphi_i) = \frac{1}{2} U_{Lm} I_{Lm} \sin(2(\omega t + \varphi_i))$$
$$= U_L I_L \sin(2(\omega t + \varphi_i)) \tag{3.2.6}$$

纯电感电路的瞬时功率 $p$、电压 $u$、电流 $i$ 的波形图如图 3.2.4(e)和图 3.2.4(c)所示。从图 3.2.4(e)看出：第 1、3 个 $T/4$ 期间，$p>0$，表示线圈从电源处吸收能量；在第 2、4 个 $T/4$ 期间，$p<0$，表示线圈向电路释放能量。

(1) 平均功率(有功功率)。

电感元器件瞬时功率的平均值为平均功率，其值为
$$p = \frac{1}{T}\int_0^T p\,dt = \frac{1}{T}\int_0^T UI\sin 2\omega t\,dt = 0 \tag{3.2.7}$$

式(3.2.7)说明，一个周期内电感元器件吸收的能量和放出能量相等，元器件本身不消耗电能，即纯电感电路的平均功率为 0，因而电感元器件是一种储存电能的元器件。

(2) 无功功率。

电感元器件虽然不消耗功率，但与电源之间有能量的交换，要占用电源设备的容量，因此对电源来说，电感元器件是一种负载，我们用无功功率来衡量电路中能量交换的速率。

纯电感线圈和电源之间进行能量交换的最大速率，称为纯电感电路的无功功率，用 $Q$ 表示，无功功率的单位是乏耳(var)。
$$Q_L = U_L I_L = I^2 X_L \tag{3.2.8}$$

## 二、电容元器件认知

**1. 电容元器件分类**

电容是用来储存电荷(电能)的元器件，由两块金属片(金属电极)和中间的绝缘材料(电介质)构成。两个电极板在单位电压的作用下，每个极板上所储存的电荷量称为该电容器的

容量。

电容在电路中的主要作用:直流电源的滤波;高低频信号的耦合;高低频信号的旁路,为交流电路中某些并联的元器件提供低阻抗通路;与其他元器件组成谐振回路;做谐振电路的调谐元器件;隔离直流电,阻止直流电通过而让交流电通过;整流;电光和电热能量转换;定时电路元器件和电机启动元器件等。

电容的种类有很多,根据电容的容量是否可调,电容分为固定电容、半可变电容和可变电容。

根据电容所用绝缘介质分类有空气介质电容、云母电容、纸介电容、小型金属化纸介电容、瓷介电容和电解电容等,如图3.2.5所示。

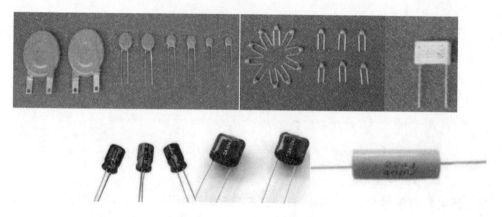

图 3.2.5 常见的电容实物图

**2. 电容元器件符号**

在电路中,电容常用字母 $C$ 表示,电容的图形符号如图3.2.6所示。

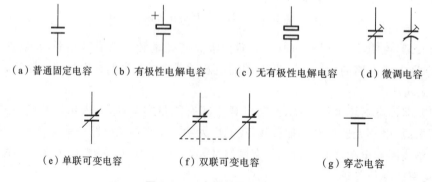

图 3.2.6 电容的图形符号

**3. 电容元器件特性**

1) 电容的容量

容量是电容的基本参数,反映了电容外加电压后储存电荷的能力。数值标在电容上,不同类别的电容有不同系列的标称值。

2) 额定电压

额定电压是指在规定的环境温度下,电容可连续长期工作所能承受的最高电压值。所有的电容都有额定电压参数,如果施加的电压大于额定电压,则电容将被损坏。

3) 绝缘电阻和漏电流

电容两极之间的电阻称为绝缘电阻,当电容加上直流工作电压时,电容介质总会导电而使电容有漏电流产生,若漏电流太大,则电容就会因发热而损坏。

4) 频率特性

电容的电参数具有随电场频率的变化而变化的特性。在高频条件下工作的电容,由于介电常数在高频时比低频时小,电容量也相应减小,损耗会随频率的升高而增加。不同的电容最高使用频率是不同的。

**4. 电容的连接**

在实际中,考虑到电容的容量及耐压,常常要将电容串联或并联起来使用。

1) 电容并联

图 3.2.7(a)所示的为三个电容并联的情况。所有电容处在同一电压 $u$ 之下,根据电容的定义,各电容极板上的电量分别为

$$q_1 = C_1 u, \quad q_2 = C_2 u, \quad q_3 = C_3 u$$

三个电容极板上所充的总电量为 $q_1 + q_2 + q_3$。如果有一电容 $C$ 处在同样电压 $u$ 之下,极板上所充的电量为 $q = q_1 + q_2 + q_3$,此电容 $C$ 即为并联三电容的等效电容。根据等效条件

$$C = \frac{q}{u} = \frac{q_1 + q_2 + q_3}{u} = \frac{u(C_1 + C_2 + C_3)}{U} = C_1 + C_2 + C_3 \tag{3.2.9}$$

可知,当电容并联时,其等效电容等于各电容之和。电容的并联相当于极板面积的增大,所以增大了电容量。当电容的耐压符合要求而容量不足时,可将多个电容并联起来使用。

2) 电容串联

如图 3.2.7(b)所示,电容串联前每个电容的电压分别为

$$u_1 = \frac{q}{C_1}, \quad u_2 = \frac{q}{C_2}, \quad u_3 = \frac{q}{C_3}$$

所以

$$u_1 + u_2 + u_3 = \left(\frac{1}{C_1} + \frac{1}{C_2} + \frac{1}{C_3}\right) q$$

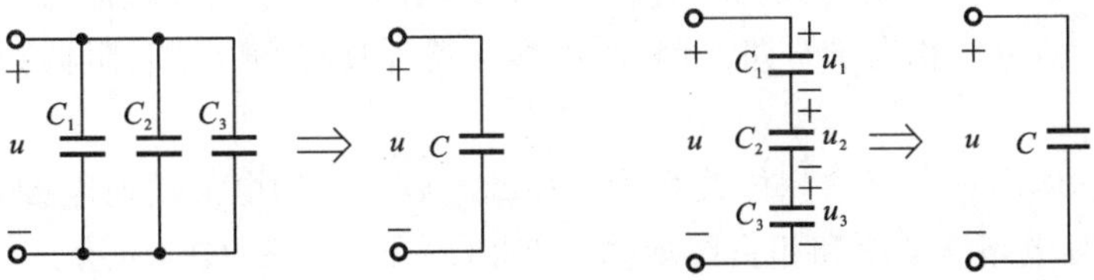

(a) 电容并联      (b) 电容串联

图 3.2.7 电容的并联和串联

设备电容串联后的总电容为 $C$,端电压为

$$u = u_1 + u_2 + u_3 = \left(\frac{1}{C_1} + \frac{1}{C_2} + \frac{1}{C_3}\right)q = \frac{1}{C}q \qquad (3.2.10)$$

各电容串联后的总电容的倒数为

$$\frac{1}{C} = \frac{1}{C_1} + \frac{1}{C_2} + \frac{1}{C_3} \qquad (3.2.11)$$

即各电容串联后的等效电容的倒数等于各电容的倒数之和。

电容串联时,其等效电容比串联时的任一个电容都小。这是因为电容串联相当于加大了极板间的距离,从而减小了电容。若电容的耐压值小于外加电压,则可将几个电容串联起来使用。

每个电容上的电压之间的关系为

$$u_1 : u_2 : u_3 = \frac{1}{C_1} : \frac{1}{C_2} : \frac{1}{C_3}$$

即电容串联时,各个电容上的电压与其电容的大小成反比。

3) 电压与电流关系

单一电容元器件组成的交流电路,又称为纯电容电路,其交流电路和相量模型如图 3.2.8(a) 和图 3.2.8(b) 所示。

根据图 3.2.8(b) 所示的相量图,可得到纯电容电路的欧姆定律的相量形式,即

$$\dot{U} = -jX_C \dot{I} \qquad (3.2.12)$$

设纯电容的交流电路中,电容 $C$ 两端加的电压为 $u_C = U_{Cm}\sin(\omega t + \varphi_u)$。由于电压的大小和方向随时间变化,使电容极板上的电荷量也随之变化,电容也不断进行充、放电,这就形成了纯电容电路中的电流,即

$$i_C = C\frac{du_C}{dt} = \sqrt{2}CU_C\cos(\omega t + \varphi_u) = \sqrt{2}\omega CU_C\sin\left(\omega t + \varphi_u + \frac{\pi}{2}\right) = \sqrt{2}I_C\sin(\omega t + \varphi_i)$$

式中:$I_C = \omega CU_C$,$\varphi_i = \varphi_u + \frac{\pi}{2}$。

(1) 由式(3.2.12)可知,在数值上,电压和电流的幅值关系为

$$U = X_C I$$

式中:$X_C$ 称为容抗,$X_C = \frac{1}{\omega C} = \frac{1}{2\pi f C}$,单位是 $\Omega$。容抗在交流电路中也起到阻碍电流的作用,这种阻碍作用与频率有关。频率越高,容抗越小,反之,容抗越大。换句话说,对于一定的电容 $C$,它对低频电流呈现的阻力大,而对高频电流呈现的阻力小。在直流电路中,可以看成频率为 0,$X_C$ 趋于 $\infty$,电容相当于开路。因此,电容元器件具有"通高频、阻低频"或"隔直流、通交流"的作用。

(2) 相位上,电压和电流的相位关系为 $\varphi_i = \varphi_u + \pi/2$,可知电流超前电压 $90°$,或电压滞后电流 $90°$。纯电容电路波形图和相量图如图 3.2.8(a) 和图 3.2.8(b) 所示。

4) 电容电路的功率

(1) 纯电容电路的瞬时功率。

$$p = u_C i_C = U_{Cm}\sin(\omega t + \varphi_u) \cdot I_{Cm}\sin(\omega t + \varphi_u + 90°)$$
$$= U_{Cm}I_{Cm}\sin(\omega t + \varphi_u)\cos(\omega t + \varphi_u)$$

$$= \frac{1}{2} U_{Cm} I_{Cm} \sin(2(\omega t + \varphi_u))$$

$$= U_C I_C \sin(2(\omega t + \varphi_u)) \tag{3.2.13}$$

式(3.2.13)表明,纯电容电路瞬时功率波形与电感电路相似,以电路频率的2倍按正弦规律变化。电容也是储能元器件,从图3.2.8(c)所示的波形图上看出:第1、3个$T/4$期间,$p>0$,电容元器件相当于负载,从电源吸收能量(充电),将电能转换为电场能储存起来;在第2、4个$T/4$期间,$p<0$,电容元器件向电路释放能量,将电场能转换为电能。

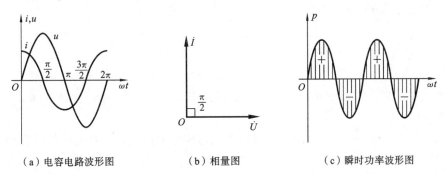

(a)电容电路波形图　　　(b)相量图　　　(c)瞬时功率波形图

图3.2.8　纯电容电路波形图和相量图

(2)平均功率。

$$p = \frac{1}{T}\int_0^T p\,dt = \frac{1}{T}\int_0^T UI\sin(2\omega t)\,dt = 0 \tag{3.2.14}$$

式(3.2.14)说明电容元器件的平均功率为0,说明电容元器件是储能元器件,不消耗电能,仅与电源进行能量交换。

(3)无功功率。

和电感元器件一样,电容元器件和电源的能量交换用无功功率来衡量。电容元器件瞬时功率的最大值称为无功功率,它表示电源能量与电场能量交换的最大速率,用$Q$表示,有

$$Q_C = U_C I_C = I^2 X_C = \frac{U_C^2}{X_C} = \omega C U_C^2 \tag{3.2.15}$$

## 三、电容、电感元器件特性分析

单一参数元器件的正弦交流电路往往是不存在的,实际的电路模型都是单一参数元器件电路的某种组合。例如,电阻、电感与电容串联的电路(RLC串联电路),就是一种典型电路。

**1. 简单电容、电感与电阻串联电路的分析**

电阻、电感、电容串联交流电路如图3.2.9(a)所示,电路中通过同一电流$i$。

根据基尔霍夫电压定律可知

$$u = u_R + u_L + u_C$$

如图3.2.9(b)所示,此式各正弦量用有效值相量表示后,则有

$$\dot{U} = \dot{U}_R + \dot{U}_L + \dot{U}_C = \dot{I}R + jX_L\dot{I} + (-jX_C)\dot{I} \tag{3.2.16}$$

该式称为相量形式的基尔霍夫定律。

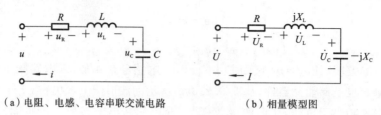

(a) 电阻、电感、电容串联交流电路  (b) 相量模型图

图 3.2.9 RLC 串联电路

式(3.2.16)又可写成

$$\dot{U} = \dot{I}[R+j(X_L-X_C)] = \dot{I}[R+jX] = \dot{I} \cdot Z$$

即

$$\dot{U} = \dot{I} \cdot Z \tag{3.2.17}$$

式(3.2.17)为 RLC 串联电路伏安关系的相量形式,与欧姆定律相似,所以称之为相量的欧姆定律。

式(3.2.17)中,$X=X_L-X_C$,称为电抗,表征电路中储能元器件对电流的阻碍作用,单位为欧姆($\Omega$)。

$Z=R+j(X_L-X_C)=R+jX=|Z|\angle\varphi$ 是电路总阻抗,表征了电路中所有元器件对电流的阻碍作用,以及使电流相对于电压发生的相移,因为是复数,故称为复阻抗,单位为欧姆($\Omega$)。

复阻抗的模$|Z|$称为阻抗模,有

$$|Z| = \sqrt{R^2+(X_L-X_C)^2} = \sqrt{R^2+X^2} \tag{3.2.18}$$

复阻抗的辐角为

$$\varphi = \arctan\frac{X_L-X_C}{R} = \arctan\frac{X}{R} \tag{3.2.19}$$

因为电路中各元器件上电流相同,故以电流为参考相量,做出电路的电流与电压相量图,如图 3.2.10 所示。由 $\dot{U}_R$、$\dot{U}_L$、$\dot{U}_C$ 组成的直角三角形称为电压三角形。如果将它的三个边同时除以电流就形成了阻抗三角形,如图 3.2.11 所示。

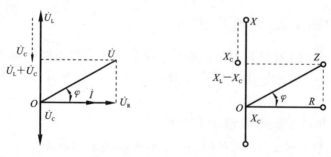

图 3.2.10 电压相量三角形    图 3.2.11 阻抗三角形

由式(3.2.19)可知,随着 $X_L$ 和 $X_C$ 值的不同,$\varphi$ 值就不同,即可判断电压和电流之间的相位关系是超前还是滞后,这由组成电路的元器件参数决定,因此电路反映的性质也不同。

(1) 当 $X_L>X_C$ 时,$\varphi>0$,$U_L>U_C$。在相位上电压超前于电流,这种电路呈感性,简称感性电路,如图 3.2.12(a)所示。

(2) 当 $X_L < X_C$ 时,$\varphi < 0$,$U_L < U_C$。在相位上电压滞后于电流,这种电路呈容性,简称容性电路,如图 3.2.12(b)所示。

(3) 当 $X_L = X_C$ 时,$\varphi = 0$,$U_L = U_C$。在相位上电压和电流同相,这种电路呈阻性,称为谐振电路,如图 3.2.12(c)所示。谐振电路将在后面介绍。

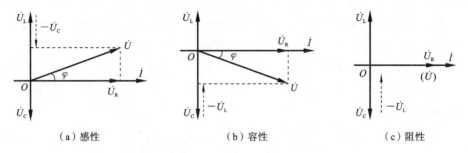

(a) 感性　　　　　　　　(b) 容性　　　　　　　　(c) 阻性

图 3.2.12　RLC 串联电路相量图

**2. 简单电容、电感与电阻并联电路的分析**

RLC 并联电路如图 3.2.13 所示(a)所示。图 3.2.13(b)所示的为其相量模型,电路中电流和电压用相量表示,电阻、电感、电容分别用阻抗表示。

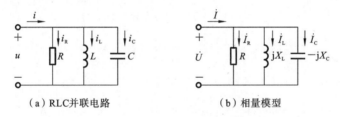

(a) RLC 并联电路　　　　　　　　(b) 相量模型

图 3.2.13　RLC 并联电路及相量图

设电路中的电压相量为 $\dot{U} = U \angle \varphi_u$,

根据 KCL 的相量形式,可得

$$\dot{I} = \dot{I}_R + \dot{I}_L + \dot{I}_C = \frac{\dot{U}}{R} + \frac{\dot{U}}{jX_L} + \frac{\dot{U}}{-jX_C} = \dot{U}\left[\frac{1}{R} + j\left(\frac{1}{X_C} - \frac{1}{X_L}\right)\right] \quad (3.2.20)$$

$$= \dot{U}[G + j(B_C - B_L)] = \dot{U}(G + jB)$$

式中:$G = \dfrac{1}{R}$ 为电阻的电导;$B_L = \dfrac{1}{\omega L}$ 为电感的感纳;$B_C = \omega C$ 为电容的容纳;它们的单位都是 S(西门子)。$B = B_C - B_L$ 为电路的电纳。

由式(3.2.20)可得

$$Y = \frac{\dot{I}}{\dot{U}} = G + jB \quad (3.2.21)$$

式中:$Y$ 称为电路的复导纳,单位为 S(西门子)。

由式(3.2.21)不难看出

$$|Y| = \frac{I}{U} = \sqrt{G^2 + B^2} = \sqrt{G^2 + (B_C^2 - B_L^2)} \quad (3.2.22)$$

$$\varphi' = \varphi'_i - \varphi'_u = \arctan\frac{B}{G} = \arctan\frac{B_C - B_L}{R}$$

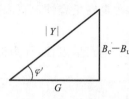

图 3.2.14 导纳三角形

$$Y = \frac{\dot{I}}{\dot{U}} = \frac{I\angle\varphi_i}{U\angle\varphi_u} = \frac{I}{U}(\varphi_i - \varphi_u) = |Y|\angle\varphi$$

式中：$Y$ 和 $\varphi$ 分别为复导纳的模和辐角。由式(3.2.22)表明，电路的 $|Y|$、$G$、$B$ 可以组成一个三角形，称为导纳三角形，如图3.2.14所示。

复导纳 $Y$ 综合反映了电流和电压的大小及相位关系。

(1) 当 $B_C > B_L$ 时，$\varphi' > 0$，电流超前于总电压，电路呈容性；

(2) 当 $B_C < B_L$ 时，$\varphi' < 0$，电流滞后于总电压，电路呈感性；

(3) 当 $B_C = B_L$ 时，$\varphi' = 0$，电流与总电压同相，电路呈阻性，此时电路处于谐振状态。

※ 任务驱动

**任务 3.2.1** 有一电感线圈，其电感 $L = 0.5$ H，接在 $u = 220\sqrt{2}\sin(314t)$ V 的电源上。试求：

(1) 感抗 $X_L$；

(2) 电路中电流 $I$ 及其与电压的相位差。

(3) 无功功率 $Q$。

**解**：(1) 感抗为

$$X_L = \omega L = 314 \times 0.5 \ \Omega = 157 \ \Omega$$

$$\dot{U} = U\angle\varphi = \frac{220\sqrt{2}}{\sqrt{2}}\angle 0° \ V = 220\angle 0° \ V = 220 \ V$$

(2) 电压相量由 $\dot{U}_L = j\omega L \dot{I}_L = jX_L I_L\angle\varphi_i$ 可知

$$\dot{I}_L = \frac{\dot{U}_L}{j\omega L} = \frac{220}{j157} \ A = -j1.4 \ A = 1.4\angle -90° \ A$$

即电流有效值为 $I = 1.4$ A，相位滞后电压 90°。

(3) 无功功率为

$$Q = UI = 220 \times 1.4 \ \text{var} = 308 \ \text{var}$$

**任务 3.2.2** 有一个 10 μF 的电容，接到频率为 50 Hz、电压有效值为 12 V 的正弦电源上，求电流 $I$。若电压有效值不变，而频率改变为 1000 Hz，试重新计算电流。

**解**：(1) 当频率 $f = 50$ Hz 时，容抗为

$$X_C = \frac{1}{\omega C} = \frac{1}{2\pi f C} = \frac{1}{2 \times 3.14 \times 50 \times 10 \times 10^{-6}} \ \Omega = 318.5 \ \Omega$$

电流为

$$I = \frac{U}{X_C} = \frac{12}{318.5} \ A = 0.0377 \ A = 37.7 \ mA$$

(2) 当频率 $f = 1000$ Hz 时，容抗为

$$X_C = \frac{1}{\omega C} = \frac{1}{2\pi f C} = \frac{1}{2 \times 3.14 \times 1000 \times 10 \times 10^{-6}} \ \Omega = 15.9 \ \Omega$$

电流为

$$I = \frac{U}{X_C} = \frac{12}{15.9} \ A = 0.755 \ A = 755 \ mA$$

电路仿真图如图 3.2.15 所示。

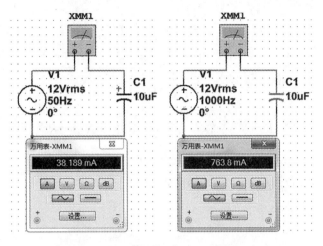

图 3.2.15　任务 3.2.2 电路仿真图

**任务 3.2.3**　如图 3.2.16 所示电路中,电压表 $V_1$、$V_2$、$V_3$ 的读数都是 5 V,试求电路中电压表 V 的读数,并分析电路的性质。

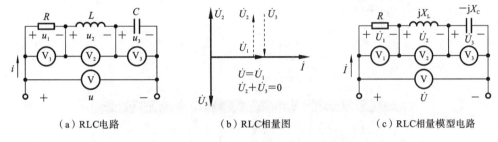

（a）RLC 电路　　　　　　（b）RLC 相量图　　　　　（c）RLC 相量模型电路

图 3.2.16　任务 3.2.3 电路向量模型图

**解**:在串联 RLC 电路中,以电流为参考相量,即 $\dot{I}=I\angle 0°$ A。

方法 1:相量法。

选定 $u$、$u_1$、$u_2$、$u_3$、$i$ 的参考方向,如图 3.2.16(a)所示,则有

$$\dot{U}_1=5\angle 0°=(5\cos0°+j5\sin0°) \text{ V}=5 \text{ V}$$

$$\dot{U}_2=5\angle 90°=(5\cos90°+j5\sin90°) \text{ V}=j5 \text{ V}$$

$$\dot{U}_3=5\angle -90°=(5\cos(-90°)+j5\sin(-90°)) \text{ V}=-j5 \text{ V}$$

由串联电路的特点,有

$$\dot{U}=\dot{U}_1+\dot{U}_2+\dot{U}_3=(5+j5-j5) \text{ V}=5 \text{ V}$$

故电压表 V 的读数为 5 V,电压和电流同相,电路呈阻性。

方法 2:相量图法。

相量图如图 3.2.16(b)所示,利用平行四边形法则求 $U$。如图 3.2.16 所示,可知 $U=5$ V,电压和电流同相,电路呈阻性。

方法 3:相量模型。

由图 3.2.16(a)画出相量模型电路,如图 3.2.16(c)所示。

根据串联电路的分压原理,有

$$\frac{\dot{U}}{\dot{U}_1}=\frac{Z}{R}, \quad \frac{\dot{U}_1}{\dot{U}_2}=\frac{R}{\mathrm{j}X_L}, \quad \frac{\dot{U}_1}{\dot{U}_3}=\frac{R}{-\mathrm{j}X_C}$$

取模计算得

$$U=\frac{U_1}{R}|Z|, \quad \frac{U_1}{U_2}=\frac{R}{X_L}=1, \quad \frac{U_1}{U_3}=\frac{R}{X_C}=1$$

所以

$$R=X_L=X_C, \quad Z=R+\mathrm{j}(X_L-X_C)=R$$

$$|Z|=R, \quad U=\frac{U_1}{R}|Z|=U_1=5\text{ V}$$

因为 $X_L=X_C$,故电路呈阻性。

具体电路仿真图如图 3.2.17 所示。

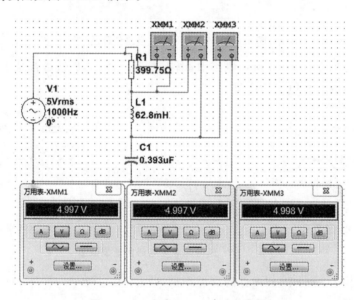

图 3.2.17　任务 3.2.3 电路仿真图

## ※技能驱动

**技能 3.2.1**　一个 $L=1000$ mH 的电感,接于 $U=220$ V 的正弦电源上,求两种电源频率下的感抗和电流:(1) 工频;(2) $f=5000$ Hz。

**技能 3.2.2**　RL 串联电路中,已知 $u=10\sin(\omega t-180°)$ V,$R=4$ Ω,$\omega L=3$ Ω,试求电感上电压 $u_L$。

**技能 3.2.3**　把一个 0.2 H 的电感接到 $u=220\sqrt{2}\sin(314t+30°)$ V 的电源上,求通过元器件的电流 $i$。

**技能 3.2.4**　将 $C=5$ μF 的电容接到 $u=220\sqrt{2}\sin(314t-30°)$ V 的电源上,求电容电流 $i_C$ 及无功功率 $Q$。

**技能 3.2.5**　将 RLC 串联电路接在 $u=220\sqrt{2}\sin(314t-30°)$ V 电源上,已知 $R=10$ Ω,$L=0.01$ H,$C=100$ μF,求各元器件电压解析式。

**技能 3.2.6** 如图 3.2.18 所示的 RL 串联电路,若 $R=100\ \Omega, L=0.1\ \text{mH}, i=10\sin(10^6 t)$ A,求电源电压 $u_\text{S}$,并画出相量图。

**技能 3.2.7** 如图 3.2.19 所示的 RC 串联电路,若 $R=100\ \Omega, C=0.1$ F,$u_\text{S}=10\sin t$ V,求电流 $i$ 及电容上的电压 $u_\text{C}$,并画出相量图。

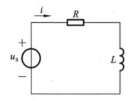
图 3.2.18　技能 3.2.6 电路图

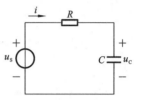
图 3.2.19　技能 3.2.7 图

**技能 3.2.8** RLC 串联电路如图 3.2.20 所示,已知 $R=5$ k$\Omega, L=6$ mH$, C=0.001\ \mu$F,电压 $u=5\sqrt{2}\sin 10^6 t$ V。

(1) 求电流 $i$ 和各元器件上的电压,并画出相量图。
(2) 当角频率 $\omega=2\times 10^5$ rad/s 时,电路的性质有无改变?

**技能 3.2.9** RLC 并联电路如图 3.2.21 所示,已知 $R=5\ \Omega, L=5\ \mu$H$, C=0.4\ \mu$F$, U=10$ V$, \omega=10^6$ rad/s,求总电流 $i$,并说明电路的性质。

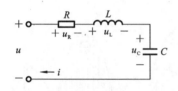
图 3.2.20　技能 3.2.8 图

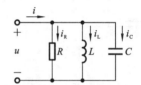
图 3.2.21　技能 3.2.9 图

**技能 3.2.10** 已知 RLC 串联电路 $R=8\ \Omega, X_\text{L}=10\ \Omega, X_\text{C}=4\ \Omega$,通过 $I=2$ A 的正弦电流,试求:

(1) 电路端电压的有效值;
(2) 以电流 $i$ 为参考正弦量,写出电路端电压 $u$ 的表示式;
(3) 以端电压为参考正弦量,写出电流 $i$ 的表示式。

## 任务 3.3　正弦交流电路中功率的仿真与测量

### ※ 能力目标

了解电感的组成,电感、电容分类;理解电感、电容符号及特点;掌握电感、电容的电压与电流的关系;掌握电感、电容功率的分析与计算方法。

### ※ 核心知识

因为电阻是耗能元器件,而电感、电容是储能元器件,所以,在包含电阻、电感、电容的正弦交流电路中,从电源获得的能量有一部分被电阻消耗,另一部分则被电感和电容存储起来。可见,正弦交流电路中的功率问题要比纯电阻电路的复杂得多。

## 一、正弦交流电路的功率

### 1. 瞬时功率

如图 3.3.1 所示,为无源 $R$、$L$、$C$ 二端网络,设端电压、电流的瞬时表达式分别为

$$i = \sqrt{2}I\sin(\omega t)$$
$$u = \sqrt{2}U\sin(\omega t + \varphi)$$

则网络的瞬时功率为

$$p = ui = \sqrt{2}U\sin(\omega t + \varphi) \cdot \sqrt{2}I\sin\omega t = 2UI\sin(\omega t)\sin(\omega t + \varphi)$$
$$= 2UI \times \frac{1}{2}[\cos(\omega t - \omega t - \varphi) - \cos(\omega t + \omega t + \varphi)]$$

即

$$p = UI[\cos\varphi - \cos(2\omega t + \varphi)] \quad (3.3.1)$$

从式(3.3.1)可知,瞬时功率由两部分组成,第一部分 $UI\cos\varphi$,与时间无关,称为恒定分量,且始终不小于零;第 2 部分是 $UI\cos(2\omega t + \varphi)$,与时间有关,称为正弦分量,正弦分量的频率是电压或电流频率的两倍。电压、电流和功率的波形如图 3.3.2 所示$\left(设\ 0<\varphi<\dfrac{\pi}{2}\right)$。

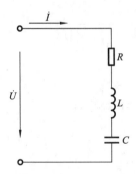

图 3.3.1 无源 $R$、$L$、$C$ 二端网络

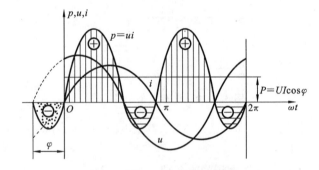

图 3.3.2 瞬时功率波形图

瞬时功率是随时间变化的,从图 3.3.2 可以看出,瞬时功率有时为正,有时为负。当瞬时功率为正时,表示负载从电源吸收功率;当瞬时功率为负时,表示从负载中的储能元器件(电感、电容)释放处将能量送回电源。

### 2. 平均功率(有功功率)

平均功率是瞬时功率在一个周期内的平均值,用字母 $P$ 表示。

$$P = \frac{1}{T}\int_0^T p\,\mathrm{d}t = \frac{1}{T}\int_0^T UI[\cos\varphi - \cos(2\omega t + \varphi)]\,\mathrm{d}t = UI\cos\varphi \quad (3.3.2)$$

从式(3.3.2)可知,二端网络的有功功率不仅与电流、电压有效值的乘积有关,也与电压、电流的相位差的余弦 $\cos\varphi$ 有关,$\varphi$ 也是负载阻抗的阻抗角。

(1) 对于电阻元器件,有

$$\varphi = 0°, \quad \cos\varphi = 1, \quad P_R = U_R I_R \cos\varphi = U_R I_R = I_R^2$$

(2) 对于电感元器件,有
$$\varphi = 90°, \quad \cos\varphi = 0, \quad P_L = 0$$

(3) 对于电容元器件,有
$$\varphi = -90°, \quad \cos\varphi = 0, \quad P_C = 0$$

可见,正弦交流电路中所说的功率是电阻消耗的功率,即平均功率或有功功率。

### 3. 无功功率

由于在电路中含有储能元器件电感或电容,它们虽不消耗功率,但与电源之间要进行能量交换,工程上引入无功功率来表示这种能量交换的规模,用 $Q$ 表示,其表达式为

$$Q = UI\sin\varphi \tag{3.3.3}$$

对有功功率而言,它不是实际做功的功率,而是反映了电源与外电路能量交换的最大速率,其单位为 var。

(1) 对于电阻元器件,有
$$\varphi = 0°, \quad \sin\varphi = 0, \quad Q_R = 0$$

(2) 对于电感元器件,有
$$\varphi = 90°, \quad \sin\varphi = 1, \quad Q_L = U_L I_L$$

(3) 对于电容元器件,有
$$\varphi = -90°, \quad \sin\varphi = -1, \quad Q_C = -U_C I_C$$

一般来说,对于感性负载,有 $0° < \varphi \leqslant 90°$,$Q > 0$;对于容性负载,有 $-90° < \varphi \leqslant 0°$,$Q < 0$。当 $Q > 0$ 时,为吸收无功功率;当 $Q < 0$ 时,为发出功率。

### 4. 视在功率

视在功率是指二端网络电流有效值与电压有效值的乘积,用 $S$ 表示,即

$$S = UI \tag{3.3.4}$$

式(3.3.4)表明电力设备的容量。容量说明了电气设备可能转换的最大功率,视在功率 $S$ 与参考方向无关,由于 $UI$ 是有效值,均为正值,故 $S$ 恒为正值。

视在功率一般不等于平均功率,如电源设备(变压器、发电机等)所发出的有功功率与负载的功率因数有关,不是一个常数,因此电源设备的容量通常只用视在功率表示,而不用有功功率表示。

### 5. 功率三角形

有功功率和无功功率均可用视在功率表示,即

$$P = UI\cos\varphi$$
$$Q = UI\sin\varphi$$
$$S = UI = \sqrt{P^2 + Q^2}$$

可见,$P$、$Q$、$S$ 可以构成一个直角三角形,这个三角形称为功率三角形,如图 3.3.3 所示。

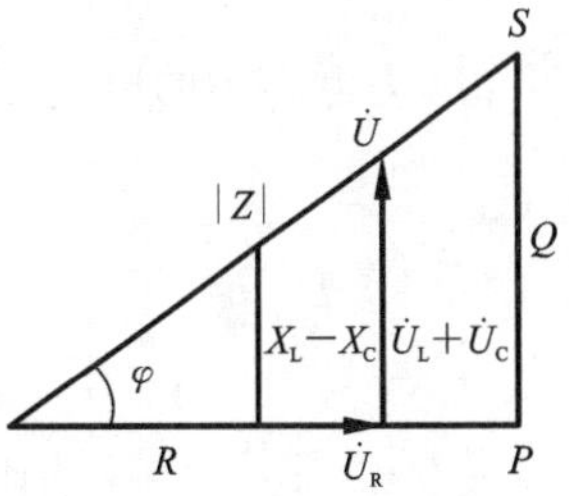

图 3.3.3 电压、阻抗、功率三角形

在同一电路中,阻抗三角形的各边乘以 $I$ 可以得到电压三角形,将电压三角形的各边再乘以 $I$ 可以得到功率三角形。

## 二、功率因数的提高

**1. 功率因数**

根据有功功率公式 $P=UI\cos\varphi$ 可知，当 $U$、$I$ 一定时，有功功率取决于 $\cos\varphi$ 的大小，因此将 $\cos\varphi$ 称为功率因数，用 $\lambda$ 表示，即 $\lambda=\cos\varphi$，其中，$\varphi$ 称为功率因数角，是供电电压 $U$ 和电流 $I$ 的相位差角，也是负载的阻抗角。

**2. 提高功率因数的意义**

(1) 提高功率因数可以提高电气设备的利用率。例如，某电源的额定视在功率 $S=3000$ kV·A，若负载为纯电阻，其功率因数 $\cos\varphi=1$，则该电源能输出的功率为 3000 kW；若负载为感性负载，其功率因数 $\cos\varphi=0.5$，则该电源能输出的功率为 1500 kW，即该电源的供电容量未能充分利用，因此要充分利用供电设备的能力，应当尽量提高负载的功率因数。

(2) 提高功率因数有利于降低输电线路的功率损耗。电能是通过输变电线路送到厂矿企业、千家万户的，当输电线电压 $U$ 和输送的有功功率一定时，负载的功率因数越低，线路和电源上的功率损耗越大，这是因为 $I=\dfrac{P}{U\cos\varphi}$，线路发热损耗为 $P_L=I_L^2 R_L$，$R_L$ 为线路的等效电阻，若功率因数 $\cos\varphi$ 提高，则通过输电线路的电流就减小，线路的损耗也减小，线路压降减少，从而提高了传输效率和供电质量。

**3. 提高功率因数的主要方法**

对于感性电路，将电容 $C$（补偿电容器）并联在感性电路 RL 的两端，如图 3.3.4 所示。在感性负载两端并联电容，由于是并联，感性负载的参数及其两端所加的电压均没有变化，所以感性负载中的电流和功率因数都不会发生变化。但是电容并联后，电压 $U$ 和总电流 $I$ 之间的相位差从 $\varphi_1$ 减小到 $\varphi_2$，$\cos\varphi_2 > \cos\varphi_1$，如图 3.3.5 所示，所以整个电路的功率因数由 $\cos\varphi_1$ 提高到 $\cos\varphi_2$，即功率因数提高了。应当注意的是，这里所说的功率因数提高了，是指提高电源或电网的功率因数，而不是某个感性负载的功率因数。事实上，电网的功率因数提高了，感性负载的有功功率和功率因数并没有改变。

由图 3.3.5 可得

$$I_C = I_1 \sin\varphi_1 - I\sin\varphi_2$$

式中：$I_C$ 为电容中的电流；$I_1$ 和 $I$ 分别为功率因数提高前、后的电流。

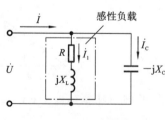

图 3.3.4 电容补偿电路

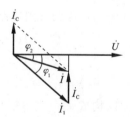

图 3.3.5 电容并联后的相量图

并联电容前有 $I_1=\dfrac{P}{U\cos\varphi_1}$，并联电容后有 $I=\dfrac{P}{U\cos\varphi_2}$，因此

$$I_C = \frac{P}{U\cos\varphi_1}\sin\varphi_1 - \frac{P}{U\cos\varphi_2}\sin\varphi_2 = \frac{P}{U}(\tan\varphi_1 - \tan\varphi_2)$$

因为 $I_C = \dfrac{U}{X_C} = \omega C U$,则有

$$C = \frac{P}{U^2\omega}(\tan\varphi_1 - \tan\varphi_2) \tag{3.3.5}$$

※ **任务驱动**

**任务 3.3.1** 一台功率为 11 kW 的感应电动机,接在 220 V、50 Hz 的电路中,电动机需要的电流为 100 A。(1) 求电动机的功率因数;(2) 若要将功率因数提高到 0.9,应在电动机两端并联一个多大的电容?

**解**:(1) 已知 $P = 11$ kW,$U = 220$ V,$I_L = 100$ A,$\omega = 2\pi f = 2\pi \times 50$ rad/s $= 314$ rad/s。

由 $P = UI_L\cos\varphi_1$ 可知,电动机的功率因数为

$$\cos\varphi_1 = \frac{P}{UI_L} = \frac{11 \times 10^3}{220 \times 100} = 0.5$$

功率因数角为

$$\varphi_1 = \arccos 0.5 = 60°$$

(2) 若要将功率因数提高到 $\cos\varphi_2 = 0.9$,则功率因数角为

$$\varphi_2 = \arccos 0.9 = 25.8°$$

所以在电动机两端并联电容的大小应为

$$C = \frac{P}{U^2\omega}(\tan\varphi_1 - \tan\varphi_2) = \frac{P}{U^2 2\pi f}(\tan\varphi_1 - \tan\varphi_2)$$
$$= \frac{11 \times 10^3}{2\pi \times 50 \times 220^2}(\tan 60° - \tan 25.8°) \,\mu\text{F} \approx 900 \,\mu\text{F}$$

※ **技能驱动**

**技能 3.3.1** RL 串联正弦电路中,已知功率因数 $\lambda = 0.8$,$Q_L = 1$ kvar,求视在功率。

**技能 3.3.2** RLC 串联正弦电路中,$S = 100$ V·A,$P = 80$ W,$Q_L = 100$ var,求 $Q_C$。

**技能 3.3.3** 荧光灯电源的电压为 220 V,频率为 50 Hz,灯管相当于 300 Ω 的电阻,与灯管串联的镇流器在忽略电阻的情况下相当于 500 Ω 感抗的电感,求灯管两端的电压和工作电流,并画出相量图。

**技能 3.3.4** 试计算技能 3.3.3 中荧光灯电路的平均功率、视在功率、无功功率和功率因数。

**技能 3.3.5** 已知 $C = 10 \,\mu\text{F}$ 的电容接在正弦电源上,电容的电流 $i(t) = 141\sin(314t + 60°)$ mA,在电压电流关联参考方向下,试求电容端电压,并计算无功功率。

**技能 3.3.6** RLC 串联电路中,已知 $R = 10$ Ω,$X_L = 15$ Ω,$X_C = 5$ Ω,其中电流 $\dot{I}_C = 2\angle 30°$ A,试求:(1) 总电压 $\dot{U}$;(2) 功率因数 $\cos\varphi$;(3) 该电路的功率 $P$、$Q$、$S$。

**技能 3.3.7** RL 串联电路中,已知 $R = 10$ Ω,$L = 1$ H,外加交流电压源 $u(t) = 20\sin(10t + 30°)$ V,在关联参考方向下,求 $P$、$Q$、$S$、$\cos\varphi$。

**技能 3.3.8** 已知 $R = 10$ Ω,在关联参考方向下,通过电阻的电流 $i = 1.41\sin(t + 60°)$ A,试求:(1) $u_R$ 及 $U_R$;(2) 电阻接收的功率。

**技能 3.3.9**  已知某一无源网络的等效阻抗 $Z=10\angle 60°\ \Omega$,外加电压 $\dot{U}=220\angle 15°$ V,求该网络的功率 $P$、$Q$、$S$。

**技能 3.3.10**  有一单相电动机,输入功率为 1.11 kW,电流为 10 A,电压为 220 V,试求:(1) 此电动机的功率因数;(2) 并联 100 μF 电容,总电流为多少?功率因数提高到多少?

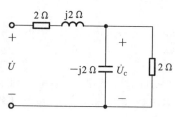

**技能 3.3.11**  如图 3.3.6 所示的电路中,已知 $u=\sqrt{2}\sin(\omega t)$ V,两负载 $Z_1$、$Z_2$ 的功率和功率因数分别为 $P_1=10$ W、$\cos\varphi_1=0.8$(容性)和 $P_2=10$ W、$\cos\varphi_2=0.6$(感性),试求:

(1) 电流 $i$、$i_1$ 和 $i_2$,并说明电路呈何性质;

图 3.3.6  技能 3.3.11 电路图

(2) 电路的有功功率 $P$、无功功率 $Q$、视在功率 $S$ 和功率因数 $\lambda$。

## 任务 3.4  谐振电路的仿真与调试

### ※能力目标

理解正弦交流电路的串联谐振和并联谐振的概念,掌握谐振发生的条件及特征,并能够分析、计算串联、并联谐振电路。

### ※核心知识

在由电阻、电感、电容组成的电路中,在正弦电源的作用下,当端电压与端电流同相时,即电路呈阻性,通常把这种工作状态称为谐振。谐振是正弦交流电路中常见的一种现象。如果谐振发生在串联电路中,则谐振称为串联谐振;如果谐振发生在并联电路中,则谐振称为并联谐振。

### 一、串联谐振

**1. 串联谐振的条件**

图 3.4.1 所示的为 RLC 串联谐振电路。

已知该电路的复阻抗为

$$Z=R+\mathrm{j}(X_L-X_C)=R$$

根据谐振的定义,如果在一定条件下,感抗等于容抗,即 $X_L=X_C$ 或 $\omega L=\dfrac{1}{\omega C}$,则复阻抗的虚部为零,电路呈现纯阻性,电路的总电压和总电流同相,电路发生谐振。

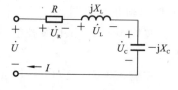

图 3.4.1  RLC 串联谐振电路

满足谐振时的角频率称为电路的谐振频率,用 $\omega_0$ 表示。因此电路发生谐振时,有

$$\omega_0=\frac{1}{\sqrt{LC}}\quad\text{或}\quad f_0=\frac{1}{2\pi\sqrt{LC}} \tag{3.4.1}$$

由谐振频率可知,产生谐振的频率取决于电路本身的参数 $L$、$C$,与电路中的电流、电压无关。它是电路本身所固有的特性,因此 $\omega_0$、$f_0$ 又称为电路谐振的固有角频率和固有频率。

谐振时感抗 $X_L$ 和容抗 $X_C$ 相等,其值称为电路的特性阻抗 $\rho$,单位是 Ω,即

$$\rho = \omega_0 L = \frac{1}{\omega_0 C} = \sqrt{\frac{L}{C}} \qquad (3.4.2)$$

当电源频率 $f$ 与电路参数 $L$ 和 $C$ 之间满足式(3.4.2)时,产生谐振现象。由此可见,只要调整电路参数 $L$、$C$ 或调节电源频率 $f$,都能使电路产生谐振。

因此,可以得到如下结论:

(1) 当 $L$、$C$ 固定时,可以改变电源频率达到谐振;

(2) 当电源频率一定时,通过改变元器件参数使电路谐振的过程称为调谐,由谐振条件可知,调节 $L$ 和 $C$ 可使电路谐振,电感与电容分别为

$$L = \frac{1}{\omega^2 C} \quad \text{或} \quad C = \frac{1}{\omega^2 L} \qquad (3.4.3)$$

**2. 串联谐振的特点**

(1) 谐振时,由于 $X_L = X_C$,电路的电抗 $X = 0$,阻抗模 $|Z| = \sqrt{R^2 + (X_L - X_C)^2} = R$ 为最小值,所以串联谐振时阻抗最小,等于电路中的电阻 $R$。

(2) 在电源电压一定的情况下,电路的电流值 $I = \frac{U}{|Z|} = \frac{U}{R}$ 最大,此时的电流称为谐振电流,用 $I_0$ 表示,并且与电源电压同相。

(3) 电路谐振时,由于 $X_L = X_C$,于是 $U_L = U_C$,而 $\dot{U}_L$ 和 $\dot{U}_C$ 在相位上相反,相互抵消,对整个电路不起作用,外加电压全部加在电阻端,因此电源电压 $\dot{U} = \dot{U}_R$,电阻上的电压在谐振时达到最大值,其相量图如图3.4.2所示。

(4) 电感和电容的端电压数值是外加电源电压值的 $Q$ 倍。在电子技术中,通常用谐振电路的特性阻抗与电路电阻的比值来表征谐振电路的性能,此值用字母 $Q$ 表示,称为谐振电路的品质因数,有

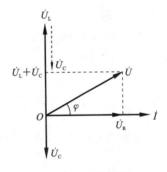

**图 3.4.2 相量图**

$$Q = \frac{U_L}{U} = \frac{U_C}{U} = \frac{\omega_0 L}{R} = \frac{1}{\omega_0 CR} = \frac{\rho}{R} \qquad (3.4.4)$$

由式(3.4.4)可知,$Q$ 也是一个仅与电路参数有关的常数。

在串联谐振时,电感或电容上的电压是总电压的 $Q$ 倍。如果串联谐振电路的电阻很小,$X_L = X_C \gg R$,电感和电容上的端电压将大大超过电源电压,所以串联谐振也称为电压谐振。

(5) 谐振时电压和电流同相,阻抗角为0,因此

有功功率 $\qquad\qquad\qquad P = UI\cos\varphi = S$

无功功率 $\qquad\qquad\qquad Q = UI\sin\varphi = 0$

串联谐振时,电源提供的能量全部是有功功率,并且消耗在电阻上。

## 二、并联谐振

串联谐振电路适用于信号元内阻较小的情况(恒压源),若信号源内阻较大,则采用串联谐振回路将极大降低电路的 $Q$ 值,使串联谐振电路的频率选择性变坏,通频带过宽,在这种情况下应采用并联谐振。

**1. 并联谐振的条件**

在工程上经常采用电感和电容组成的并联谐振电路。因为任何电感都有电阻,所以实际电感与电容的并联电路如图 3.4.3(a)所示。其中 $R$ 为电路的等效电阻,并与电感串联。

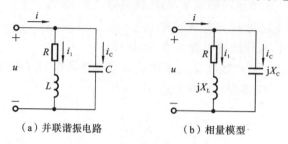

（a）并联谐振电路　　　　（b）相量模型

图 3.4.3　并联谐振电路

根据谐振的定义,端电压与电流同相时的工作状态称为并联谐振。因此并联电路中的等效阻抗为

$$Z = R + jX_L /\!/ (-jX_C)$$

即

$$Z = \frac{(R+jX_L)(-jX_C)}{R+jX_L+(-jX_C)} \tag{3.4.5}$$

在实际应用中,通常等效电阻 $R$ 很小,在谐振时,有 $X_L = \omega L \gg R$,$R + jX_L \approx jX_L$,故式(3.4.5)可近似写成

$$Z \approx \frac{jX_L(-jX_C)}{R+j(X_L-X_C)} = \frac{X_L \cdot X_C}{R+j(X_L-X_C)} = \frac{1}{\frac{RC}{L}+j\left(\omega C - \frac{1}{\omega L}\right)} \tag{3.4.6}$$

根据谐振的定义,谐振时电路呈阻性,即 $j\left(\omega C - \dfrac{1}{\omega L}\right) = 0$,则并联电路发生谐振的条件为 $\omega C = \dfrac{1}{\omega L}$。

因此并联电路谐振角频率为

$$\omega_0 = \frac{1}{\sqrt{LC}} \quad \text{或} \quad f_0 = \frac{1}{2\pi\sqrt{LC}} \tag{3.4.7}$$

**2. 并联谐振的特点**

(1) 电路两端电压与电流同相位,电路呈阻性,有 $|Z| = \dfrac{L}{RC}$。

(2) 谐振时,在电源电压不变的情况下,电路的阻抗最大,总电流最小,端电流与电压同相,因此 $I = I_0$,$I_0$ 称为谐振电流。

(3) 电感电流与电容电流大小相等,相位相反,互为补偿,电路总电流等于电阻支路电流。

(4) 谐振时各支路电流分别为

$$\dot{I}_L = \frac{\dot{U}}{j\omega_0 L} = \frac{R}{j\omega_0 L}\dot{I} \tag{3.4.8}$$

$$\dot{I}_C = \dot{U} j\omega_0 C = j\omega_0 CR \dot{I}$$
(3.4.9)

谐振时电容支路或电感支路电流有效值与电路中总电流的有效值之比,用字母 $Q$ 表示,即

$$Q = \frac{I_2}{I} = \frac{\omega_0 L}{R} = \frac{1}{\omega_0 CR}$$
(3.4.10)

也就是说,在谐振时各并联支路电流近似相等,且是总电流的 $Q$ 倍。$Q$ 越大,支路电流比总电流大的越多,因此并联谐振也称为电流谐振。

**※任务驱动**

**任务 3.4.1** 在一 RLC 串联电路中,已知 $R=20\ \Omega$,$L=300\ \mu H$,$C$ 为可变电容,变化范围为 13~290 pF,若外施信号源频率为 800 kHz,回路中的电流达到最大,最大值为 0.15 mA,试求信号源电压 $U_S$、电容 $C$、回路的特性阻抗 $\rho$、品质因数 $Q$ 及电感上的电压 $U_L$。

**解**:有

$$C = \frac{1}{\omega^2 L} = \frac{1}{(2\pi f)^2 L} = \frac{1}{(2\times \pi \times 800\times 10^3)\times 300\times 10^{-6}}\ pF = 132\ pF$$

谐振时,外加电压全部加到电阻端,所以

$$U_S = U_R = I_0 R = 0.15 \times 20\ mV = 3\ mV$$

谐振时,感抗 $X_L$ 和容抗 $X_C$ 相等,回路的特性阻抗为

$$\rho = \omega_0 L = \frac{1}{\omega_0 C} = \sqrt{\frac{L}{C}} = \frac{\sqrt{300\times 10^{-6}}}{\sqrt{132\times 10^{-12}}}\ \Omega = 1508\ \Omega$$

品质因数为

$$Q = \frac{\rho}{R} = \frac{1508}{20} = 75.4$$

电感上的电压为

$$U_L = QU = 75.4 \times 3\ mV = 226.2\ mV$$

**任务 3.4.2** 在收音机的中频放大电路中,一般利用并联谐振电路对 465 kHz 的信号选频。设线圈的电阻 $R=5\ \Omega$,线圈的电感 $L=0.15\ mH$,谐振时的总电流 $I_0=1\ mA$。试求:

(1) 选择 465 kHz 的信号,应选电容的规格;

(2) 电路的品质因数 $Q$。

**解**:(1) 要选择 465 kHz 的信号,必须使电路的谐振频率 $f_0=465$ kHz,所以谐振时的感抗为

$$\omega_0 L = 2\pi f_0 L = 2\times 3.14 \times 465 \times 10^3 \times 0.15 \times 10^{-3}\ \Omega = 438\ \Omega$$

因为线圈的电阻 $R=5\ \Omega$,$\omega_0 L \gg R$,所以 $\omega_0 L \approx \frac{1}{\omega_0 C}$,由此可得

$$C = \frac{1}{\omega_0^2 L} = \frac{1}{(2\pi f_0)^2 L} = \frac{1}{(2\times 3.14 \times 465 \times 10^3)^2 \times 0.15 \times 10^{-3}}\ pF = 780\ pF$$

(2) 电路的品质因数 $Q$ 为

$$Q = \frac{\omega_0 L}{R} = \frac{438}{5} = 88$$

## ※技能驱动

**技能 3.4.1**  在 RLC 串联电路中,已知 $R=20\ \Omega, L=0.1\ \text{mH}, C=100\ \text{pF}$,试求谐振频率 $\omega_0$、品质因数 $Q$。

**技能 3.4.2**  RLC 串联电路接在 $U=1\ \text{V}$ 的正弦电源上,如图 3.4.4 所示,电压表 $V_1$、$V_2$ 的读数均为 50 V,求电压表 $V_3$ 和 V 的读数。

**技能 3.4.3**  有一台收音机的调谐谐振电路中电感 $L=200\ \mu\text{H}$,欲收听某广播电台的信号,该电台播发的频率为 940 kHz,电容应调到何值才能发生谐振?

**技能 3.4.4**  RLC 串联电路中,$u=10\sqrt{2}\sin(1000t)$ V,调节电容 $C$,使电路达到谐振,并测得谐振电流为 50 mA,电容电压为 100 V,试求 $R$、$L$、$C$ 的值。

**技能 3.4.5**  并联谐振电路如图 3.4.5 所示,已知电流表 $A_1$、$A_2$ 的读数分别为 13 A 和 12 A,试问电流表 A 的读数是多少?

**技能 3.4.6**  RLC 组成的串联谐振电路,已知 $U=10\ \text{V}, I=1\ \text{A}, U_C=80\ \text{V}$,试问电阻 $R$ 多大?品质因数 $Q$ 为多少?

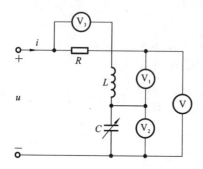

图 3.4.4  技能 3.4.2 电路图

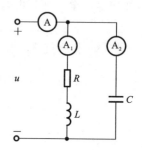

图 3.4.5  技能 3.4.5 电路图

# 项目4 三相交流电路的分析与调试

## 任务4.1 三相交流电源电路的仿真与测量

※**能力目标**

了解三相电源的概念,掌握三相电源的星形连接和三角形连接的线电压与相电压关系。

※**核心知识**

### 一、三相交流电的产生及特点

三相交流电路在工农业生产中有着非常广泛的应用,交流电力系统都采用三相三线制输电、三相四线制配电。工业用的交流电动机大都是三相交流电动机。

三相交流电源是由三相交流发电机产生的,三相交流发电机的工作原理如图4.1.1所示。三相交流发电机由定子和转子两大部分组成,固定的部分称为定子,在发电机定子上嵌有三个具有相同匝数和尺寸的绕组(线圈)$AX$、$BY$和$CZ$,三个绕组在空间位置上彼此相差120°,分别称为$A$相、$B$相和$C$相绕组,其中三个绕组的首端为$A$、$B$、$C$,末端为$X$、$Y$、$Z$。转子一般由直流电磁铁构成,转子绕组中通入直流电产生固定磁场,极面做成适当形状,以便定子与转子之间空气隙的磁感应强度按正弦规律分布。

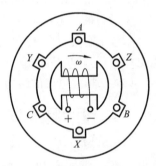

图4.1.1 三相交流发电机的原理图

电动势的参考方向规定由绕组的末端指向始端,当转子以角速度$\omega$顺时针方向转动时,定子在三个绕组中将产生三个振幅、频率完全相同,相位角上依次相差120°的正弦感生电动势$e_A$、$e_B$、$e_C$,这样的电动势称为对称三相电动势。如以$A$相电动势为参考量,则三相电动势的瞬时值表达式为

$$e_A = E_m \sin(\omega t)$$
$$e_B = E_m \sin(\omega t - 120°)$$
$$e_C = E_m \sin(\omega t + 120°)$$
(4.1.1)

也可用相量表示,即

$$\dot{E}_A = E \angle 0°$$
$$\dot{E}_B = E \angle -120°$$
$$\dot{E}_C = E \angle 120°$$
(4.1.2)

三相电动势$e_A$、$e_B$、$e_C$的波形图和相量图如图4.1.2、图4.1.3所示。显然从图4.1.3可以看出,对称三相电动势的瞬时值之和为0,即

$$e_A + e_B + e_C = 0 \tag{4.1.3}$$

$$\dot{E}_A + \dot{E}_B + \dot{E}_C = 0 \tag{4.1.4}$$

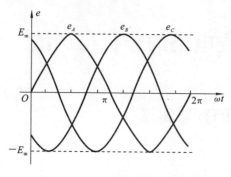 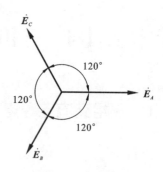

图 4.1.2 三相对称电动势波形图  　　图 4.1.3 相量图

三相交流电每相电压依次达到同一值(如正的最大值)的先后次序称为相序。若相序是 A-B-C-A,这样的相序称为正序(或顺序);若相序是 A-C-B-A,这样的相序称为负序(或逆序)。工程上通用的是正序。

广泛应用三相交流电路,是因为它具有以下优点:

(1) 在相同体积下,三相交流发电机比单相交流发电机的输出功率大、效率高,可以满足大功率设备的用电需求;

(2) 在输送功率、电压、输电距离和线路损耗都相同的情况下,三相输电比单相输电节省输电线材料,输电成本低;

(3) 三相发电机的结构并不比单相发电机复杂,且价格低廉,性能良好,维护使用方便。

## 二、三相电源的连接

三相电源包括三个电源,它们可以同时向负载供电,也可以仅用其中的部分电源向负载供电。当三个电源同时向负载供电时,三个绕组按一定方式连接成一个整体向外供电。三相电源的连接方式有两种:星形(Y形)连接和三角形(△)连接。

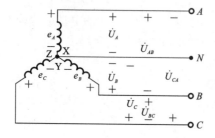

图 4.1.4 三相电源的星形连接

### 1. 三相电源的星形连接

将三相绕组的三个末端 X、Y、Z 连接在一起,形成一个节点 N,称为中性点或零点;再由三个首端 A、B、C 分别引出三条输出线,称为端线或相线(俗称火线),这样就构成了三相电源的星形连接,如图 4.1.4 所示。中性点也可引出一条线,这条线称为中性线,中性线通常与大地相连,又称为零线或地线。三相电路系统有中性线时,称为三相四线制电路,无中性线时称为三相三线制电路。

在三相四线制供电方式中,三相电源对外可提供两种电压:一种称为相电压,即相线与中性线间的电压,其有效值用 $U_A$、$U_B$、$U_C$ 表示,一般用 $U_P$ 表示;另一种为线电压,即相线与相线之间的电压,其有效值用 $U_{AB}$、$U_{BC}$、$U_{CA}$ 表示,一般用 $U_L$ 表示。通常规定各相相电压的参考方向从始端指向末端(由相线指向零线),线电压的参考方向规定由第一个字母指向第二个字母,如 $U_{AB}$ 的参考方向是从 A 线指向 B 线。

由图 4.1.4 可知,各线电压与相电压之间的关系用相量形式表示为

$$\dot U_{AB}=\dot U_A-\dot U_B, \quad \dot U_{BC}=\dot U_B-\dot U_C, \quad \dot U_{CA}=\dot U_C-\dot U_A \tag{4.1.5}$$

由于三相绕组的电动势是对称的,所以三相绕组的相电压也是对称的,互成 120°。
若设 $\dot U_A=U\angle 0°, \dot U_B=U\angle -120°, \dot U_C=U\angle 120°$,有

$$\dot U_{AB}=\dot U_A-\dot U_B=\sqrt 3 \dot U_A\angle 30°$$

则由式(4.1.5)可知

$$\dot U_{BC}=\dot U_B-\dot U_C=\sqrt 3 \dot U_B\angle 30° \tag{4.1.6}$$
$$\dot U_{CA}=\dot U_C-\dot U_A=\sqrt 3 \dot U_C\angle 30°$$

三相对称电压的相量图如图 4.1.5 所示。

结论:对三相电源进行星形连接时,若相电压是对称的,则线电压一定也是对称的,并且线电压有效值(幅值)是相电压有效值(幅值)的 $\sqrt 3$ 倍,记为 $U_L=\sqrt 3 U_P$,在相位上线电压超前相应的相电压 30°。

在低压供电系统中,通常采用的是三相四线制供电方式,380/220 V 是指对电源进行星形连接时的线电压为 380 V,相电压为 220 V。

**2. 三相电源的三角形连接**

将对称三相电源的三个电压源正、负极依次连接,然后从三个连接点引出三条端线,这就是三相电源的三角形连接,如图 4.1.6 所示。

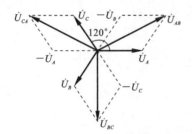

图 4.1.5 三相对称电压的相量图

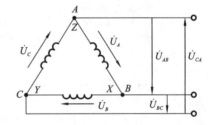

图 4.1.6 三相电源的三角形连接

对三相电源进行三角形连接时,三个电压源形成一个闭合回路,由于有 $\dot U_A+\dot U_B+\dot U_C=0$,所以只要连线正确,闭合回路中不会产生环流。但如果某一相接反了(如 C 相接反),那么 $\dot U_A+\dot U_B+(-\dot U_C)\neq 0$,而三相电源的内阻抗很小,在回路内就会形成很大的环流,这将会烧毁三相电源设备。为避免此类现象,可在连接电源时串联一电压表,根据该表读数来判断三相电源连接正确与否。

由图 4.1.6 可知,三相电源作为三角形连接时,线电压与相应相电压相等,即

$$\dot U_{AB}=\dot U_A, \quad \dot U_{BC}=\dot U_B, \quad \dot U_{CA}=\dot U_C \tag{4.1.7}$$

**※任务驱动**

**任务 4.1.1** 对三相对称负载进行星形连接,设每相负载的电阻为 $R=10$ Ω,电源相电压为 $\dot U_A=220\angle 0°$ V。(1) 试求各相电流的大小;(2) 试求中性线电流的大小;(3) 中性线断开后,对各电流是否有影响?

**解**:(1) 相电压的有效值为

$$U_A = 220 \text{ V}$$

负载的阻抗为

$$Z_A = Z_B = Z_C = R = 20 \text{ Ω}$$

相电流

$$\dot{I}_A = \frac{\dot{U}_A}{Z_A} = \frac{220\angle 0°}{20} \text{ A} = 11\angle 0° \text{ A}$$

负载对称,故可直接推出其他两相电路相电流,即

$$\dot{I}_B = 11\angle(0°-120°) \text{ A} = 11\angle -120° \text{ A}$$
$$\dot{I}_C = 11\angle(0°+120°) \text{ A} = 11\angle 120° \text{ A}$$

(2) 中线电流的大小为

$$\dot{I}_N = \dot{I}_A + \dot{I}_B + \dot{I}_C = 0$$

(3) 由于中性线电流为0,所以中性线断开对电路各电流均无影响。
具体电路仿真图如图4.1.7所示。

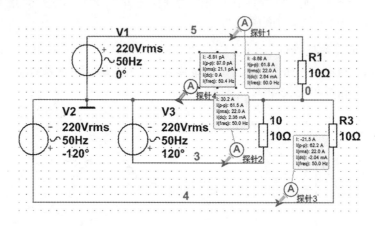

图 4.1.7 任务 4.1.1 电路仿真图

※ 技能驱动

**技能 4.1.1** 已知对称三相电源 $\dot{U}_A = 10\angle 10°$ V,则 $\dot{U}_B = $ _____ ,$\dot{U}_C = $ _____ 。

**技能 4.1.2** 对三相对称电源进行星形连接时,若 $U_A = 220\sqrt{2}\sin(314t-30°)$ V,则其他两相的相电压分别为 $U_B = $ _____ ,$U_C = $ _____ 。

**技能 4.1.3** 对对称三相电源进行星形连接时,线电压 $\dot{U}_{AB} = 380\angle 0°$ V,则相电压 $\dot{U}_A = $ _____ 。

# 任务 4.2　三相交流负载电路的仿真与测量

※ 能力目标

掌握对称三相电路的分析和计算方法;理解三角形对称负载的线电流和相电流关系;掌握对称三相电路的功率计算方法。

## ※核心知识

### 一、三相负载的连接及电流计算

在实际应用中,用电设备一般有单相和三相两类,如照明灯具、家用电器、小功率电焊机等小功率设备都属于单相负载;三相交流电动机、大功率三相电炉等属于三相负载,它们必须接到三相电源上才能正常工作。三相电源供电时,为了保证每相电源输出功率均衡,负载根据其额定电压的不同,分别接在三相电源上,形成三相负载。若每相负载的电阻、电抗大小相等,而且性质相同,则这样的负载称为三相对称负载,即 $Z_A = Z_B = Z_C$,$R_A = R_B = R_C$,$X_A = X_B = X_C$;否则,称为三相不对称负载。

三相负载的连接方式有星形连接和三角形连接两种。

**1. 三相负载星形连接**

图 4.2.1 所示的为三相负载的星形连接,图中 $N'$ 为负载中性点,从 $A$、$B$、$C$ 引出的三条端线与三相电源相连,在三相四线制系统中,负载中性点 $N$ 与电源中性点 $N'$ 相连的线称为中性线。

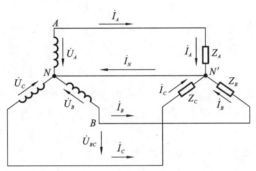

**图 4.2.1　三相负载的星形连接**

在星形连接的三相四线制中,由于中性线的存在,每相电源和该相负载相对独立,加在每相负载上的电压称为相电压。若忽略输电线上的电压降,则负载的相电压等于电源的相电压。电源的三个相电压对称,所以负载的相电压也是对称的。因而与对称三相星形电源一样,线电压与相电压之间也存在$\sqrt{3}$倍的关系,即对称三相星形连接负载的线电压等于相电压的$\sqrt{3}$倍,用有效值可表示为

$$U_L = \sqrt{3} U_P \tag{4.2.1}$$

在各相电压的作用下,流过负载的电流称为相电流,分别用 $\dot{I}_{AB}$、$\dot{I}_{BC}$、$\dot{I}_{CA}$ 表示,其正方向与相电压的正方向一致,其有效值用 $I_P$ 表示。流过相线的电流称为线电流,用 $\dot{I}_A$、$\dot{I}_B$、$\dot{I}_C$ 表示,其有效值用 $I_L$ 表示。三相负载星形连接时,线电流与相应相电流相等,其正方向规定从电源流向负载,即

$$\dot{I}_{AB} = \dot{I}_A, \quad \dot{I}_{BC} = \dot{I}_B, \quad \dot{I}_{CA} = \dot{I}_C \tag{4.2.2}$$

若用有效值表示,一般写成

$$I_L = I_P \tag{4.2.3}$$

流过中性线的电流用 $\dot{I}_N$ 表示,其正方向规定从负载中性点流向电源中性点。

各相电流分别为

$$\dot{I}_A = \frac{\dot{U}_A}{Z_A}, \quad \dot{I}_B = \frac{\dot{U}_B}{Z_B}, \quad \dot{I}_C = \frac{\dot{U}_C}{Z_C} \tag{4.2.4}$$

各相负载的电压与电流之间的相位差分别为

$$\varphi_A = \arctan\frac{X_A}{R_A}, \quad \varphi_B = \arctan\frac{X_B}{R_B}, \quad \varphi_C = \arctan\frac{X_C}{R_C} \tag{4.2.5}$$

式中:$R_A$、$R_B$、$R_C$为各相负载的等效电阻;$X_A$、$X_B$、$X_C$为各相负载的等效电抗。若 $Z_A = Z_B = Z_C = R + jX$,从式(4.2.5)可知,每相电流的大小相等,每相电流与其对应电压间的相位差均相等,即三个相电流也是对称的,如图 4.2.2 所示。即

$$I_A = I_B = I_C = I_P = \frac{U_P}{|Z|} \tag{4.2.6}$$

$$\varphi_A = \varphi_B = \varphi_C = \arctan\frac{X}{R} \tag{4.2.7}$$

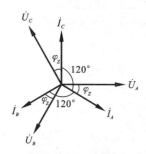

图 4.2.2 相量图

按图 4.2.1 所示的参考方向,由 KCL 可知,中性线的电流为

$$\dot{I}_N = \dot{I}_A + \dot{I}_B + \dot{I}_C \tag{4.2.8}$$

由图 4.2.2 可知,中性线的电流等于 0,即 $\dot{I}_N = \dot{I}_A + \dot{I}_B + \dot{I}_C = 0$ 表示中性线内没有电流流过,因此取消中性线也不会影响各相负载的正常工作,这样三相四线制就变为三相三线制。

在计算负载对称的三相电路时,只需计算一相即可,因为对称负载的电压和电流都是对称的,它们的大小相等,相位差为 120°。若负载不对称,则各相需要单独计算,流过中性线的电流不等于 0,此时中性线不能省去,否则会造成负载上三相电压严重不对称,导致设备不能正常工作。

在供电系统中,三相负载多为不对称负载,要求中性线上不允许安装开关和熔断器。中性线的作用:将负载的中点与电源的中点相连,保证照明负载的三相电压对称。若中性线断开,则会使有的负载端电压升高,严重时还会烧毁负载,有的负载端电压降低而使负载无法正常工作。

**2. 三相负载三角形连接**

图 4.2.3 所示的为三相负载的三角形连接,每一相负载首尾依次相连而成三角形,分别接到三相电源的三条相线上,称为三相负载的三角形连接。负载的相电压等于电源的线电压。不论负载是否对称,它们的相电压总是对称的,即

$$U_{AB} = U_{BC} = U_{CA} = U_P = U_L \tag{4.2.9}$$

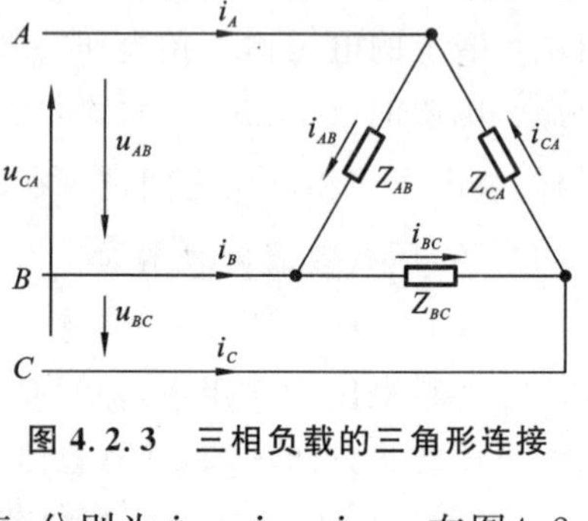

图 4.2.3 三相负载的三角形连接

$Z_{AB}$、$Z_{BC}$、$Z_{CA}$ 为三相负载,其上流过的电流称为相电流,分别为 $\dot{I}_{AB}$、$\dot{I}_{BC}$、$\dot{I}_{CA}$。在图 4.2.3 所示的参考方向下,由 KCL 可知,负载的线电流分别为

$$\dot{I}_A = \dot{I}_{AB} - \dot{I}_{CA}, \quad \dot{I}_B = \dot{I}_{BC} - \dot{I}_{AB}, \quad \dot{I}_C = \dot{I}_{CA} - \dot{I}_{BC} \tag{4.2.10}$$

流过每相负载的相电流和线电流不一样,其中各相负载的相电流分别为

$$I_{AB} = \frac{U_{AB}}{|Z_{AB}|}, \quad I_{BC} = \frac{U_{BC}}{|Z_{BC}|}, \quad I_{CA} = \frac{U_{CA}}{|Z_{CA}|} \tag{4.2.11}$$

各相负载的相电压和相电流之间的相位差分别为

$$\varphi_{AB} = \arctan \frac{X_{AB}}{R_{AB}}$$
$$\varphi_{BC} = \arctan \frac{X_{BC}}{R_{BC}} \qquad (4.2.12)$$
$$\varphi_{CA} = \arctan \frac{X_{CA}}{R_{CA}}$$

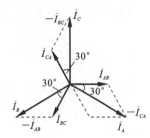

图 4.2.4　三相负载三角形连接的相量图

若是三相对称负载,即 $|Z_{AB}| = |Z_{BC}| = |Z_{CA}| = |Z|$,$\varphi_{AB} = \varphi_{BC} = \varphi_{CA} = \varphi$,则负载的相电流也是对称的,即

$$I_{AB} = I_{BC} = I_{CA} = I_P = \frac{U_P}{|Z|} \qquad (4.2.13)$$

$$\varphi_{AB} = \varphi_{BC} = \varphi_{CA} = \varphi = \arctan \frac{X}{R} \qquad (4.2.14)$$

对称三相负载的相电流、线电流、线电压(相电压)之间的关系相量图如图 4.2.4 所示。

从图 4.2.4 中可以看出,三个线电流也是对称的,且滞后相电流 30°,大小是相电流的 $\sqrt{3}$ 倍,用有效值可表示为

$$I_L = \sqrt{3} I_P \qquad (4.2.15)$$

## 二、计算三相交流电的功率

与单相交流电路一样,三相交流电路的功率也分为有功功率、无功功率和视在功率。

### 1. 三相负载的有功功率

三相电路中各相功率的计算方法与单相电路相同。三相总功率应等于各相功率之和,即

$$P = P_A + P_B + P_C = U_A I_A \cos\varphi_A + U_B I_B \cos\varphi_B + U_C I_C \cos\varphi_C \qquad (4.2.16)$$

式中:$U_A$、$U_B$、$U_C$ 分别是 $A$ 相、$B$ 相和 $C$ 相的电压有效值;$I_A$、$I_B$、$I_C$ 分别是各相电流的有效值;$\varphi_A$、$\varphi_B$、$\varphi_C$ 分别是各相负载的功率因数角,也是各相电压与相电流之间的相位差。

对于三相对称负载,各相电压、电流大小相等,阻抗角相同,且各相的功率因数也相同,因此三相总功率为

$$P = 3 U_P I_P \cos\varphi \qquad (4.2.17)$$

工程上,测量三相负载的相电压 $U_P$ 和相电流 $I_P$ 不便,而测量它的线电压 $U_L$ 和线电流 $I_L$ 却比较容易,因而通常采用以下方式测量。

当对称负载是星形连接时,有

$$U_P = \frac{U_L}{\sqrt{3}}, \quad I_P = I_L \qquad (4.2.18)$$

当对称负载是三角形连接时,有

$$U_P = U_L, \quad I_P = \frac{I_L}{\sqrt{3}} \qquad (4.2.19)$$

因此

$$P = \sqrt{3} U_L I_L \cos\varphi \qquad (4.2.20)$$

## 2. 三相交流电路的无功功率

同理,三相电路的无功功率为

$$Q = Q_A + Q_B + Q_C = U_A I_A \sin\varphi_A + U_B I_B \sin\varphi_B + U_C I_C \sin\varphi_C \quad (4.2.21)$$

$$Q = 3U_P I_P \sin\varphi = \sqrt{3} U_L I_L \sin\varphi \quad (4.2.22)$$

## 3. 三相交流电路的视在功率

三相交流电路的视在功率为

$$S = \sqrt{P^2 + Q^2} \quad (4.2.23)$$

经分析可知,三相对称的视在功率为

$$S = \sqrt{P^2 + Q^2} = \sqrt{3} U_L I_L = 3 U_P I_P \quad (4.2.24)$$

## ※任务驱动

**任务 4.2.1** 在三相对称负载进行星形连接时,设每相负载的电阻为 $R = 12\ \Omega$,感抗为 $X_L = 16\ \Omega$,电源线电压 $\dot{U}_{AB} = 380\angle 30°$ V,试求各相电流。

**解**:由式(4.2.1)可知,相电压的有效值为

$$U_A = \frac{U_{AB}}{\sqrt{3}} = \frac{380}{\sqrt{3}}\ \text{V} = 220\ \text{V}$$

因为相电压在相位上滞后线电压 30°,可知 $\dot{U}_A = 220\angle 0°$ V。

负载的阻抗为

$$Z_A = R + jX_L = (12 + j16)\ \Omega = 20\angle 53.1°\ \Omega$$

相电流为

$$\dot{I}_A = \frac{\dot{U}_A}{Z_A} = \frac{220\angle 0°}{20\angle 53.1°}\ \text{A} = 11\angle -53.1°\ \text{A}$$

由于负载对称,故可直接推出其他两相电路相电流分别为

$$\dot{I}_B = 11\angle(-53.1° - 120°)\ \text{A} = 11\angle -173.1°\ \text{A}$$

$$\dot{I}_C = 11\angle(-53.1° + 120°)\ \text{A} = 11\angle 66.9°\ \text{A}$$

具体电路仿真图如图 4.2.5 所示。

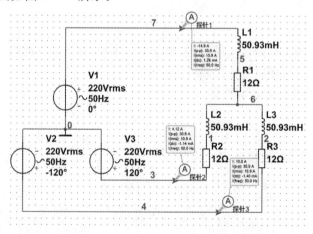

图 4.2.5 任务 4.2.1 电路仿真图

**任务 4.2.2** 有一对称三相负载,每相阻抗 $Z=10\angle 60°$ Ω,电源线电压 $U_L=380$ V,求三相负载分别连接成星形连接和三角形连接的电流和三相功率。

**解**:(1) 负载为星形连接时,有
$$U_P=\frac{U_L}{\sqrt{3}}=\frac{100\sqrt{3}}{\sqrt{3}}\text{ V}=100\text{ V}$$

设 $A$ 相电压 $u_A$ 的初相为 $0°$,有
$$\dot{U}_A=100\angle 0°\text{ V}$$

$A$ 相电流为
$$\dot{I}_A=\frac{\dot{U}_A}{Z}=\frac{100\angle 0°}{10\angle 60°}\text{ A}=10\angle -60°\text{ A}$$

由于负载对称,故可知 $B$、$C$ 两相的电流分别为 $\dot{I}_B=10\angle -180°$ A, $\dot{I}_C=10\angle 60°$ A。
各相电流的有效值为 10 A,由式(4.2.18)可知 $I_P=I_L=10$ A。
三相总有功功率为
$$P=\sqrt{3}U_L I_L\cos\varphi=\sqrt{3}\times 100\sqrt{3}\times 10\times\cos 60°\text{ W}=1500\text{ W}$$
三相总无功功率为
$$Q=\sqrt{3}U_L I_L\sin\varphi=\sqrt{3}\times 100\sqrt{3}\times 10\times\sin 60°\text{ var}=2598\text{ var}$$
三相总视在功率为
$$S=\sqrt{3}U_L I_L=\sqrt{3}\times 100\sqrt{3}\times 10\text{ V·A}=3000\text{ V·A}$$

(2) 当负载为三角形连接时,有 $U_P=U_L=100$ V。设电压 $u_{AB}$ 的初相为 $0°$,有
$$\dot{U}_{AB}=100\sqrt{3}\angle 0°\text{ V}$$

各相电流分别为
$$\dot{I}_{AB}=\frac{\dot{U}_{AB}}{Z}=\frac{100\sqrt{3}\angle 0°}{10\angle 60°}\text{ A}=10\sqrt{3}\angle -60°\text{ A},$$
$$\dot{I}_{BC}=10\sqrt{3}\angle -180°\text{ A},\quad \dot{I}_{CA}=10\sqrt{3}\angle 60°\text{ A}$$

各线电流分别为
$$\dot{I}_A=\sqrt{3}\dot{I}_{AB}\angle -30°\text{ A}=30\angle -90°\text{ A},$$
$$\dot{I}_B=30\angle 150°\text{ A},\quad \dot{I}_C=30\angle 30°\text{ A}$$

三相总有功功率为
$$P=\sqrt{3}U_L I_L\cos\varphi=\sqrt{3}\times 100\sqrt{3}\times 30\times\cos 60°\text{ W}=4500\text{ W}$$
三相总无功功率为
$$Q=\sqrt{3}U_L I_L\sin\varphi=\sqrt{3}\times 100\sqrt{3}\times 30\times\sin 60°\text{ var}=7794\text{ var}$$
三相总视在功率为
$$S=\sqrt{3}U_L I_L=\sqrt{3}\times 100\sqrt{3}\times 30\text{ V·A}=9000\text{ V·A}$$

※ **技能驱动**

**技能 4.2.1** 对称三相电源三角形连接,相电流 $\dot{I}_{AB}=5\angle 30°$ A,则线电流 $\dot{I}_A=$ _____。

**技能 4.2.2** $R=60$ Ω 和 $X_L=80$ Ω 串联的每相阻抗,连接成星形连接,接于线电压 380 V 的对称三相电源上,求各相负载的电压和电流。

**技能 4.2.3** 三相对称电源进行星形连接,已知线电压 $u_{AB}=380\sqrt{2}\sin(314t)$ V,试写出其他线电压和相电压的解析式。

**技能 4.2.4** 设对称三相电源中的 $\dot{U}_{AB}=220\angle 30°$ V,写出另两相电压 $\dot{U}_{BC}$、$\dot{U}_{CA}$ 的相量及瞬时值表达式,画出相量图。

**技能 4.2.5** 对称三相电源线电压 380 V,各相负载 $Z=18+j24$。试求:
(1) 星形连接对称负载时,线电流及总功率;
(2) 三角形连接对称负载时,线电流、相电流及总功率。

**技能 4.2.6** 三相对称负载的功率为 5 kW,星形连接三相对称负载后接在线电压为 380 V 三相电源上,测得线电流为 17.8 A,求负载相电流、相电压、功率因数、每相复阻抗。

**技能 4.2.7** 三相对称负载进行三角形连接,线电压 380 V,线电流为 17.3 A,三相总功率为 4.5 kW,求每相负载的电阻和感抗。

**技能 4.2.8** 三相电阻炉每相电阻 $R=10$ Ω,接在额定电压 380 V 的三相对称电源上,分别求星形连接和三角形连接时,电炉从电网各吸收多少功率?

**技能 4.2.9** 三相四线制电路中,星形负载各相阻抗分别为 $Z_A=8+j6$ Ω,$Z_B=3-j4$ Ω,$Z_C=10$ Ω,电源线电压为 380 V,求各相电流及中性线电流。

**技能 4.2.10** 电路如图 4.2.6 所示,已知 $R_A=10$ Ω,$R_B=20$ Ω,$R_C=30$ Ω,$U_L=380$ V,试求:
(1) 各相电流及中性线电流大小;
(2) A 相断路时,各相负载所承受的电压和通过的电流;
(3) A 相和中性线均断开时,各相负载的电压和电流;
(4) A 相负载短路,中性线断开时,各相负载的电压和电路。

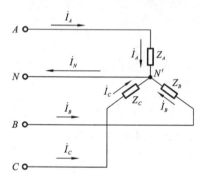

图 4.2.6 技能 4.2.10 电路图

**技能 4.2.11** 有一对称三相负载,每相阻抗为 $80+j60$ Ω,电源线电压 $U_L=380$ V。当三相负载分别连接成星形和三角形时,求电路的有功功率和无功功率。

# 项目 5　电磁电路的安装与调试

## 任务 5.1　变压器电路的仿真与调试

※ **能力目标**

了解变压器的基本结构,掌握变压器的工作原理。

※ **核心知识**

### 一、变压器的基本结构

变压器的基本结构分为铁心和绕组(线圈)两个部分,还有油箱、绝缘套管、分接开关和安全气道等,如图 5.1.1 所示。

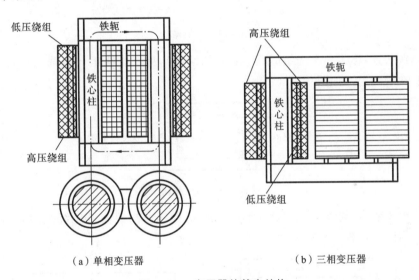

(a) 单相变压器　　　　　　(b) 三相变压器

图 5.1.1　变压器的基本结构

**1. 铁心**

铁心是变压器的磁路,也是套装绕组的骨架,铁心由铁心柱(套有绕组)和铁轭(形成闭合磁路)两部分组成。常用的变压器铁心一般都是用 0.35～0.5 mm 厚硅钢片制作的。硅钢是一种含硅的钢,其含硅量为 0.8%～4.8%。硅钢作为变压器的铁心,是因为硅钢本身是一种导磁能力很强的磁性物质,在通电线圈中,它可以产生较大的磁感应强度,从而可以使变压器的体积缩小。

变压器铁心的结构形式可分为心式、壳式,如图 5.1.2 所示。

**2. 绕组**

绕组又称为线圈,是变压器的电路,一般用绝缘铜线或铝线(扁线或圆线)绕制而成。一

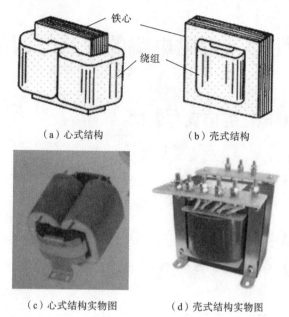

(a) 心式结构　　　　(b) 壳式结构

(c) 心式结构实物图　　　　(d) 壳式结构实物图

图 5.1.2　铁心结构

个绕组与电源相连,称为一次绕组(原绕组、初级绕组),另一个绕组与负载相连,称为二次绕组(副绕组、次级绕组),如图 5.1.3 所示。

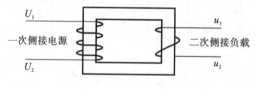

图 5.1.3　绕组结构

高压绕组匝数多,导线细;低压绕组匝数少,导线粗。按照高低压绕组的相对位置可将绕组结构分为同心式和交叠式结构,如图 5.1.4 所示。

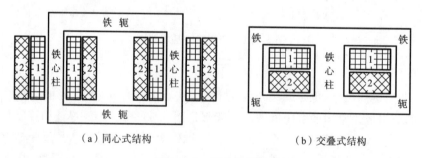

(a) 同心式结构　　　　(b) 交叠式结构

图 5.1.4　绕组的分类

### 3. 变压器其他结构

变压器其他结构有油箱、油枕、呼吸器、冷却器、绝缘套管、分接开关、压力释放阀、安全气道等,如图 5.1.5 所示。

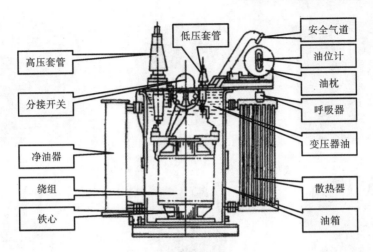

图 5.1.5 变压器其他结构

## 二、变压器的分类

变压器的种类有很多,可以从不同方面进行分类。

(1) 按冷却方式分类:自然冷式变压器、风冷式变压器、水冷式变压器、强迫油循环风(水)冷方式变压器、水内冷式变压器等。

(2) 按防潮方式分类:开放式变压器、灌封式变压器、密封式变压器。

(3) 按铁心或线圈结构分类:心式变压器(插片铁心、C 型铁心、铁氧体铁心)、壳式变压器(插片铁心、C 形铁心、铁氧体铁心)、环形变压器、金属箔变压器、辐射式变压器等。

(4) 按电源相数分类:单相变压器、三相变压器、多相变压器。

(5) 按用途分类:电力变压器、特种变压器(电炉变压器、整流变压器、工频试验变压器、调压器、矿用变压器、音频变压器、中频变压器、高频变压器、冲击变压器、仪用变压器、电子变压器、电抗器、互感器等)。

(6) 按冷却介质分类:干式变压器、液(油)浸变压器及充气变压器等。

(7) 按线圈数量分类:自耦变压器、双绕组变压器、三绕组变压器、多绕组变压器等。

(8) 按导电材质分类:铜线变压器、铝线变压器,以及半铜半铝、超导等变压器。

(9) 按调压方式分类:无励磁调压变压器、有载调压变压器。

(10) 按中性点绝缘水平分类:全绝缘变压器、半绝缘(分级绝缘)变压器。

图 5.1.6 给出一些变压器的实物图。

## 三、变压器的工作原理

不同种类的变压器虽然大小、用途均有不同,但其基本结构和工作原理是相同的。

### 1. 变压器的空载运行

变压器一次绕组(原边)加额定交流电压,二次绕组(副边)开路,即负载电阻为零的运行方式称为空载运行,如图 5.1.7 所示。

(a) 三相干式变压器

(b) 接触式变压器

(c) 电源变压器

(d) 环形变压器

(e) 控制变压器

(f) 油浸变压器

图 5.1.6　变压器的实物图

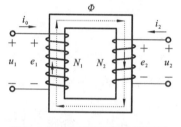

图 5.1.7　单相变压器空载运行

设外加额定交流电压 $u_1$，一次绕组通过的电流为空载电流 $i_0$，一次绕组的匝数为 $N_1$，二次绕组的匝数为 $N_2$，穿过它们的磁通为 $\Phi$，一次绕组、二次绕组上产生的感生电动势分别为 $E_1$、$E_2$，由理论分析和实践证明，感生电动势 $E$ 与绕组匝数 $N$ 之间的关系为

$$\frac{E_1}{E_2}=\frac{N_1}{N_2} \tag{5.1.1}$$

若忽略一次绕组中的阻抗，则外加额定交流电压值 $U_1$ 与一次绕组中的感生电动势值 $E_1$ 近似相等，即

$$U_1 \approx E_1 \tag{5.1.2}$$

空载情况下，二次绕组开路，端电压 $U_2$ 与电动势 $E_2$ 相等，即

$$U_2 = E_2 \tag{5.1.3}$$

由式 (5.1.1) 至式 (5.1.3) 可得

$$\frac{U_1}{U_2} \approx \frac{E_1}{E_2} = \frac{N_1}{N_2} = K_u \tag{5.1.4}$$

式中：$K_u$ 称为变压器的变压比，简称变化，是变压器的重要参数之一。

由式 (5.1.4) 可知，变压器一次绕组和二次绕组的电压与其匝数成正比，即变压器可以变换电压，是升压还是降压，这取决于匝数比。

**2. 变压器的负载运行**

变压器一次绕组（原边）加额定交流电压，二次绕组（副边）与负载相连，这种运行方式称为负载运行，如图 5.1.8 所示。

设外加额定交流电压 $u_1$，一次绕组通过的电流为负载电流 $i_1$，一次绕组的匝数为 $N_1$，二

次绕组的匝数为 $N_2$，由于变压器是静止的电气设备，在传递功率的过程中损耗很小，在理想情况下，认为一次绕组的功率等于二次绕组的功率，即

$$U_1 I_1 = U_2 I_2 \quad (5.1.5)$$

则有

$$\frac{I_1}{I_2} = \frac{U_2}{U_1} \approx \frac{E_2}{E_1} = \frac{N_2}{N_1} = \frac{1}{K_u} = K_i \quad (5.1.6)$$

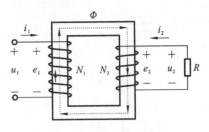

图 5.1.8　单相变压器负载运行

式中：$K_i$ 称为变压器的电流比。

由式(5.1.6)可知，变压器一次绕组和二次绕组的电流与其匝数成反比，即变压器可以变换电流。

#### 3. 方向判定方法

变压器中电压、电流和感生电动势方向的判定方法如下。

1) 原边方向的判定

(1) 原边绕组内电流的正方向与电源电压的正方向一致；

(2) 按右手螺旋定则，正方向的电流产生正方向的磁通；

(3) 感生电动势正方向与产生该电动势的磁通方向之间符合右手螺旋定则，故感生电势与电流正方向一致。

2) 副边方向的判定

(1) 副边绕组感生电动势正方向与产生该电动势的磁通正方向之间符合右手螺旋定则；

(2) 副边绕组电流正方向和副边绕组电动势正方向一致；

(3) 副边绕组端电压的正方向与电流的正方向一致。

由判定方法可得到图 5.1.8 中各电流、感生电动势和磁通的方向。

### 四、变压器的符号

#### 1. 变压器符号的识别

变压器有一个基本的电路符号，如图 5.1.9 所示。但是各种不同结构的变压器的电路符号是不同的，从变压器的电路所示符号可以看出变压器的线圈结构等情况。在电路符号中变压器用字母 $T$ 表示，$T$ 是英语 Transfromer(变压器)的缩写。下面给出几种变压器电路符号及说明，如表 5.1.1 所示。

图 5.1.9　变压器的基本符号

表 5.1.1　几种变压器电路符号及信息解说

| 变压器电路符号 | 说　明 |
| --- | --- |
| （图：1—2 为初级，3—4 为次级，带磁心的变压器符号，标有 $T$） | 该变压器有两组线圈：1～2 为初级线圈(线圈又称为绕组)，3～4 为次级线圈。电路符号中的垂直实线表示这一变压器有磁心 |

续表

| 变压器电路符号 | 说　　明 |
|---|---|
|  | 该变压器有两组次级线圈,3~4为一组,5~6为另一组。电路符号中有实线的同时还有一条虚线,表示变压器初级线圈和次级线圈之间设有屏蔽层。屏蔽层一端接电路中的地线(绝不能两端同时接地),起抗干扰作用。这种变压器主要用于电源变压器 |
|  | 该变压器有两组线圈,初级线圈和次级线圈一端画有黑点,是同名端的标记,有黑点端的表示电压极性相同,两端点的电压同时增大,同时减小 |
|  | 变压器初、次级没有实线,表示这种变压器没有铁心 |
|  | 变压器的次级线圈有抽头,即4引脚是次级线圈3~5的抽头,两种情况:一是当3~4之间匝数等于4~5之间匝数时,4端称为中心抽头;二是非中心抽头,即此时3~4和4~5之间匝数不等 |
|  | 初级线圈有一个抽头2,可以输入不同等级的交流市电 |
|  | 这种变压器只有一个线圈,一个抽头,这是一个自耦变压器。若2~3为初级线圈,则它是升压变压器;若1~3为初级线圈,2~3为次级线圈,则它是降压变压器 |

使用变压器电路符号时注意以下几点。

(1) 变压器电路符号与电感器电路符号有着本质的不同,电感器只有一个线圈,变压器有两个以上的线圈。

(2) 变压器电路符号没有一个统一的具体形式,变化较多。

(3) 从电路符号上可以看出,变压器的结构对分析变压器电路及检测变压器都非常有益。

（4）自耦变压器电路符号与电感器电路符号类似,但是前者必有一个抽头,而后者没有抽头,要注意它们之间的这一区别。

**2. 变压器绕组的极性**

当电流流入两个线圈（或流出）时,若产生的磁通方向相同,则两个流入端称为同极性端（同名端）,或者说,当铁心中磁通变化（增大或减小）时,在两线圈中产生的感生电动势极性相同的两端为同极性端。图 5.1.10(a)的 1、3 为同名端,1、4 为异名端；图 5.1.10(b)的 1、4 为同名端,1、3 为异名端。

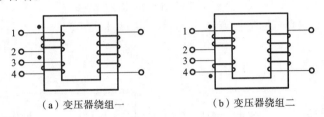

(a) 变压器绕组一　　　　(b) 变压器绕组二

图 5.1.10　变压器绕组的极性

**3. 同名端的判断**

在电子电路中,对于两个或者两个以上的有电磁耦合的线圈,常常需要知道互感电动势的极性,这就需要确定两个电磁线圈的同名端。在学习判断方法之前,要先了解一个定律——楞次定律。

感应电流的磁场总要阻碍引起感应电流的磁通的变化,该定律称为楞次定律。此处的"阻碍"并不是"相反",而是原磁通增加时,感应电流的磁场方向与原磁场方向相反；磁通减小时,感应电流的磁场方向与原磁场方向相同,即"增反减同"。

在知道两个线圈绕向的情况下,应用楞次定律,即可判断同名端。

假定一线圈通入电流,按下列步骤进行判断：

（1）确定原磁通方向；

（2）判定穿过回路的原磁通的变化情况（根据线圈中电流的变化）；

（3）根据楞次定律,假定互感线圈闭合,从而确定感应电流的磁场方向；

（4）根据右手螺旋定则,由感应电流的磁场方向来确定感应电流的方向,从而推导出自感电动势和互感电动势的指向,确定两个线圈的同名端。

## 五、变压器的主要参数

变压器的主要参数一般标注在变压器的铭牌上。其主要包括额定容量、额定电压及其分接、额定频率、绕组连接组及额定性能数据（阻抗电压、空载电流、空载损耗和负载损耗总重。

（1）额定容量（$S_N$/kV·A）：额定电压、额定电流下连续运行时,能输送的单相或三相总视在功率。

（2）额定电压（$U_N$/kV）：变压器长时间运行时所能承受的工作电压。

（3）额定电流（$I_N$/A）：变压器在额定容量下,允许长期通过的电流。

（4）空载损耗（$P_0$/kW）：当以额定频率的额定电压施加在一个绕组的端子上时,其余绕组开路时所吸取的有功功率。其值与铁心硅钢片性能及制造工艺和施加的电压有关。

(5) 空载电流($I_0/(\%)$)：当变压器在额定电压下二次侧空载时，一次绕组中通过的电流，一般以额定电流的百分数表示。

(6) 负载损耗($P_K/kW$)：把变压器的二次绕组短路，在一次绕组额定分接位置上通入额定电流，此时变压器所消耗的功率。

(7) 阻抗电压(%)：把变压器的二次绕组，在一次绕组慢慢升高电压，当二次绕组的短路电流等于额定值时，此时一次侧所施加的电压，一般以额定电压的百分数表示。

(8) 相数和频率：三相开头以 S 表示，单相开头以 D 表示。

(9) 额定频率($f/Hz$)：标准频率 $f$ 为 50 Hz 或 60 Hz 等。

## ※任务驱动

**任务 5.1.1** 判断图 5.1.11 的同名端。

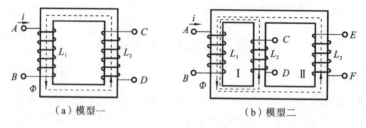

图 5.1.11　任务 5.1.1 电路图

**解**：图 5.1.11(a)所示的为单一闭合磁路的情况，先假定端子 $A$ 为电流 $i$ 流入并增大，则由楞次定律可知，电流 $i$ 所产生的自感磁通和互感磁通随时间的增大而增大，应用右手螺旋定则可知，原线圈 $L_1$ 自感电动势从 $B$ 指向 $A$，互感线圈 $L_2$ 的互感电动势从 $C$ 指向 $D$，由此可知，$A$ 与 $B$ 与 $C$ 为同名端。

图 5.1.11(b)所示的为多个闭合磁路的情况，先假定端子 $A$ 为电流 $i$ 流入并增大，则由楞次定律可知，电流 $i$ 所产生的自感磁通和互感磁通随时间增加而增大，并形成两个闭合回路Ⅰ和Ⅱ，应用右手螺旋定则，可知线圈 $L_1$ 自感电动势从 $B$ 指向 $A$，处于闭合磁路Ⅰ中的互感线圈 $L_2$ 的互感电动势从 $C$ 指向 $D$；而处于闭合磁路Ⅱ中的互感线圈 $L_3$ 的互感电动势从 $E$ 指向 $F$，可见 $A$ 与 $D$、$F$ 为同名端，$B$ 与 $C$、$E$ 为同名端。

**任务 5.1.2** 如图 5.1.12 所示，已知变压器初级线圈外加额定交流电压 $u_1$，有效值为 220 V，变压比 $N_1:N_2=10:1$，二次绕组（副边）与 10 Ω 负载相连。试求：(1) 一次绕组和二次绕组的电流大小；(2) 二次绕组（副边）连接的 10 Ω 负载换算到一次绕组侧，相当于一个多大的负载？

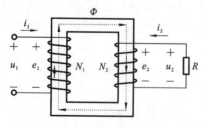

图 5.1.12　任务 5.1.2 电路图

**解**：(1) 由式(5.1.6)，有

$$\frac{I_1}{I_2}=\frac{U_2}{U_1}=\frac{N_2}{N_1}=\frac{1}{10}$$

故 $U_2=\frac{1}{10}U_1=22$ V，再根据欧姆定律，有

$$I_2=\frac{U_2}{R}=2.2 \text{ A}, \quad I_1=\frac{1}{10}I_2=220 \text{ mA}$$

（2）二次绕组（副边）连接的 10 Ω 负载换算到一次绕组侧，相当于 $R_1 = \dfrac{U_1}{I_1} = 1000$ Ω。具体电路仿真图如图 5.1.13 所示。

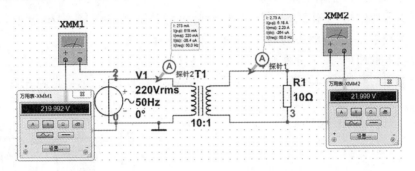

图 5.1.13　任务 5.1.2 电路仿真图

※ 技能驱动

技能 5.1.1　变压器的组成结构有哪些？

技能 5.1.2　如何判定变压器同名端？

技能 5.1.3　请画出变压器的 Y 形/Y 形、Y 形/△接线图。

## 任务 5.2　继电器电路的仿真与调试

※ 能力目标

了解继电器的工作原理，掌握各种类型继电器的基本结构、符号和使用方法。

※ 核心知识

### 一、继电器元器件认知

**1. 继电器基本原理**

继电器（Relay）是一种电子控制元器件，用于控制与保护电路中的信号转换。它具有输入电路（又称为感应元器件）和输出电路（又称为执行元器件），当感应元器件中的输入量（如电流、电压、温度、压力等）变化到某一定值时继电器动作，执行元器件便接通和断开控制回路。通常用于自动控制电路中，实际上是用较小的电流去控制较大电流的一种"自动开关"。故在电路中继电器起着自动调节、安全保护、转换电路等作用。

**2. 继电器分类**

继电器可分为电气量（如电流、电压、频率、功率等）继电器及非电量（如温度、压力、速度等）继电器两大类，具有动作快、工作稳定、使用寿命长、体积小等优点。继电器广泛应用于电力保护、自动化、运动、遥控、测量和通信等装置中。

继电器种类繁多，常用的有电流继电器、电压继电器、中间继电器、时间继电器、热继电器及温度继电器、压力继电器、计数继电器、频率继电器等。

## 二、几种常用继电器

电磁继电器的工作原理及结构如下。

电磁继电器的结构、工作原理与接触器相似,由电磁系统、触头系统和释放弹簧等组成。继电器用于控制电路,流过触头的电流小,故不需要灭弧装置。

电磁继电器的图形、文字符号如图 5.2.1 所示。

电磁继电器的具体结构如图 5.2.2 所示,A 是电磁铁,B 是衔铁,C 是弹簧,D 是动触点,E 是静触点。

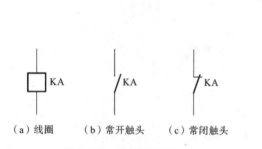

图 5.2.1 电磁继电器

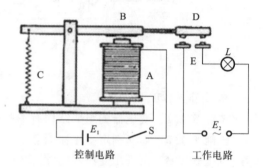

图 5.2.2 电磁继电器工作电路

电磁继电器工作电路可分为低压控制电路和高压工作电路。控制电路是由电磁铁 A、衔铁 B、低压电源 $E_1$ 和开关 S 组成;工作电路是由灯泡 $L$、电源 $E_2$,以及相当于开关的静触点、动触点组成。连接好工作电路,在常态时,D、E 间未连通,工作电路断开。用手指将动触点压下,则 D、E 间因动触点与静触点接触而使工作电路接通,灯泡 $L$ 发光。闭合开关 S,衔铁受电磁铁吸引,动触点同时与两个静触点接触,使 D、E 间连通。这时弹簧被拉长,观察到工作电路被接通,灯泡 $L$ 发光。断开开关 S,电磁铁失去磁性,对衔铁的吸引力消失。衔铁在弹簧的拉力作用下回到原来的位置,动触点与静触点分开,工作电路被切断,灯泡 $L$ 不发光。

若用图 5.2.3 此类型的电磁继电器完成图 5.2.2 电磁继电器工作电路,需要将 4 和 5 引脚接控制电路电源 $E_1$,灯泡两端接 1 和 3 引脚,为常开状态,这样闭合开关 S,则 1 和 3 引脚闭合,灯泡亮;如果灯泡两端接 1 和 2 引脚,闭合开关 S 前,灯泡一直亮,闭合开关 S 后,灯泡熄灭。

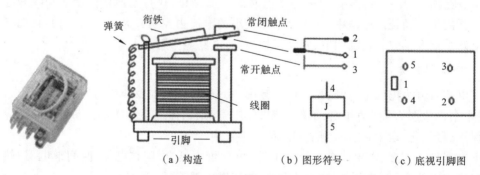

图 5.2.3 继电器接线

电压继电器、电流继电器和中间继电器属于电磁继电器。

**1. 电流继电器**

根据输入(线圈)电流大小而动作的继电器称为电流继电器,按用途可分为过电流继电器和欠电流继电器,电流文字符号为 KI,图形符号和外观图如图 5.2.4 所示。

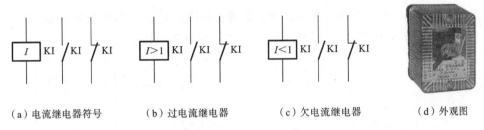

(a)电流继电器符号　　(b)过电流继电器　　(c)欠电流继电器　　(d)外观图

图 5.2.4　电流继电器

过电流继电器的任务是:当电路发生短路及过流时,过电流继电器立即将电路切断,因此过电流继电器线圈通过小于整定电流时继电器不动作,只有超过整定电流时继电器才动作。过电流继电器的动作电流整定范围,交流为 $(110\% \sim 350\%)I_N$,直流为 $(70\% \sim 300\%)I_N$。

欠电流继电器的任务是当电路电流过低时,欠电流继电器立即将电路切断,因此欠电流继电器线圈通过的电流不小于整定电流时,继电器吸合,只有电流低于整定电流时,继电器才释放。欠电流继电器的动作电流整定范围,吸合电流为 $(30\% \sim 50\%)I_N$,释放电流为 $(10\% \sim 20\%)I_N$。欠电流继电器一般是自动复位的。

**2. 电压继电器**

根据输入电压大小而动作的继电器称为电压继电器,按用途也可分为过电压继电器和欠电压继电器,电压继电器的文字符号为 KV,图形符号和外观图如图 5.2.5 所示。

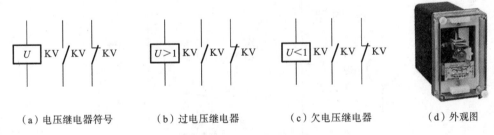

(a)电压继电器符号　　(b)过电压继电器　　(c)欠电压继电器　　(d)外观图

图 5.2.5　电压继电器

过电压继电器的动作电压整定范围为 $(105\% \sim 120\%)U_N$,欠电压继电器吸合电压为 $(30\% \sim 50\%)U_N$,释放电压为 $(7\% \sim 20\%)U_N$。

**3. 中间继电器**

中间继电器实质上是电压继电器的一种,它的触点数多,触点电流容量大,动作灵敏。其主要用途是当其他继电器的触点数或触点容量不够时,可借助中间继电器扩大它们的触点数或触点容量,从而起到中间转换的作用。

新型中间继电器触头闭合过程中动、静触头间有一段滑擦、滚压过程，可以有效地清除触头表面的生成膜及尘埃，减小接触电阻，提高接触可靠性，有的还安装防尘罩或采用密封结构，这也是提高可靠性的措施。有些中间继电器安装在插座上，插座有多种形式可供选择，有些中间继电器可直接安装在导轨上，安装和拆卸均很方便。外观如图 5.2.6 所示。

图 5.2.7 所示的为某种类型中间继电器底视引脚图，1 和 2 引脚接控制电源；3、5 和 4、6 引脚为常闭触点；7、9 和 8、10 引脚为常开触点，可以分别接工作电路。

图 5.2.6　中间继电器

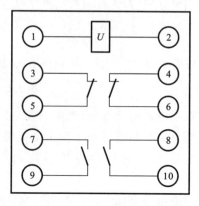

图 5.2.7　中间继电器底视引脚图

## ※任务驱动

**任务 5.2.1**　如图 5.2.8 所示，有一直流继电器电路，当开关 $S_1$ 闭合时，灯泡 $X_1$ 会如何变化？能否换成相反的控制效果？

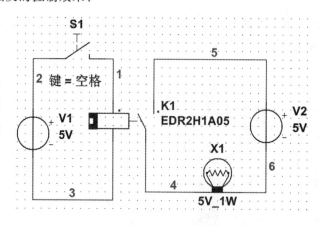

图 5.2.8　任务 5.2.1 继电器电路图

**解**：当开关打开时，继电器 $K_1$ 的线圈未得电，使得 $K_1$ 控制的常开触头无法吸合，$X_1$ 灯泡不亮；当开关闭合时，继电器 $K_1$ 的线圈得电，使得 $K_1$ 控制的常开触头吸合，$X_1$ 灯泡被点亮。

如果想换成相反的控制效果，可以改用继电器的常闭触头来控制灯泡。

继电器电路仿真图如图 5.2.9 所示。

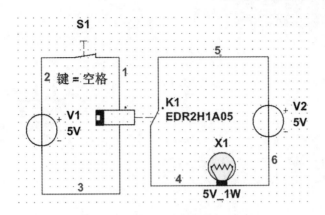

图 5.2.9　任务 5.2.1 继电器电路仿真图

※**技能驱动**

**技能 5.2.1**　请画出各种常见继电器的符号。
**技能 5.2.2**　简述时间继电器的使用方法。
**技能 5.2.3**　简述热继电器的使用方法。
**技能 5.2.4**　简述速度继电器的使用方法。

# 模块 3

# 电子技术虚拟仿真

## 项目6 半导体基本元器件的使用方法

### 任务6.1 半导体导电特性认知

※能力目标

了解半导体材料的基础知识和基本概念,了解 PN 结的形成过程,掌握 PN 结单向导电的工作原理。

※核心知识

半导体元器件是构成电子电路的基本元器件,它们所用的材料是经过特殊加工且性能可控的半导体材料。

#### 一、本征半导体

纯净的具有晶体结构的半导体称为本征半导体。

**1. 半导体**

根据物体导电能力(电阻率)的不同,划分导体、绝缘体和半导体。导电性能介于导体与绝缘体之间的材料,称为半导体。其导电能力随温度、光照或所掺杂质的不同而显著变化,特别是掺杂可以改变半导体的导电能力和导电类型的杂质,因而半导体广泛应用于各种元器件及集成电路的制造。

在电子元器件中,常用的半导体材料有:元素半导体,如硅(Si)、锗(Ge)等;化合物半导体,如砷化镓(GaAs)等;掺杂或制成其他化合物半导体材料,如硼(B)、磷(P)、铟(In)和锑(Sb)等。其中硅是最常用的一种半导体材料。

半导体有以下特点:

(1) 半导体的导电能力介于导体与绝缘体之间;

(2) 半导体受外界光和热的刺激时,其导电能力将会有显著变化;

(3) 在纯净半导体中,加入微量的杂质,其导电能力会急剧增强。

**2. 本征半导体的晶体结构**

将纯净的半导体经过一定的工艺工程制成单晶体,即为本征半导体。晶体中的原子在空间形成排列整齐的点阵,称为晶格。由于相邻原子间的距离很小,因此,相邻的两个原子的一对最外层电子(价电子)不但各自围绕自身所属的原子核运动,而且出现在相邻原子所属的轨道上,成为共用电子,这样的组合称为共价键结构,如图 6.1.1 所示。

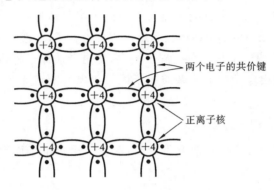

图 6.1.1  本征半导体结构示意图

**3. 本征半导体中的两种载流子**

晶体中的共价键具有很强的结合力,因此在常温下,仅有极少数的价电子由于热运动(热激发)获得足够的能量,从而挣脱共价键的束缚变成自由电子。与此同时,在共价键中留下一个空位置,称为空穴。原子因失掉一个价电子而带正电,或者说空穴带正电。在本征半导体中,自由电子与空穴是成对出现的,即自由电子与空穴数目相等。这样,若在本征半导体两端外加一电场,则一方面自由电子将产生定向移动,形成电子电流;另一方面由于空穴的存在,价电子将按一定的方向依次填补空穴,也就是说空穴也产生定向移动,形成空穴电流。自由电子和空穴所带电荷极性不同,所以它们的运动方向相反,本征半导体中的电流是两个电流之和。

运载电荷的粒子称为载流子。导体导电只有一种载流子,即自由电子导电;本征半导体有两种载流子,即自由电子和空穴均参与导电,这是半导体导电的特殊性质。

**4. 本征半导体中载流子的浓度**

本征半导体在热激发下产生自由电子和空穴对的现象称为本征激发。自由电子在运动的过程中如果与空穴相遇就会填补空穴,使两者同时消失,这种现象称为复合。在一定的温度下,本征激发所产生的自由电子与空穴对,与复合的自由电子与空穴对数目相等,达到动态平衡。换言之,在一定温度下,本征半导体中载流子的浓度是一定的,并且自由电子与空穴的浓度相等。

## 二、杂质半导体

在本征半导体中掺入某些微量元素作为杂质,可使半导体的导电性发生显著变化。掺入的杂质主要是三价或五价元素。掺入杂质的本征半导体称为杂质半导体。

N 型半导体:掺入五价杂质元素(如磷)的半导体。
P 型半导体:掺入三价杂质元素(如硼)的半导体。

杂质半导体中,多数载流子(简称多子)浓度取决于掺杂浓度,其值几乎与温度无关;少量的掺杂浓度便可导致载流子呈数量级的增加,故杂质半导体的导电能力显著增大。而少数载流子(简称少子)由本征激发产生,其浓度主要取决于温度,少子浓度具有温度敏感性。

**1. N 型半导体(电子型半导体)**

因五价杂质原子中只有四个价电子能与周围四个半导体原子中的价电子形成共价键,而多余的一个价电子因无共价键束缚而很容易形成自由电子,如图 6.1.2 所示。

在 N 型半导体中自由电子是多数载流子,它主要由杂质原子提供;空穴是少数载流子,由热激发形成。提供自由电子的五价杂质原子因带正电荷而成为正离子,因此五价杂质原子也称为施主杂质。

**2. P 型半导体(空穴型半导体)**

因三价杂质原子在与硅原子形成共价键时,缺少一个价电子而在共价键中留下一个空穴,如图 6.1.3 所示。

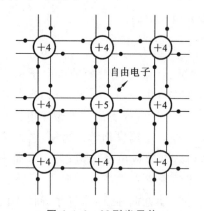

图 6.1.2　N 型半导体

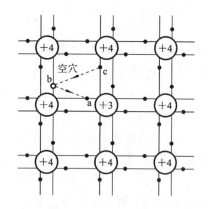

图 6.1.3　P 型半导体

在 P 型半导体中空穴是多数载流子,它主要由杂质原子形成;自由电子是少数载流子,由热激发形成。空穴很容易俘获电子,使杂质原子成为负离子。三价杂质因而也称为受主杂质。

### 三、PN 结的形成及特性

采用不同的掺杂工艺,将 P 型半导体与 N 型半导体制作在同一块硅片上,在它们的交界面就形成了 PN 结。PN 结具有单向导电性。

**1. PN 结的形成**

在 P 型半导体和 N 型半导体结合后,由于 N 区内电子很多而空穴很少,P 区内空穴很多而电子很少,在它们的交界处就出现了电子和空穴的浓度差别。这样,电子和空穴都要从浓度高的地方向浓度低的地方扩散。于是,有一些电子要从 N 区向 P 区扩散,也有一些空穴要从 P 区向 N 区扩散。它们扩散的结果就使 P 区一边失去空穴,留下了带负电的杂质离子,N

区一边失去电子,留下了带正电的杂质离子。半导体中的离子不能任意移动,因此不参与导电。这些不能移动的带电粒子在P和N区交界面附近,形成了一个很薄的空间电荷区,这就是所谓的PN结。

扩散越强,空间电荷区越宽。由于缺少多子,空间电荷区也称为耗尽层。在出现了空间电荷区以后,由于正负电荷之间的相互作用,在空间电荷区就形成了一个内电场,其方向是从带正电的N区指向带负电的P区。显然,这个电场的方向与载流子扩散运动的方向相反,它是阻止扩散的。另一方面,这个电场将使N区的少数载流子空穴向P区漂移,使P区的少数载流子电子向N区漂移,漂移运动的方向正好与扩散运动的方向相反。从N区漂移到P区的空穴补充了原来交界面上P区所失去的空穴,从P区漂移到N区的电子补充了原来交界面上N区所失去的电子,这就使空间电荷减少,因此,漂移运动的结果是使空间电荷区变窄。当漂移运动达到和扩散运动相等时,PN结便处于动态平衡状态。内电场促使少子漂移,阻止多子扩散。最后,多子的扩散和少子的漂移达到动态平衡,如图6.1.4所示。

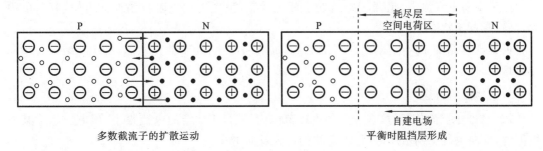

图 6.1.4 PN结的形成

(1) 扩散:由于浓度不同产生的运动;由于扩散产生空间电荷区,也产生电场(自建电场)。

(2) 漂移:在自建电场的作用下,载流子在电场力的作用下的运动。

(3) 动态平衡:扩散运动和漂移运动的作用相同。

(4) 耗尽层:阻挡层、空间电荷区。

**2. PN结的单向导电性**

在PN结上外加不同方向的电压,就可以破坏原来的平衡,从而呈现出单向导电特性。

1) PN结外加正向电压

若将电源的正极接P区,负极接N区,则称此为正向接法或正向偏置。此时外加电压在阻挡层内形成的电场与自建电场方向相反,削弱了自建电场,使阻挡层变窄。此时扩散作用大于漂移作用,多数载流子在电源的作用下向对方区域扩散形成电流,其方向由电源正极通过P区、N区到达电源负极,如图6.1.5所示。

此时,PN结处于导通状态,它所呈现出的电阻为正向电阻,其阻值很小,正向电压越大,正向电流越大。

2) PN结外加反向电压

若将电源的正极接N区,负极接P区,则称此为反向接法或反向偏置。此时外加电压在阻挡层内形成的电场与自建电场方向相同,增强了自建电场,使阻挡层变宽。此时漂移作用大于扩散作用,少数载流子在电场作用下进行漂移运动,由于电流方向与加正向电压时相反,故称为反向电流。由于反向电流是由少数载流子形成的,故反向电流很小,而且当外加电压超过零点几伏时,少数载流子基本全被电场拉过去而形成漂移电流,此时即使再增加反向电压,载流子数也不会增加,因此反向电流也不会增加,故称为反向饱和电流,即 $I_D = -I_S$,如图 6.1.6 所示。

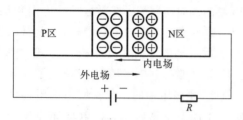

图 6.1.5　PN 结加正向电压时导通　　　图 6.1.6　PN 结加反向电压时截止

由于反向电流很小,此时,PN 结处于截止状态,呈现出的电阻称为反向电阻,其阻值很大,高达几百千欧以上。

可见,PN 结加正向电压,处于导通状态;加反向电压,处于截止状态,即 PN 结具有单向导电特性。

**3. PN 结的击穿**

PN 结处于反向偏置时,在一定的电压范围内,流过 PN 结的电流很小,但电压超过某一数值时,反向电流急剧增加,这种现象我们称为反向击穿。

击穿形式分为雪崩击穿和齐纳击穿。对硅材料的 PN 结来说,击穿电压大于 7 V 时,为雪崩击穿;击穿电压小于 4 V 时,为齐纳击穿;击穿电压为 4~7 V 时,两种击穿都有。

由于击穿破坏了 PN 结的单向导电性,因此一般使用时要避免。需要指出的是,发生击穿并不意味着 PN 结烧坏。

※**任务驱动**

任务 6.1.1　二极管单向导电测试电路,电路如图 6.1.7 所示,按照图示二极管的方向连接,二极管上是否有电流流过？在更改二极管的方向后,情况又会如何？

**解**：当二极管连接方向为阳极在上,阴极在下时,由于电源电压方向与二极管方向一致,二极管两端承受正向电压,二极管导通;在更改二极管的方向后,二极管两端承受反向电压,二极管截止,电路中电流为 0 A。

具体仿真结果如图 6.1.8 所示。

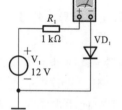

图 6.1.7　任务 6.1.1 电路图

※**技能驱动**

技能 6.1.1　为什么采用半导体材料制作电子元器件？

技能 6.1.2　什么是 N 型半导体？什么是 P 型半导体？将两种半导体制作在一起时会产生什么现象？

技能 6.1.3　PN 结为什么具有单向导电性？在 PN 结上加反向电压时,有没有电流？

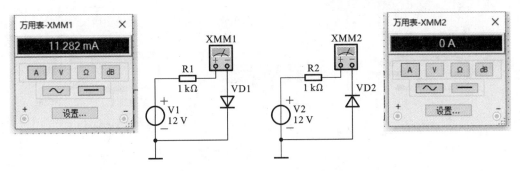

图 6.1.8　任务 6.1.1 电路仿真图

## 任务 6.2　二极管典型电路仿真与调试

### ※能力目标

了解二极管的结构,熟悉二极管的特点,掌握二极管使用方法,了解几种二极管应用电路的工作原理,了解几种特殊二极管的性能。

### ※核心知识

### 一、二极管的结构与特性

**1. 二极管的结构与类型**

把 PN 结用外壳封装,然后在 P 区和 N 区分别向外引出一个电极,即可构成一个二极管。P 区的引出线称为正极或阳极,N 区的引出线称为负极或阴极。单向导电性是二极管的重要特性,即正向导通,反向截止。

1) 二极管的结构

二极管的结构外形及在电路符号如图 6.2.1(a)所示,在图 6.2.1(b)所示电路符号中,箭头指向为正向导通电流方向。

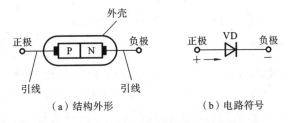

（a）结构外形　　　　（b）电路符号

图 6.2.1　二极管结构示意图及电路符号

2) 二极管的类型

二极管按材料分为锗管、硅管和砷化镓管等。

二极管的类型按结构分为点接触型、面接触型和平面型,如图 6.2.2 所示。点接触型二极管结电容小,适合高频电路应用。面接触型二极管能通过较大的电流,但结电容较大,适合整流电路应用。平面型二极管可以根据需要制作成各种类型的二极管。

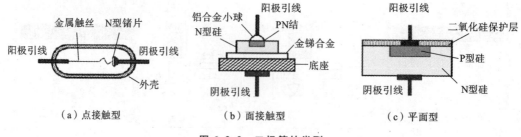

图 6.2.2 二极管的类型

### 2. 二极管的伏安特性

半导体二极管的核心是 PN 结,它的特性就是 PN 结的特性——单向导电性。常利用伏安特性曲线来形象地描述二极管的单向导电性。若以电压为横坐标,电流为纵坐标,用作图法把电压、电流的对应值用平滑的曲线连接起来,就构成了二极管的伏安特性曲线,如图 6.2.3 所示(图中虚线为锗管的伏安特性,实线为硅管的伏安特性)。

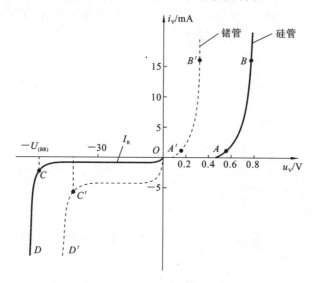

图 6.2.3 二极管的伏安特性曲线

1) 正向特性

二极管两端加正向电压时,就产生正向电流,当正向电压较小时,正向电流极小(几乎为零),这一部分称为死区,相应的 $A(A')$ 点的电压称为死区电压或门槛电压(也称为阈值电压),硅管的约为 0.5 V,锗管的约为 0.1 V,如图 6.2.3 所示的 $OA(OA')$ 段。

当正向电压超过门槛电压时,正向电流急剧地增大,二极管呈现很小电阻而使其处于导通状态。硅管的正向导通压降为 0.6~0.7 V,锗管的为 0.2~0.3 V,如图 6.2.3 所示的 $AB(A'B')$ 段。二极管正向导通时,要特别注意它的正向电流不能超过最大值,否则将烧坏 PN 结。

2) 反向特性

二极管两端加反向电压时,在开始很大范围内,二极管相当于有非常大的电阻,反向电流很小,且不随反向电压变化而变化。此时的电流称为反向饱和电流 $I_R$,如图 6.2.3 所示的 $OC(OC')$ 段。

3) 反向击穿特性

二极管反向电压加到一定数值时,反向电流急剧增大,这种现象称为反向击穿。此时对应的电压称为反向击穿电压,用 $U_{BR}$ 表示,如图 6.2.3 所示的 $CD(C'D')$ 段。

4) 温度对特性的影响

由于二极管的核心是一个 PN 结,它的导电性能与温度有关,温度升高时二极管正向特性曲线向左移动,正向压降减小;反向特性曲线向下移动,反向电流增大。温度每升高 10 ℃,$I_R$ 增大一倍;温度每升高 1 ℃,正向压降 $V_{DF}$ 减小 2～2.5 mV。

**3. 二极管的主要参数**

描述元器件的物理量,称为元器件的参数。它是元器件特性的定量描述,也是选择元器件的依据。各种元器件的参数可由手册查得。

1) 最大整流电流 $I_F$

它是指二极管允许通过的最大正向平均电流。工作时应使平均工作电流小于 $I_F$,如超过 $I_F$,二极管将因过热而烧毁。此值取决于 PN 结的面积、材料和散热等。

2) 最大反向工作电压 $U_R$

这是二极管允许的最大工作电压,当反向电压超过此值时,二极管可能被击穿。为了留有余地,通常取击穿电压的一半作为 $U_R$。

3) 反向电流 $I_R$

它是指二极管未击穿时的反向电流值。此值越小,二极管的单向导电性越好。由于反向电流是由少数载流子形成的,所以 $I_R$ 值受温度的影响很大。

4) 最高工作频率 $f_M$

$f_M$ 的值主要取决于 PN 结结电容的大小,结电容越大,二极管允许的最高频率就越低。

## 二、特殊二极管

**1. 整流二极管**

整流二极管用于整流电路,把交流电换成脉动的直流电。整流二极管的类型属于面接触型,其结电容较大,故一般工作在 3 kHz 以下,如图 6.2.4 所示。

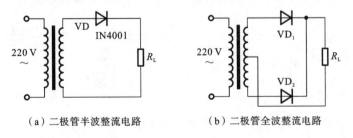

(a) 二极管半波整流电路　　(b) 二极管全波整流电路

图 6.2.4　二极管整流电路

整流二极管也有专门用于高压、高频整流电路的高压整流堆。

## 2. 稳压二极管

稳压二极管是一种特殊的面接触型二极管,其特性和普通二极管的类似,但它的反向击穿是可逆的,而且其反向击穿后的特性曲线比较陡直,即反向电压基本不随反向电流变化而变化,这就是稳压二极管的稳压特性。

稳压二极管稳压时工作在反向击穿状态,如图 6.2.5 所示。

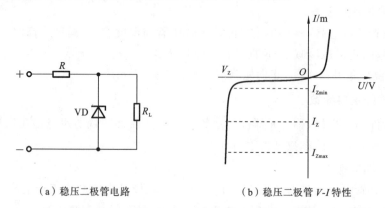

(a) 稳压二极管电路　　　　　(b) 稳压二极管 $V$-$I$ 特性

图 6.2.5　稳压二极管电路和稳压二极管 $V$-$I$ 特性

稳压二极管稳压时,电流有很大增量,只引起很小的电压变化。反向击穿曲线越陡,动态电阻越小,稳压二极管的稳压性能越好。在稳压二极管稳压电路中一般都加限流电阻 $R$,使稳压二极管电流工作在 $I_{Zmax}$ 和 $I_{Zmix}$ 的稳压范围。另外,在应用中还要采取适当的措施限制通过稳压二极管的电流,以保证稳压二极管不会因过热而烧坏。

## 3. 变容二极管

变容二极管一般工作于反偏状态,改变其 PN 结上的反向偏压,即可改变 PN 结电容量。反向偏压越高,结电容越小。电压变大,电容就变小。在高频自动调谐电路中,利用电压控制变容二极管,从而控制电路的谐振频率。例如,自动选台的电视机就要用到这种电容。

## 4. 发光二极管

发光二极管(LED)能把电能转化为光能,即正向导通注入电子,与空穴直接复合而放出能量,发出红光、绿光、蓝光、黄光及红外光,可作为指示灯、照明、显示元器件等。发光二极管的光谱范围比较窄,波长由所使用的基本材料而定。一般发光二极管的正向电阻较小,图 6.2.6 所示的为几种发光二极管和驱动电路,改变 $R$ 的大小就可改变发光二极管的亮度。

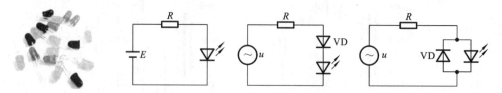

图 6.2.6　发光二极管和驱动电路

发光二极管也具有单向导电性。只有当外加的正向电压使正向电流足够大时,发光二极管才发光,它的开启电压比普通二极管的大,红色的为 $1.6 \sim 1.8\ \text{V}$,绿色的约为 $2\ \text{V}$。正向电流越大,发光越强。使用时,应特别注意不要超过最大功耗、最大正向电流和反向击穿电压等极限参数。

发光二极管因其驱动电压低、功耗小、寿命长、可靠性高等优点广泛应用于显示电器。

**5. 光电二极管**

光电二极管的结构与发光二极管的类似,是由一个 PN 结构成的,但它的结面积较大,外壳上的窗口能接收外部的光照,将接收到的光的变化转换成电流的变化,如图 6.2.7 所示。光电二极管的优点是,抗干扰能力强、传输信息量大、传输损耗小且工作可靠,在光通信中可作为光电转换元器件。

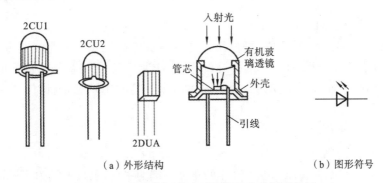

（a）外形结构　　　　　　　　　　（b）图形符号

图 6.2.7　光电二极管外形结构及电路图形符号

光电二极管总是工作在反向偏置状态,在 PN 结上加反向电压,再用光照射 PN 结时,能形成反向光电流,光电流的大小与光照射强度成正比,其灵敏度的典型数量级为 $0.1\ \text{mA/lx}$。

在无光照时,光电二极管与普通二极管一样,具有单向导电性。外加反向电压时,反向电流称为暗电流,通常小于 $0.2\ \mu\text{A}$。光电二极管在反向电压作用下受到光照而产生的电流称为光电流,照度越大,光电流越大。光电二极管的光电流较小,所以当其用于测量及控制等电路中时,需要首先对光电流进行放大处理。

## 三、二极管的识别与简单应用电路

**1. 二极管的识别**

二极管在电路中常用"VD"加数字表示。小功率二极管的极性通常标识在二极管外,大多采用色圈来标识,有的也用专用符号来标识,也有直接用"P"或"N"来标识。发光二极管的正负极可从引脚长短来识别,长引脚为正极,短引脚为负极。

用数字万用表测量二极管时,红表笔接二极管的正极,黑表笔接二极管的负极,此时测得的阻值才是二极管的正向导通阻值,这与指针万用表的表笔接法刚好相反。

1）普通二极管的检测

普通二极管是由一个 PN 结构成的半导体元器件,具有单向导电特性。通过万用表检测其正、反向阻值,可以判别出二极管的电极,还可估测出二极管是否损坏。

（1）极性的判别。

将万用表置于 R×100 挡或 R×1k 挡,两表笔分别接二极管的两个电极,测量一个结果后,对调两表笔,再测量一个结果。两次测量结果中,有一次测量的阻值较大(为反向电阻),

一次测量的阻值较小(为正向电阻)。在阻值较小的一次测量中,黑表笔接的是二极管的正极,红表笔接的是二极管的负极。

(2) 单负导电性能的检测及好坏的判断。

通常,锗材料二极管的正向阻值约为 1 kΩ,反向阻值约为 300 kΩ。硅材料二极管的正向阻值约为 5 kΩ,反向阻值为无穷大。正向阻值越小,反向阻值越大越好。正、反向阻值相差越悬殊,说明二极管的单向导电特性越好。

若测得二极管的正、反向阻值均接近 0 或阻值较小,则说明该二极管内部已击穿而形成短路或存在漏电损坏。若测得二极管的正、反向阻值均为无穷大,则说明该二极管已开路损坏。

(3) 反向击穿电压的检测。

二极管反向击穿电压(耐压值)可以用晶体管直流参数测试仪测量。其方法是:测量二极管时,应将测试仪的"NPN/PNP"选择键设置为 NPN 状态,再将被测二极管的正极接测试仪的"C"插孔内,负极插入测试仪的"e"插孔,然后按下"V(BR)"键,测试仪即可指示出二极管的反向击穿电压。

2) 稳压二极管的检测

(1) 正、负电极的判别。

从外形上看,金属封装稳压二极管管体的正极一端为平面,负极一端为半圆面。塑封稳压二极管管体上印有彩色标记的一端为负极,另一端为正极。对于标志不清楚的稳压二极管,也可以用万用表判别其极性,测量方法与普通二极管的相同,即用万用表 R×1k 挡,将两表笔分别接稳压二极管的两个电极,测量一个结果后,再对调两表笔进行测量。在两次测量结果中,阻值较小那一次,黑表笔接的是稳压二极管的正极,红表笔接的是稳压二极管的负极。

若测得稳压二极管的正、反向阻值均很小或均为无穷大,则说明该二极管已击穿或开路损坏。

(2) 稳压值的测量。

对于 13 V 以下的稳压二极管,用 0～30 V 连续可调直流电源,可将稳压电源的输出电压调至 15 V,将电源正极串接一个 1.5 kΩ 限流电阻后与被测稳压二极管的负极相连,电源负极与稳压二极管的正极相连,再用万用表测量稳压二极管两端的电压值,所测的读数即为稳压二极管的稳压值。若稳压二极管的稳压值高于 15 V,则应将稳压电源调至 20 V 以上。

3) 变容二极管的检测

(1) 正、负极的判别。

有的变容二极管的一端涂有黑色标记,这一端为负极,而另一端为正极。还有的变容二极管的外壳两端分别涂有黄色环和红色环,红色环的一端为正极,黄色环的一端为负极。

也可以用数字万用表的二极管挡,通过测量变容二极管的正、反向电压降来判断出其正、负极性。正常的变容二极管,在测量其正向电压降时,表的读数为 0.58～0.65 V;测量其反向电压降时,表的读数显示为溢出符号"1"。在测量正向电压降时,红表笔接的是变容二极管的正极,黑表笔接的是变容二极管的负极。

(2) 性能好坏的判断。

用指针万用表的 R×10k 挡测量变容二极管的正、反向阻值。正常的变容二极管,其正、反向阻值均为无穷大。若被测变容二极管的正、反向阻值均有一定阻值或均为 0,则该变容二极管漏电或击穿损坏。

4) 发光二极管的检测

(1) 正、负极的判别。

将发光二极管放在一个光源下,观察两个金属片的大小,通常金属片大的一端为负极,金属片小的一端为正极。

(2) 性能好坏的判断。

用万用表 R×10k 挡测量发光二极管的正、反向阻值。正常时,正向阻值(黑表笔接正极时)为 10~20 kΩ,反向阻值为 250 kΩ 至∞(无穷大)。较高灵敏度的发光二极管,在测量正向阻值时,管内会发微光。若用万用表 R×1k 挡测量发光二极管的正、反向阻值,则会发现其正、反向阻值均接近无穷大,这是因为发光二极管的正向电压降大于 1.6 V(高于万用表 R×1k 挡内电池的电压值 1.5 V)。

用万用表的 R×10k 挡对一个 220 μF/25 V 电解电容器充电(黑表笔接电容器正极,红表笔接电容器负极),再将充电后的电容器正极接发光二极管正极、电容器负极接发光二极管负极,若发光二极管有很亮的闪光,则说明该发光二极管完好。

也可用 3 V 直流电源,在电源的正极串接 1 个 33 Ω 电阻后接发光二极管的正极,将电源的负极接发光二极管的负极,正常的发光二极管应发光。或将 1 节 1.5 V 电池串接在万用表的黑表笔(将万用表置于 R×10 或 R×100 挡,黑表笔接电池负极,等于与表内的 1.5 V 电池串联),将电池的正极接发光二极管的正极,红表笔接发光二极管的负极,正常的发光二极管应发光。

5) 光敏二极管的检测

(1) 电阻测量法。

先用黑纸或黑布遮住光敏二极管的光信号接收窗口,然后用万用表 R×1k 挡测量光敏二极管的正、反向阻值。正常时,正向阻值为 10~20 kΩ,反向阻值为无穷大。若测得正、反向阻值均很小或均为无穷大,则该光敏二极管漏电或开路损坏。

再去掉黑纸或黑布,使光敏二极管的光信号接收窗口对准光源,然后观察其正、反向阻值的变化。正常时,正、反向阻值均应变小,阻值变化越大,说明该光敏二极管的灵敏度越高。

(2) 电压测量法。

将万用表置于 1 V 直流电压挡,黑表笔接光敏二极管的负极,红表笔接光敏二极管的正极,将光敏二极管的光信号接收窗口对准光源。正常时电压应为 0.2~0.4 V(其电压与光照强度成正比)。

(3) 电流测量法。

将万用表置于 50 μA 或 500 μA 电流挡,红表笔接正极,黑表笔接负极,正常的光敏二极管在白炽灯光下,随着光照强度的增加,其电流从几微安增大至几百微安。

**2. 二极管的基本应用电路**

1) 限幅电路

利用二极管单向导电性和导通后两端电压基本不变的特点,将信号限定在某一范围变化,限幅电路分为单限幅和双限幅电路,多用于信号处理电路。限幅电路也称为削波电路,它是一种能把输入电压的变化范围加以限制的电路,常用于波形变换和整形。利用二极管的单向导电性和导通后两端电压基本不变的特点,可组成限幅电路,用来限制输出电压的幅度。图 6.2.8 所示的为一个双限幅电路,设 $u_i$ 为幅值大于直流电源电压 $U_{C1}(=U_{C2})$ 值的正弦波,则输出电压 $u_o$ 被限制在 $U_{C1}$、$-U_{C2}$ 之间,输入电压的幅度被削减了一部分。

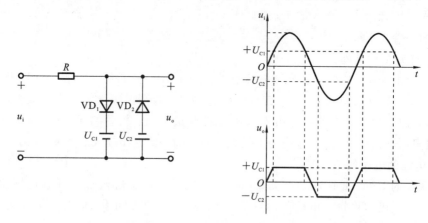

图 6.2.8　二极管限幅电路及波形

2）箝位电路

箝位电路是将输出电压箝位在一定数值上的电路。二极管钳位电路是改变信号直流成分的电路,如图 6.2.9 所示。

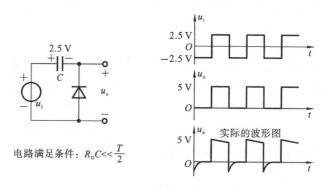

图 6.2.9　箝位电路及波形

(1) $u_i$ 负半周,二极管导通,$u_o=u_D=0$ V,导通电阻 $R_D$ 很小,$C$ 被充电到 $u_i$ 的峰值。

(2) $u_i$ 正半周,二极管反偏截止,$C$ 无法放电,输出电压为 $u_i+u_C=5$ V。

(3) 下一个负半周,二极管上的电压为 0,二极管截止,输出电压为 $u_o=0$ V。此后,二极管保持截止状态,电容无法放电,相当于恒压源,输出电压为 $u_o=u_i+2.5$ V,$u_o$ 的底部被钳位于 0 V。

3）开关电路

利用二极管单向导电性接通和断开电路。开关电路广泛用于数字电路。图 6.2.10 所示的为一个简单的开关电路模型,根据二极管的单向导电可判断出输出电压 $U_o$。整个电路不同,输入与输出电压之间的关系如表 6.2.1 所示。

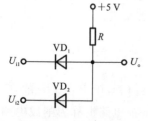

图 6.2.10　开关电路

表 6.2.1　开关电路工作表

| $U_{i1}$ | $U_{i2}$ | 二极管工作状态 | | $U_o$ |
|---|---|---|---|---|
| | | $VD_1$ | $VD_2$ | |
| 0 V | 0 V | 导通 | 导通 | 0 V |
| 0 V | 5 V | 导通 | 截止 | 0 V |
| 5 V | 0 V | 截止 | 导通 | 0 V |
| 5 V | 5 V | 截止 | 截止 | 5 V |

4）整流电路

利用二极管单向导电性，将交流信号变为直流信号。整流电路广泛用于直流稳压电源。把交流电变为直流电的过程，称为整流。一个简单的二极管半波整流电路如图 6.2.11(a)所示。若二极管为理想二极管，输入一正弦波，由图 6.2.11(b)可知：正半周时，二极管导通（相当于开关闭合），$u_o = u_i$；负半周时，二极管截止（相当于开关打开），$u_o = 0$。整流电路可用于信号检测，也是直流电源的一个组成部分。

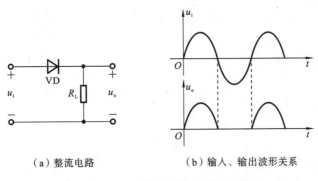

（a）整流电路　　　　（b）输入、输出波形关系

图 6.2.11　二极管半波整流电路及波形

## ※任务驱动

**任务 6.2.1**　电路如图 6.2.12 所示，二极管导通电压 $U_D$ 约为 0.7 V，试分别估算开关断开和闭合时输出电压 $U_o$ 的数值。

解：S 断开：断开 VD，$U_{VD} = 5$ V。

所以 VD 导通，$U_o = (5-0.7)$ V $= 4.3$ V。

S 闭合：断开 VD，$U_{VD} = (5-12)$ V $= -7$ V。

所以 VD 截止，$U_o = 12$ V。

电路仿真图如图 6.2.13 所示。

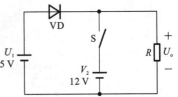

图 6.2.12　任务 6.2.1 电路图

**任务 6.2.2**　已知稳压二极管的稳压值 $U_Z = 6$ V，稳定电流的最小值 $I_{Zmin} = 4$ mA，求图 6.2.14 所示电路的 $U_{o1}$。

解：断开 $VD_Z$，有

$$U_{VDZ} = \frac{R_L}{R+R_L} \times 10 = 8 \text{ V} > U_Z$$

假设 $VD_Z$ 稳压，则

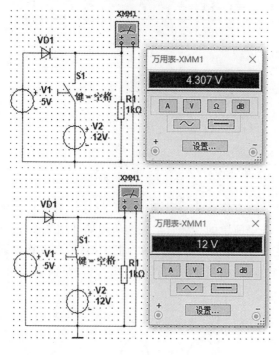

图 6.2.13 任务 6.2.1 电路仿真图

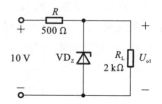

图 6.2.14 任务 6.2.2 电路图

$$I_Z = \frac{10-U_Z}{R} - \frac{U_Z}{R_L} = (8-3) \text{ mA} = 5 \text{ mA} > I_{Zmin}$$

所以 $VD_Z$ 处于稳压状态,有

$$U_{o1} = 6 \text{ V}$$

电路仿真图如图 6.2.15 所示。

**任务 6.2.3** 电路如图 6.2.16 所示,某发光二极管的导通电压 $U_L=1.6$ V,正向电流为 5~20 mA 时才能发光。试问:

(1) 开关处于何种位置时发光二极管可能发光?

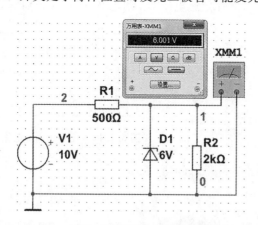

图 6.2.15 任务 6.2.2 电路仿真图

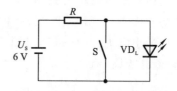

图 6.2.16 任务 6.2.3 电路图

(2) 为使发光二极管发光,电路中 $R$ 的取值范围为多少?

**解**:(1) 当开关断开时,发光二极管才有可能发光。当开关闭合时,发光二极管的端电压为零,因而不可能发光。

(2) 因为 $I_{Dmin}=5$ mA,$I_{Dmax}=20$ mA,所以

$$R_{max}=\frac{V-U_D}{I_{Dmin}}=\frac{6-1.6}{5} \text{ k}\Omega=0.88 \text{ k}\Omega$$

$$R_{min}=\frac{V-U_D}{I_{Dmax}}=\frac{6-1.6}{20} \text{ k}\Omega=0.22 \text{ k}\Omega$$

$R$ 的取值为 220~880 Ω。

**任务 6.2.4** 求图 6.2.17 所示电路中 $A$、$B$ 两端的电压 $U_{AB}$,并判断二极管 $VD_1$ 和 $VD_2$ 是导通还是截止?

**解**:图 6.2.17 中二极管 $VD_2$ 优先导通,$VD_2$ 导通后,使得二极管 $VD_1$ 两端承受反向电压而截止,$U_{AB}=-5.3$ V。具体电路仿真图如图 6.2.18 所示。

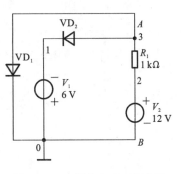

图 6.2.17 任务 6.2.4 电路图

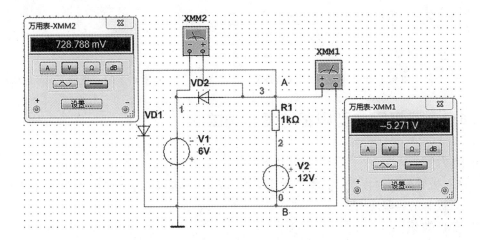

图 6.2.18 任务 6.2.4 电路仿真图

## ※ 技能驱动

**技能 6.2.1** 温度升高时,二极管的反向饱和电流会怎样变化?为什么?

**技能 6.2.2** 能否将 1.5 V 的干电池以正向接法接到二极管的两端?为什么?

**技能 6.2.3** 写出图 6.2.19 所示各电路的输出电压值,设二极管导通电压 $U_D=0.7$ V。

**技能 6.2.4** 已知稳压二极管的稳压值 $U_Z=6$ V,稳定电流的最小值 $I_{Zmin}=5$ mA,求图 6.2.20 所示电路中 $U_{o1}$ 和 $U_{o2}$。

**技能 6.2.5** 现有两只稳压二极管,稳压值分别是 6 V 和 8 V,正向导通电压都为 0.7 V。试问:(1) 若将它们串联,则可得到几种稳压值?各为多少?(2) 若将它们并联,则可得到几种稳压值?各为多少?

**技能 6.2.6** 在图 6.2.21 所示电路中,发光二极管导通电压 $U_D=1.5$ V,正向电流在 5~15 mA 时才能正常工作。试问:(1) 开关 S 在什么位置时发光二极管才能发光?(2) $R$ 的取值范围是多少?

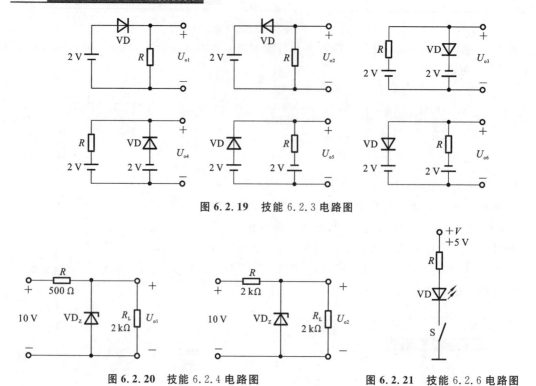

图 6.2.19 技能 6.2.3 电路图

图 6.2.20 技能 6.2.4 电路图

图 6.2.21 技能 6.2.6 电路图

## 任务 6.3 三极管典型电路仿真与调试

### ※能力目标

了解三极管的结构特点,掌握三极管工作原理和主要参数,掌握三极管的简易判别方法,掌握三极管的典型应用。

### ※核心知识

三极管最基本的作用是放大作用,是组成各电子电路的核心元器件。它可以把微弱的电信号变成一定强度的信号,转换仍然遵循能量守恒,能够把电源的能量转换成信号的能量。

### 一、三极管的结构与类型

**1. 三极管的结构**

三极管是由三层杂质半导体构成的元器件,由于这类三极管内部的自由电子和空穴载流子同时参与导电,故称为双极型三极管。它有三个电极,所以又称为半导体三极管、晶体三极管等,也简称三极管。

如图 6.3.1 所示,三极管内含两个 PN 结,三个导电区域。两个 PN 结分别称为发射结和集电结,发射结和集电结之间为基区。从三个导电区引出三个电极,分别为集电极 c、基极 b 和发射极 e。

三极管实现电流放大作用的内部结构条件如下。

发射区掺杂浓度很高,以便有足够的载流子供发射;为减少载流子在基区的复合机会,

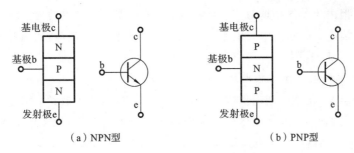

（a）NPN型　　　　　　　　（b）PNP型

**图 6.3.1　三极管的结构示意图与电路符号**

基区做得很薄,一般为几微米,且掺杂浓度较发射极的低;集电区体积较大,且为了顺利收集边缘载流子,掺杂浓度很低。

可见,双极型三极管并非是两个 PN 结的简单组合,而是利用一定的掺杂工艺制作而成的。因此,绝不能用两个二极管来代替,使用时也决不允许把发射极和集电极接反。

三极管实现放大作用的外部条件是发射结电压正向偏置,集电结电压反向偏置。

**2. 三极管类型**

三极管按结构不同可分为 NPN 型和 PNP 型;按材料不同可分为硅管和锗管;按工作频率可分为高频管、低频管等;按照功率可分为大、中、小功率管等。其封装形式有金属封装、玻璃封装和塑料封装等。

## 二、三极管电流分配与放大作用

**1. 三极管电流分配**

当晶体管处在发射结正偏、集电结反偏的放大状态下,管内载流子的运动情况可用图 6.3.2 说明。按传输顺序分以下几个过程进行描述。

1）发射区向基区注入电子

由于 e 结正偏,因而结两侧多子的扩散占优势,这时发射区电子源源不断地越过 e 结注入基区,形成电子注入电流 $I_{EN}$。与此同时,基区空穴也向发射区注入,形成空穴注入电流 $I_{EP}$。因为发射区相对基区是重掺杂,基区空穴浓度远低于发射区的电子浓度,所以满足 $I_{EP} \ll I_{EN}$,$I_{EP}$ 可忽略不计。因此,发射极电流 $I_E \approx I_{EN}$,其方向与电子注入方向相反。

2）电子在基区中边扩散边复合

注入基区的电子,成为基区中的非平衡电子,它在 e 结处浓度最大,而在 c 结处浓度最小(因为 c 结反偏,电子浓度近似为零)。因此,在基区中形成了非平衡电子的浓度差。在该浓度差作用下,注入基区的电子将继续向 c 结扩散。在扩散过程中,非平衡电子会与基区中的空穴相遇,两者复合

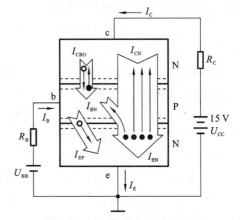

**图 6.3.2　晶体管内载流子的运动和各极电流**

从而同时消失。但由于基区很薄且空穴浓度又低,所以被复合的电子数极少,而绝大部分电子都能扩散到c结边沿。基区中与电子复合的空穴由基极电源提供,形成基区复合电流 $I_{BN}$,它是基极电流 $I_B$ 的主要部分。

3) 扩散到集电结的电子被集电区收集

由于集电结反偏,在集电结内形成了较强的电场,因而,使扩散到c结边沿的电子在该电场作用下漂移到集电区,形成集电区的收集电流 $I_{CN}$。该电流是构成集电极电流 $I_C$ 的主要部分。另外,集电区和基区的少子在c结反向电压作用下,向对方漂移形成c结反向饱和电流 $I_{CBO}$,并流过集电极和基极支路,构成 $I_C$、$I_B$ 的另一部分电流。

由以上分析可知,晶体管三个电极上的电流与内部载流子传输形成的电流之间有如下关系:

$$I_E \approx I_{EN} = I_{BN} + I_{CN} \tag{6.3.1}$$

$$I_B = I_{CN} - I_{CBO} \tag{6.3.2}$$

$$I_C = I_{CN} + I_{CBO} \tag{6.3.3}$$

式(6.3.1)至式(6.3.3)表明,在e结正偏、c结反偏的条件下,晶体管三个电极上的电流不是孤立的,它们能够反映非平衡电子在基区扩散与复合的比例关系。这一比例关系主要由基区宽度、掺杂浓度等因素决定,晶体管做好后就基本确定了。反之,一旦知道了这个比例关系,就不难得到晶体管三个电极电流之间的关系,从而为定量分析晶体管电路提供方便。

为了反映扩散到集电区的电流 $I_{CN}$ 与基区复合电流 $I_{BN}$ 之间的比例关系,共发射极直流电流放大系数为

$$\bar{\beta} = \frac{I_{CN}}{I_{BN}} = \frac{I_C - I_{CBO}}{I_B + I_{CBO}} \tag{6.3.4}$$

其含义是,基区每复合一个电子,则有 $\bar{\beta}$ 个电子扩散到集电区。$\bar{\beta}$ 值一般为 20~200。

确定了 $\bar{\beta}$ 值之后,因 $I_{CBO}$ 很小,在忽略其影响后,有

$$I_C \approx \bar{\beta} I_B \tag{6.3.5}$$

$$I_E \approx (1 + \bar{\beta}) I_B I_C \tag{6.3.6}$$

**2. 晶体三极管的放大特性曲线**

晶体管伏安特性曲线是描述晶体管各极电流与极间电压关系的曲线,这对了解晶体管的导电特性非常有用。

晶体管有三个电极,通常用其中两个分别作为输入、输出端,第三个作为公共端,这样可以构成输入和输出两个回路。实际中,图 6.3.3 所示的三种基本接法,分别称为共发射极接法、共集电极接法和共基极接法。其中,共发射极接法更具代表性,所以我们主要讨论共发射极伏安特性曲线。晶体管特性曲线包括输入和输出两组特性曲线。这两组特性曲线可以在晶体管特性图示仪的屏幕上直接显示出来,也可以用图 6.3.4 所示的电路逐点测量出来。

1) 共发射极输入特性曲线

共发射极输入特性曲线是以 $u_{CE}$ 为参变量时,$i_B$ 与 $u_{BE}$ 间的关系曲线,如图 6.3.5 所示。

(1) 在 $u_{CE} \geq 1$ V 的条件下,当 $u_{BE} < U_{BE(on)}$ 时,$i_B \approx 0$。$U_{BE(on)}$ 为晶体管的导通电压或死区电压,硅管的为 0.5~0.6 V,锗管的约为 0.1 V。当 $u_{BE} > U_{BE(on)}$ 时,随着 $u_{BE}$ 的增大,$i_B$ 开始按指数规律增加,而后近似按直线上升。

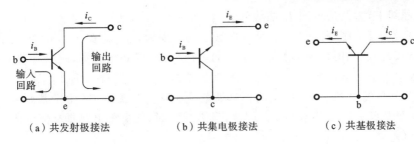

(a) 共发射极接法　　　(b) 共集电极接法　　　(c) 共基极接法

图 6.3.3　晶体管的三种基本接法

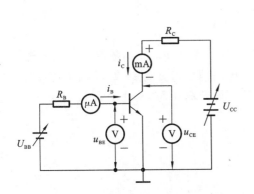

图 6.3.4　共发射极特性曲线测量电路

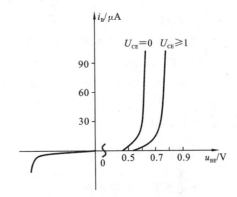

图 6.3.5　共发射极输入特性曲线

(2) 当 $u_{CE}=0$ 时,晶体管相当于两个并联的二极管,所以 b、e 间加正向电压时,$i_B$ 很大,对应的曲线明显左移。

(3) 当 $u_{CE}$ 为 $0 \sim 1$ V 时,随着 $u_{CE}$ 的增加,曲线右移。特别在 $0 < u_{CE} \leqslant U_{CE(sat)}$ 的范围内,即工作在饱和区时,移动量会更大一些。

(4) 当 $u_{BE} < 0$ 时,晶体管截止,$i_B$ 为反向电流。若反向电压超过某一值时,e 结也会发生反向击穿。

2) 共发射极输出特性曲线

共发射极输出特性曲线是以 $i_B$ 为参变量时,$i_C$ 与 $u_{CE}$ 间的关系曲线如图 6.3.6 所示。由图 6.3.3 可见,输出特性可以划分为三个区域,对应于三种工作状态。现分别讨论如下。

(1) 放大区。

e 结为正偏、c 结为反偏的工作区域为放大区。由图 6.3.6 可以看出,在放大区有以下两个特点。

① 基极电流 $i_B$ 对集电极电流 $i_C$ 有很强的控制作用,即 $i_B$ 有很小的变化量 $\Delta I_B$ 时,$i_C$ 就会有很大的变化量 $\Delta I_C$。为此,用共发射极交流电流放大系数 $\beta$ 来表示这种控制能力。$\beta$ 定义为

$$\beta = \frac{\Delta I_C}{\Delta I_B}\bigg|_{u_E=常数} \quad (6.3.7)$$

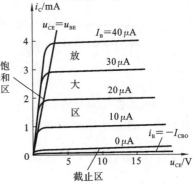

图 6.3.6　共发射极输出特性曲线

反映在特性曲线上,为两条不同 $I_B$ 曲线的间隔。

② $u_{CE}$ 变化对 $I_C$ 的影响很小。在特性曲线上的表现为,$i_B$ 一定而 $u_{CE}$ 增大时,曲线略有上翘($i_C$ 略有增大)。这是因为 $u_{CE}$ 增大,c 结反向电压增大,使 c 结展宽,所以有效基区宽度变窄,这样基区中电子与空穴复合的机会减少,即 $i_B$ 要减小。要保持 $i_B$ 不变,只有 $i_C$ 略有增大。这种现象称为基区宽度调制效应,或简称基调效应。从另一方面看,由于基调效应很微弱,$u_{CE}$ 在很大范围内变化时 $I_C$ 基本不变。因此,当 $I_B$ 一定时,集电极电流具有恒流特性。

(2) 饱和区。

e 结和 c 结均处于正偏的区域为饱和区。通常把 $u_{CE}=u_{BE}$(c 结零偏)的情况称为临界饱和,对应点的轨迹称为临界饱和线。

3) 温度对晶体管特性曲线的影响

温度对晶体管的 $u_{BE}$、$I_{CBO}$ 和 $β$ 有不容忽视的影响。其中,$u_{BE}$、$I_{CBO}$ 随温度变化的规律与 PN 结的相同,即温度每升高 1 ℃,$u_{BE}$ 减小 2~2.5 mV;温度每升高 10 ℃,$I_{CBO}$ 增大一倍。温度对 $β$ 的影响表现为,$β$ 随温度的升高而增大,温度每升高 1 ℃,$β$ 就增大 0.5%~1%,即 $\Delta β/βT≈(0.5~1)\%/℃$。

### 三、晶体管主要参数

**1. 集电极最大允许电流 $I_C$**

$I_{CM}$ 一般是指 $β$ 下降到正常值的 2/3 时所对应的集电极电流。当 $i_C > I_{CM}$ 时,虽然三极管不至于损坏,但 $β$ 已经明显减小。因此,晶体管线性运用时,$i_C$ 不应超过 $I_{CM}$。

**2. 集电极最大允许耗散功率 $P_{CM}$**

晶体管工作在放大状态时,c 结承受着较高的反向电压,同时流过较大的电流。因此,在 c 结上要消耗一定的功率,从而导致 c 结发热,结温升高。当结温过高时,晶体管的性能下降,甚至会烧坏晶体管,因此需要规定一个功耗限额。

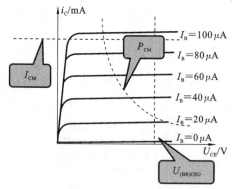

图 6.3.7 晶体管的安全工作区

$P_{CM}$ 与管芯的材料、大小、散热条件及环境温度等因素有关。一个晶体管的 $P_{CM}$ 如果已确定,则由 $P_{CM}=I_C \cdot U_{CE}$ 可知,$P_{CM}$ 在输出特性上为一条 $I_C$ 与 $U_{CE}$ 乘积为定值 $P_{CM}$ 的双曲线,称为 $P_{CM}$ 功耗线,如图 6.3.7 所示。

**3. 击穿电压**

$U_{(BR)CBO}$ 是指发射极开路时,集电极、基极间的反向击穿电压;$U_{(BR)CEO}$ 是指基极开路时,集电极-发射极间的反向击穿电压;有 $U_{(BR)CEO} < U_{(BR)CBO}$。$U_{(BR)EBO}$ 是指集电极开路时,发射极-基极间的反向击穿电压。普通晶体管该电压值比较小,只有几伏。

### 四、三极管的工作状态

**1. 放大状态**

处于放大状态的三极管 $I_C=βI_B$,各极之间电流关系为

$$I_E = I_B + I_C = I_B + \beta I_B = (1+\beta)I_B \qquad (6.3.8)$$

三极管处于放大状态的电流和电压示意图如图 6.3.8 所示。

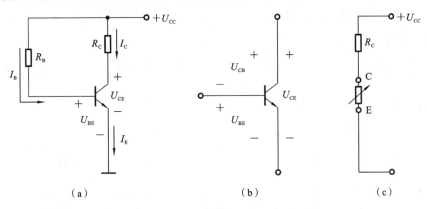

图 6.3.8 放大状态晶体管电流、电压示意图

(1) 图 6.3.8(a)所示电路中将电阻 $R_B$ 接到 $U_{BB}$ 正极的一端改接到 $U_{CC}$ 的正极上。为了进一步简化电路,图 6.2.8(a)中电源 $U_{CC}$ 省去未画,只标出它对地电位值和极性。

(2) 图 6.3.8(b)所示的为发射结的正向偏置电压 $U_{BE}$ 和集电结的反向偏置电压 $U_{CB}$,放大状态各点电位是集电极电位最高,基极电位次之,发射极电位最低。

(3) 图 6.3.8(c)中,三极管处于放大状态时,集电极 C 和发射极 E 之间相当于通路,用一个变化的电阻表示其间电压降。变化情况可认为是受基极电流控制的。

**2. 饱和状态**

处于饱和状态的三极管,基极电流 $I_B$ 失去对集电极电流 $I_C$ 的控制作用,因而三极管饱和时没有放大作用。

三极管处于饱和状态电流和电压示意图如图 6.3.9 所示。

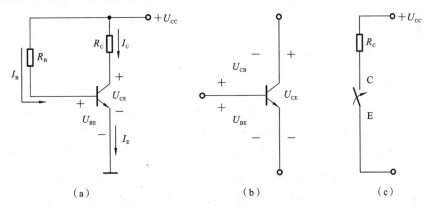

图 6.3.9 饱和状态三极管电流、电压示意图

(1) 图 6.3.9(a)中,当 $U_{CE}$ 减小到接近为零时(硅管的约为 0.3 V,锗管的约为 0.1 V,称为饱和压降),集电极电流 $I_C = \dfrac{U_{CC} - U_{CE}}{R_C} \approx \dfrac{U_{CC}}{R_C}$ 已达到最大值(三极管饱和)。

(2) 图 6.3.9(b)所示的为发射结和集电结的正向偏置 $U_{BE}$ 和 $U_{BC}$,饱和状态各点电位是基极电位最高,集电极电位次之,发射极电位最低。

(3) 图 6.3.9(c)中,三极管处于饱和状态时,该三极管发射极和集电极之间相当于一个开关处于闭合状态,即相当于短路。

**3. 截止状态**

处于截止状态的三极管,各极电流($I_B$、$I_C$和$I_E$)都为零或极小。因而三极管截止时没有放大作用。

三极管处于截止状态电流和电压示意图如图 6.3.10 所示。

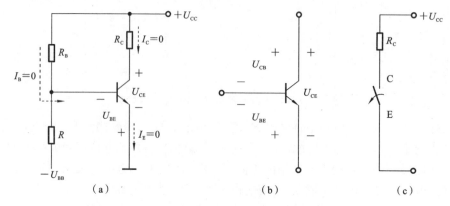

图 6.3.10　三极管截止状态电流、电压示意图

(1) 图 6.3.10(a)中,基极电流 $I_B=0$ 和集电极电流 $I_C=0$,所以集电极电阻 $R_C$ 上就没有电压降。三极管集电极 C 和发射极 E 之间电压满足 $U_{CE}=U_{CC}-I_C R_C=U_{CC}$。

(2) 图 6.3.10(b)所示的为发射结和集电结的反向偏置电压 $U_{BE}$ 和 $U_{CB}$,截止状态各点电位是集电极电位最高,发射极电位次之,基极电位最低。

(3) 图 6.3.10(c)中,三极管处于截止状态时,该三极管发射极和集电极之间相当于一个开关处于断开状态,即相当于开路。

## 五、三极管的判别与测试

**1. 三极管的引脚判别**

在安装三极管之前,首先搞清楚三极管的引脚排列。一般用万用表判定三极管引脚。

(1) 首先判定晶体管是 PNP 型还是 NPN 型。

将万用表置于 R×1k(或 R×100)挡,用黑表笔接三极管的任意引脚,用红表笔分别接其他两引脚。若表针指示的两阻值均很大,那么黑表笔所接的那个引脚是 PNP 型三极管的基极;如果表针指示的两个阻值均很小,那么黑表笔所接的引脚是 NPN 型三极管的基极;如果表针指示的阻值一个很大,一个很小,那么黑表笔所接的引脚不是基极。需要新换一个引脚重试,直到满足要求为止。

(2) 进一步判定三极管集电极和发射极。

首先,假定一个引脚是集电极,另一个引脚是发射极;对于 NPN 型三极管,假定黑表笔接的是集电极的引脚,红表笔接的是发射极的引脚(对于 PNP 型三极管,万用表的红、黑表笔对调);然后,用大拇指将基极和假定集电极连接(注意两引脚不能短接),这时记录万用表的测量值;最后,反过来,把原先假定的引脚对调,重新记录万用表的测量值,两次测量值较小的黑表笔所接的引脚是集电极(对于PNP型三极管,红表笔接的是集电极)。

**2. 三极管性能测试**

在三极管安装前首先要对其性能进行测试。条件允许可以使用三极管图示仪,也可以使用普通万用表对三极管进行粗略测量。

1) 估测穿透电流 $I_{CEO}$

将万用表置于 R×1k 挡,对于 PNP 型三极管,红表笔接集电极,黑表笔接发射极(NPN型三极管则相反),此时测得阻值在几十到几百千欧以上。若阻值很小,说明穿透电流大,则表示三极管接近击穿,稳定性差;若阻值为零,则表示三极管已经击穿;若阻值无穷大,则表示三极管内部断路;若阻值不稳定或阻值逐渐下降,则表示三极管噪声大、不稳定,不宜采用。

2) 估测放大系数 $\beta$

将万用表置于 R×1k(或 R×100)挡。若测量 PNP 型三极管,则可以用潮湿的手指捏住集电极和基极以代替电阻。若测量 NPN 型三极管,则红、黑表笔对调。对比手指断开和捏住时的阻值,两个读数相差越大,表示该三极管的 $\beta$ 值越高;如果相差很小或表针不动,则表示该三极管已失去放大作用。如果使用数字万用表,可直接将三极管插入测量管座中,三极管的 $\beta$ 值可直接显示出来。

**3. 三极管的检测方法与经验**

1) 测量极间电阻

将万用表置于 R×100 或 R×1k 挡,按照红、黑表笔的六种不同接法进行测试。其中,发射结和集电结的正向电阻比较低,其他四种接法测得的电阻都很高,为几百千欧至无穷大。但不管是低阻还是高阻,硅管的极间电阻要比锗管的极间电阻大得多。

2) 三极管的穿透电流

$I_{CEO}$ 的数值近似等于三极管的放大系数 $\beta$ 和集电结的反向电流 $I_{CBO}$ 的乘积。$I_{CBO}$ 随着环境温度的升高而增长很快,$I_{CBO}$ 的增加必然造成 $I_{CEO}$ 的增大,而 $I_{CEO}$ 的增大将直接影响三极管工作的稳定性,所以在使用中应尽量选用 $I_{CEO}$ 小的三极管。

通过用万用表电阻直接测量三极管 e、c 极之间电阻的方法,可间接估计 $I_{CEO}$ 的大小,具体方法是,万用表电阻的量程一般选用 R×100 或 R×1k 挡,对于 PNP 型三极管,黑表笔接 e 极,红表笔接 c 极;对于 NPN 型三极管,黑表笔接 c 极,红表笔接 e 极。要求测得的电阻越大越好。e、c 极之间的电阻越大,说明三极管的 $I_{CEO}$ 越小;反之,所测电阻越小,说明被测三极管的 $I_{CEO}$ 越大。一般说来,中、小功率硅管、锗材料低频管,其电阻应分别在几百千欧、几十千欧及十几千欧以上,如果电阻很小或测试时万用表的指针来回晃动,则表明 $I_{CEO}$ 很大,三极管的性能不稳定。

3) 测量放大系数 $\beta$

目前有些型号的万用表具有测量三极管 hFE 的刻度线及其测试插座,可以很方便地测量三极管的放大系数。先将万用表量程开关拨到 ADJ 位置,把红、黑表笔短接,调整调零旋钮,使万用表指针指示为零,然后将量程开关拨到 hFE 位置,并使两短接的表笔分开,把被测三极管插入测试插座,即可从 hFE 刻度线上读出三极管的放大倍数。

另外,有些型号的中、小功率三极管,生产厂家直接在其外壳顶部标示出不同色点来表明三极管的放大系数 $\beta$,但要注意,各厂家所用色标并不一定完全相同。

4) 判别高频管与低频管

高频管的截止频率大于 3 MHz,而低频管的截止频率则小于 3 MHz,一般情况下,两者是不能互换的。

5) 在路电压检测判断法

在实际应用中,中、小功率三极管多直接焊接在印刷电路板上,由于元器件的安装密度大,拆卸比较麻烦,所以在检测时常常通过用万用表直流电压挡,来测量被测三极管各引脚的电压值,以推断其工作是否正常,进而判断其好坏。

6) 大功率晶体三极管的检测

利用万用表检测中、小功率三极管的极性、管型及性能的各种方法,对检测大功率三极管来说基本适用。但是,由于大功率三极管的工作电流比较大,因而其 PN 结的面积也较大。PN 结较大,其反向饱和电流也必然较大。所以,像测量中、小功率三极管极间电阻那样,使用万用表的 R×1k 挡测量,必然测得的电阻很小,如同极间短路一样,所以通常使用 R×10 或 R×1 挡检测大功率三极管。

7) 普通达林顿功率管的检测

用万用表对普通达林顿功率管的检测包括识别电极、区分 PNP 型和 NPN 型、估测放大系数等内容。因为达林顿功率管的 e、b 极之间包含多个发射结,所以应该使用万用表的该挡位进行测量。

### ※任务驱动

**任务 6.3.1** 用直流电压表测得放大电路中晶体管 $VT_1$ 各电极的对地电位分别为 $V_x=+10 \text{ V}, V_y=0 \text{ V}, V_z=+0.7 \text{ V}$,如图 6.3.11(a)所示。晶体管 $VT_2$ 各电极电位 $V_x=+0 \text{ V}, V_y=-0.3 \text{ V}, V_z=-5 \text{ V}$,如图 6.3.11(b)所示。试判断 $VT_1$ 和 $VT_2$ 各是何类型、何材质的晶体管,x、y、z 各是何电极?

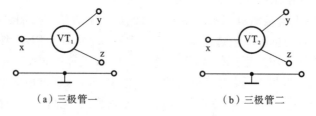

(a) 三极管一　　　　　　(b) 三极管二

图 6.3.11　任务 6.3.1 示意图

**解**:工作在放大区的 NPN 型晶体管应满足 $V_C>V_B>V_E$,PNP 型晶体管应满足 $V_C<V_B<V_E$,因此,先找出三电极的最高或最低电位,确定为集电极,而电位差为导通电压的就是发射极和基极。根据发射极和基极的电位差判断三极管的材质。

(1) 在图 6.3.11(a)中,z 与 y 的电压为 0.7 V,可确定该晶体管为硅管,又因 $V_x>V_z>V_y$,所以 x 为集电极,y 为发射极,z 为基极,满足 $V_C>V_B>V_E$ 的关系,该晶体管的类型为

NPN 型。

(2) 在图 6.3.11(b) 中,x 与 y 的电压为 0.3 V,可确定该晶体管为锗管,又因 $V_z < V_y < V_x$,所以 z 为集电极,x 为发射极,y 为基极,满足 $V_C < V_B < V_E$ 的关系,该晶体管的类型为 PNP 型。

**任务 6.3.2** 图 6.3.12 所示的电路中,晶体管均为硅管,$\beta = 30$,试分析各晶体管的工作状态。

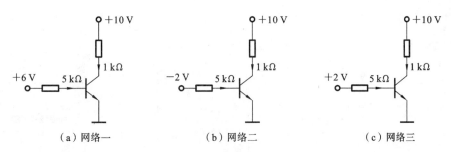

图 6.3.12 任务 6.3.2 示意图

**解**:(1) 因为基极偏置电源 +6 V 大于晶体管的导通电压,故晶体管的发射结正偏,晶体管导通,基极电流为

$$I_B = \frac{6-0.7}{5} \text{ mA} = \frac{5.3}{5} \text{ mA} = 1.06 \text{ mA}$$

$$I_C = \beta I_B = 30 \times 1.06 \text{ mA} = 31.8 \text{ mA}$$

临界饱和电流为

$$I_{CS} = \frac{10-V_{CES}}{1} = (10-0.7) \text{ mA} = 9.3 \text{ mA}$$

因为 $I_C > I_{CS}$,所以晶体管工作在饱和区。

(2) 因为基极偏置电源 −2 V 小于晶体管的导通电压,晶体管的发射结反偏,晶体管截止,所以晶体管工作在截止区。

(3) 因为基极偏置电源 +2 V 大于晶体管的导通电压,故晶体管的发射结正偏,晶体管导通基极电流为

$$I_B = \frac{2-0.7}{5} \text{ mA} = \frac{0.3}{5} \text{ mA} = 0.26 \text{ mA}$$

$$I_C = \beta I_B = 30 \times 0.26 \text{ mA} = 7.8 \text{ mA}$$

临界饱和电流为

$$I_{CS} = \frac{10-V_{CES}}{1} = (10-0.7) \text{ mA} = 9.3 \text{ mA}$$

因为 $I_C < I_{CS}$,所以晶体管工作在放大区。

**任务 6.3.3** 电路如图 6.3.13 所示,$V_{CC} = 15$ V,$\beta = 100$,$U_{BE} = 0.7$ V。试问:(1) $R_b = 50$ kΩ 时,$U_o = ?$ (2) 若 VT 临界饱和,则 $R_b = ?$

**解**:(1) 因 $I_B = \frac{V_{BB} - U_{BE}}{R_b} = 26 \text{ μA}$,$I_C = \beta I_B = 2.6$ mA,所以

$$U_o = V_{CC} - I_C R_c = 2 \text{ V}$$

(2) 因 $I_{CS} = \dfrac{V_{CC} - U_{BE}}{R_c} = 2.86 \text{ mA}, I_{BS} = I_{CS}/\beta = 28.6 \text{ μA}$，所以

$$R_b = \dfrac{V_{BB} - U_{BE}}{I_{BS}} = 45.5 \text{ k}\Omega$$

具体电路仿真图如图 6.3.14 所示。

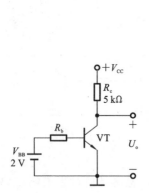
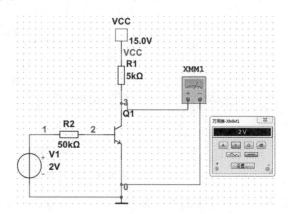

图 6.3.13　任务 6.3.3 电路图　　　　图 6.3.14　任务 6.3.3 电路仿真图

## ※ 技能驱动

**技能 6.3.1**　现测得放大电路中两个晶体管的两个电极的电流如图 6.3.15 所示。分别求另一电极的电流，标出其方向，并在圆圈中画出晶体管，分别求出它们的电流放大系数 $\beta$。

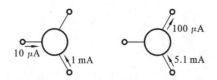

图 6.3.15　技能 6.3.1 电路图

**技能 6.3.2**　测得放大电路中 6 个晶体管的直流电位如图 6.3.16 所示。在圆圈中画出晶体管，并说明它们是硅管还是锗管。

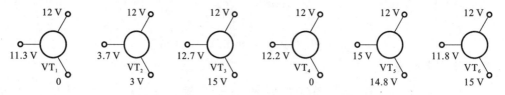

图 6.3.16　技能 6.3.2 电路图

**技能 6.3.3**　电路如图 6.3.17 所示，晶体管导通时，$U_{BE} = 0.7 \text{ V}, \beta = 50$。试分析 $V_{BB}$ 为 0 V、1 V、3 V 三种情况下 VT 的工作状态及输出电压 $u_o$ 的值。

**技能 6.3.4**　判断图 6.3.18 所示各电路中晶体管是否有可能工作在放大状态。

**技能 6.3.5**　简述三极管的引脚判别方法。

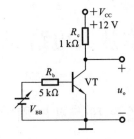

图 6.3.17 技能 6.3.3 电路图

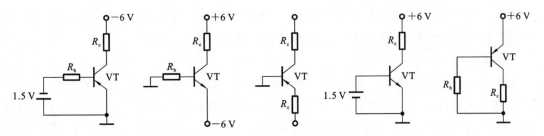

图 6.3.18 技能 6.3.4 电路图

# 项目7  基本放大电路的分析与调试

## 任务7.1  放大电路直流通路的仿真与测量

### ※能力目标

掌握三极管放大电路的概念、原理和组成,熟悉静态分析方法,掌握偏置电路的构成,熟练掌握放大电路性能指标的估算,熟悉放大电路三种组态构成方式。

### ※核心知识

放大电路的功能是利用三极管的电流或场效应管电压控制作用,把微弱的电信号(简称信号,指变化的电压、电流、功率)不失真地放大到所需的数值,实现将直流电源的能量部分地转化为按输入信号规律变化且有较大能量的输出信号。放大电路的实质,是一种用较小的能量去控制较大能量转换的能量转换装置。

### 一、放大电路的基础知识

**1. 放大的概念**

基本放大电路一般是指由一个三极管或场效应管组成的放大电路。放大的作用体现在如下几个方面。

(1) 放大电路主要利用三极管或场效应管的控制作用放大微弱信号,输出信号在电压或电流的幅度上得到了放大,输出信号的能量得到了加强。

(2) 输出信号的能量实际上是由直流电源提供的,只是经过三极管的控制,使之转换成信号能量,提供给负载。

放大电路放大的本质是能量的控制与转换。电子电路放大的基本特征是功率放大。放大的前提是不失真,即只有在不失真的情况下放大才有意义。

**2. 三极管的三种连接方式**

三极管有三个电极,它在组成放大电路时有三种连接方式,即放大电路的三种组态:共发射极、共集电极和共基极组态放大电路。图7.1.1所示的为三极管在放大电路中的三种连接方式。

(1) 图7.1.1(a)中,从基极输入信号,从集电极输出信号,发射极作为输入信号和输出信号的公共端,此即共发射极(简称共射极)放大电路。

(2) 图7.1.1(b)中,从基极输入信号,从发射极输出信号,集电极作为输入信号和输出信号的公共端,此即共集电极放大电路。

(3) 图7.1.1(c)中,从发射极输入信号,从集电极输出信号,基极作为输入信号和输出信号的公共端,此即共基极放大电路。

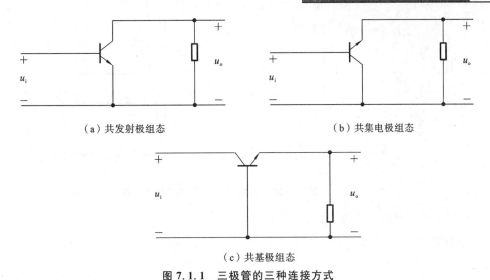

（a）共发射极组态  （b）共集电极组态

（c）共基极组态

图 7.1.1　三极管的三种连接方式

## 二、共发射极放大电路

**1. 电路组成**

在三种组态放大电路中,共发射极电路(见图 7.1.2)用得比较普遍。

**2. 各元器件的作用**

(1) VT:三极管,实现电流放大。

(2) 集电极直流电源 $U_{CC}$:确保三极管工作在放大状态。

(3) 集电极负载电阻 $R_C$:将三极管集电极电流的变化转变为电压变化,以实现电压放大。

(4) 基极偏置电阻 $R_B$:为放大电路提供静态工作点。

(5) 耦合电容 $C_1$ 和 $C_2$:隔直流,通交流。

对于 NPN 型三极管,基极电流 $i_B$、集电极电流 $i_C$ 流入电极,为正,发射极电流 $i_E$ 流出电极,为正,这和 NPN 型三极管的实际电流方向相一致。

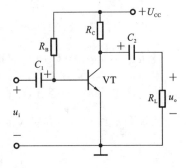

图 7.1.2　共发射极基本放大电路

**3. 工作原理**

(1) $u_i$ 直接加在三极管 VT 的基极和发射极之间,引起基极电流 $i_B$ 做相应的变化。

(2) 通过 VT 的电流放大作用,VT 的集电极电流 $i_C$ 也将发生变化。

(3) $i_C$ 的变化引起 VT 的集电极和发射极之间的电压 $u_{CE}$ 变化。

(4) $u_{CE}$ 中的交流分量 $u_{ce}$ 经过 $C_2$ 畅通地传送给负载 $R_L$,成为输出交流电压 $u_o$,实现了电压放大作用。

## 三、静态分析

静态分析就是要找出一个合适的静态工作点,通常由放大电路的直流通路来确定,如图 7.1.3 所示。

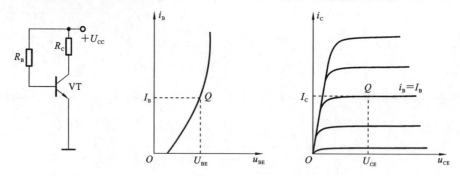

图 7.1.3 共发射极放大电路的直流通路和静态工作点

静态分析通常有以下两种方法。

**1. 估算法**

$$I_B = \frac{U_{CC} - U_{BE}}{R_B} \tag{7.1.1}$$

$$I_B \approx \frac{U_{CC}}{R_B} \tag{7.1.2}$$

$$I_C \approx \beta I_B \tag{7.1.3}$$

$$U_{CE} = U_{CC} - I_C R_C \tag{7.1.4}$$

**2. 图解法**

如图 7.1.4 所示,作直流负载线,由 $u_{CE} = U_{CC} - i_C R_C$ 得,

令 $i_C = 0$,$i_C u_{CE} = U_{CC}$,在横轴上得 $M$ 点 $(U_{CC}, 0)$;令 $u_{CE} = 0$,$\frac{U_{CC}}{R_C} = i_C$,在纵轴上得 $N$ 点 $\left(0, \frac{U_{CC}}{R_C}\right)$。连接 $M$、$N$ 两点,即直流负载线。

直流负载线与 $i_B = I_B$ 对应的输出特性曲线的交点 $Q$,即为静态工作点,如图 7.1.4 所示。

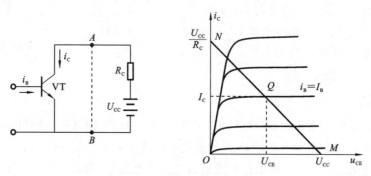

图 7.1.4 静态工作点的图解

### ※任务驱动

**任务 7.1.1** 已知该电路三极管的 $\beta = 37.5$,直流通路和输出特性曲线如图 7.1.5 所示,试用估算法和图解法求图 7.1.5 所示的放大电路的静态工作点。调节电路中 $R_B$ 的阻值是否会对放大电路的静态工作点产生影响?

**解**:(1) 用估算法求静态工作点。

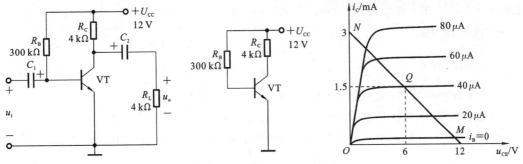

图 7.1.5　任务 7.1.1 电路图

由式(7.1.1)至式(7.1.4)得

$$I_B \approx 0.04 \text{ mA} = 40 \text{ μA}$$
$$I_C \approx \beta I_B = 37.5 \times 0.04 \text{ mA} = 1.5 \text{ mA}$$
$$U_{CE} = U_{CC} - I_C R_C = (13 - 1.5 \times 10^{-3} \times 4 \times 10^3) \text{ V} = 6 \text{ V}$$

(2) 用图解法求静态工作点。

由 $u_{CE} = U_{CC} - i_C R_C = 12 - 4 \times 10^3 i_C$ 得，分别令 $i_C = 0$ 和 $u_{CE} = 0$，得 M 点坐标(12,0)和 N 点坐标(0,3)，MN 与 $i_B = I_B = 40$ μA 的输出特性曲线相交点，即为静态工作点 Q。从曲线上可查出：$I_B = 40$ μA，$I_C = 1.5$ mA，$U_{CE} = 6$ V。与估算法所得结果一致。

(3) 电路参数对静态工作点的影响。

① $R_B$ 增大时，$I_B$ 减小，Q 点降低，三极管趋向于截止。

② $R_B$ 减小时，$I_B$ 增大，Q 点升高，三极管趋向于饱和，此时三极管均会失去放大作用。

电路仿真图如图 7.1.6 所示。

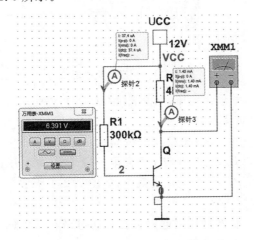

图 7.1.6　任务 7.1.1 电路仿真图

## 任务 7.2　放大电路交流通路的仿真与测量

※ 能力目标

掌握三极管放大电路的概念、原理和组成，熟悉动态分析方法，掌握偏置电路的构成，熟练掌握放大电路性能指标的估算,熟悉放大电路三种组态构成方式。

※核心知识

一、图解法

(1) 负载开路时,对输入和输出电压、电流波形的分析。

根据 $u_i$ 波形,在输入特性曲线上求 $i_B$ 和 $u_{BE}$ 的波形。

根据 $i_B$ 波形,在输出特性曲线和直流负载线上求 $i_C$、$u_{RC}$ 和 $u_{CE}$ 的变化,如图 7.2.1 所示。

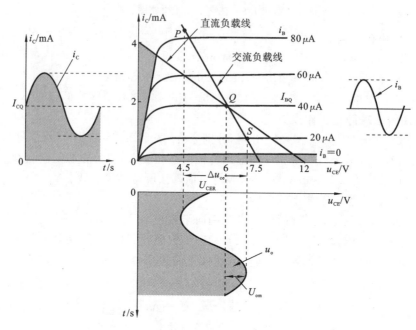

图 7.2.1 动态分析示意图

(2) 带负载时,对输入和输出电压、电流波形分析。

画交流负载线的方法如下。

① 先做出直流负载线 MN,确定 Q 点。

② 在 $u_{CE}$ 坐标轴上,以 $U_{CE}$ 为起点向正方向取一段 $I_C R'_L$ 的电压值,得到 C 点。

③ 过直线 SQ 作直线 PS,即为交流负载线,如图 7.2.1 所示。

(3) 放大电路的非线性失真。

截止失真:三极管进入截止区而引起的失真。通过减小基极偏置电阻 $R_B$ 的阻值来消除截止失真,失真波形如图 7.2.2 所示。

饱和失真:三极管进入饱和区而引起的失真。通过增大基极偏置电阻 $R_B$ 的阻值来消除饱和失真,失真波形如图 7.2.3 所示。

为了减小和避免非线性失真,必须合理地选择静态工作点 Q 的位置,并适当限制输入信号 $u_i$ 的幅度。一般情况下,Q 点应大致选在交流负载线的中点,当输入信号 $u_i$ 的幅度较小时,为了减小三极管的功耗,Q 点可适当选低一些。若出现截止失真,则通常采用提高静态工作点的位置来消除截止失真,即通过减小基极偏置电阻 $R_B$ 的阻值来实现消除截止失真;若出现

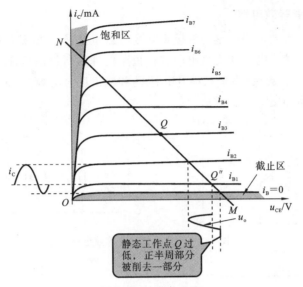

图 7.2.2 截止失真

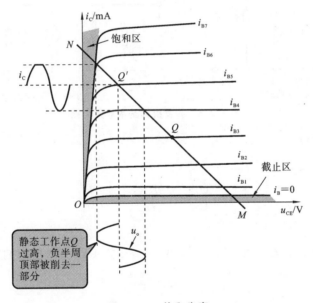

图 7.2.3 饱和失真

饱和失真,则反向操作,即增大 $R_B$。

## 二、微变等效电路法

### 1. 三极管微变等效电路

$$r_{be} = 300 + (1+\beta)\frac{26}{I_E} \tag{7.2.1}$$

式中:$I_E$ 的单位为 mA,$r_{be}$ 的单位为 Ω。

## 2. 放大电路微变等效电路

放大电路的微变等效电路就是用三极管微变等效电路替代交流通路中的三极管。交流通路是指放大电路中耦合电容和直流电源进行短路处理后所得的电路。因此画交流通路的原则是：将直流电源 $U_{CC}$ 短接，将输入耦合电容 $C_1$ 和输出耦合电容 $C_2$ 短接。图 7.2.4 的交流通路和微变等效电路如图 7.2.5 所示。

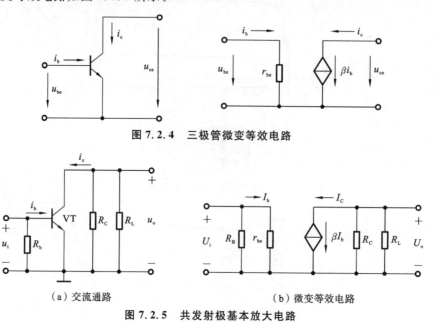

图 7.2.4　三极管微变等效电路

（a）交流通路　　　（b）微变等效电路

图 7.2.5　共发射极基本放大电路

## 3. 动态性能分析

1）电压放大倍数 $A_u$

$$A_u = \frac{U_o}{U_i} = \frac{-\beta I_b R'_L}{I_b r_{be}} = -\beta \frac{R'_L}{r_{be}} \tag{7.2.2}$$

2）输入电阻 $R_i$

如图 7.2.6 所示，输入电阻是指从放大电路输入端 $AA'$，等效电阻的定义为

$$R_i = \frac{U_i}{I_i} \tag{7.2.3}$$

由图 7.2.6 可知

$$R_i = \frac{U_i}{I_i} = r_{be} // R_B \tag{7.2.4}$$

如图 7.2.6 所示，若考虑信号源内阻，则放大电路输入电压 $U_i$ 是信号源 $U_S$ 在输入电阻 $R_i$ 上的分压，即

$$U_i = U_S \frac{R_i}{R_i + R_S} \tag{7.2.5}$$

3）输出电阻 $R_o$

输出电阻是指从放大器信号源短路、负载开路，从输出端看过去的等效电阻，其定义为

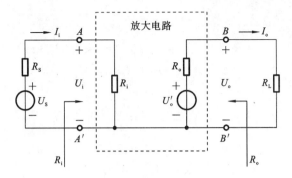

图 7.2.6 放大电路的输入电阻和输出电阻

$$R_o = \frac{U_o}{I_o} \tag{7.2.6}$$

由图 7.2.6 可知

$$R_o = \frac{U_o}{I_o} = R_C \tag{7.2.7}$$

工程中,可用实验方法求取输出电阻。在放大电路输入端加一正弦电压信号,测出负载开路时的输出电压 $U'_o$;再测出接入负载 $R_L$ 时的输出电压 $U_o$,则有

$$U_o = \frac{U'_o}{R_o + R_L} R_L \tag{7.2.8}$$

$$R_o = \left(\frac{U'_o}{U_o} - 1\right) R_L \tag{7.2.9}$$

式中:$U'_o$、$U_o$ 是用晶体管毫伏表测出的交流有效值。

※**任务驱动**

**任务 7.2.1**  电路的交流通路和微变等效电路如图 7.2.7 所示,试用微变等效电路法求以下参数。

(1) 动态性能指标 $\dot{A}_u$、$R_i$、$R_o$。

(2) 断开负载 $R_L$ 后,再计算 $\dot{A}_u$、$R_i$、$R_o$。

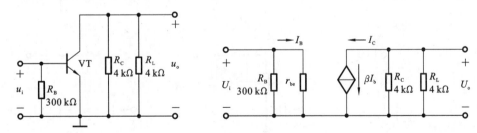

图 7.2.7  任务 7.2.1 电路图

**解**:(1) 由 7.1 小节的任务可知

$$I_E \approx 1.5 \text{ mA}$$

故

$$r_{be} = 300 + (1+\beta)\frac{26}{I_E} = \left(300 + (1+37.5) \times \frac{26}{1.5}\right) \Omega = 967 \text{ } \Omega$$

$$\dot{A}_u = -\beta \frac{R'_L}{r_{be}} = -\frac{37.5 \times (4 /\!/ 4)}{0.967} = -78$$

$$R_i = R_B /\!/ r_{be} = 300 /\!/ 0.967 \text{ k}\Omega \approx 0.964 \text{ k}\Omega$$

$$R_o = R_C = 4 \text{ k}\Omega$$

（2）断开 $R_L$ 后，有

$$\dot{A}_u = -\beta \frac{R_C}{r_{be}} = -\frac{37.5 \times 4}{0.967} \approx -156$$

$$R_i = R_B /\!/ r_{be} = 300 /\!/ 0.967 \text{ k}\Omega \approx 0.964 \text{ k}\Omega$$

$$R_o = R_C = 4 \text{ k}\Omega$$

## ※技能驱动

**技能 7.2.1** 对于基本共射放大电路，试判断某一参数变化时放大电路动态性能的变化情况（A. 增大，B. 减小，C. 不变），选择正确的答案填入空格。

(1) $R_b$ 减小时，输入电阻 $R_i$ _____；

(2) $R_b$ 增大时，输出电阻 $R_o$ _____；

(3) 信号源内阻 $R_S$ 增大时，输入电阻 $R_i$ _____；

(4) 负载电阻 $R_L$ 增大时，电压放大倍数 $U_{AS} = \left|\dfrac{U_o}{U_S}\right|$ _____；

(5) 负载电阻 $R_L$ 减小时，输出电阻 $R_o$ _____。

**技能 7.2.2** 试分析图 7.2.8 所示各电路是否能够放大正弦交流信号，简述理由。设图 7.2.8 中所有电容对交流信号均可视为短路。

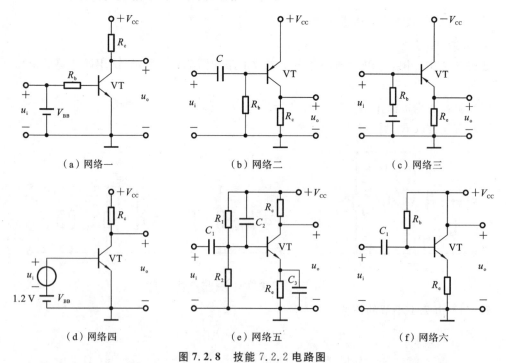

图 7.2.8　技能 7.2.2 电路图

**技能 7.2.3** 电路如图 7.2.9(a)所示，图 7.2.9(b)所示的为晶体管的输出特性，静态时

$U_{BEQ}=0.7$ V。利用图解法分别求出 $R_L=\infty$ 和 $R_L=3$ kΩ 时的静态工作点和最大不失真输出电压 $U_{om}$(有效值)。

**技能 7.2.4** 如图 7.2.10 所示,已知 $\beta=80$,$r_{BB'}=100$ Ω。计算 $R_L=\infty$ 和 $R_L=3$ kΩ 时的 $Q$ 点、$\dot{A}_u$、$R_i$ 和 $R_o$。

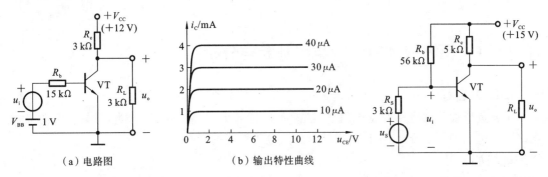

(a) 电路图　　　　　　　(b) 输出特性曲线

图 7.2.9　技能 7.2.3 电路图　　　　图 7.2.10　技能 7.2.4 电路图

**技能 7.2.5** 在图 7.2.11 所示电路中,由于电路参数不同,在信号源电压为正弦波时,测得输出波形如图 7.2.11 所示,试说明电路分别产生了什么失真?如何消除?

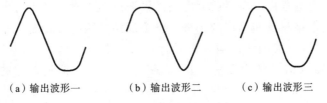

(a) 输出波形一　　　(b) 输出波形二　　　(c) 输出波形三

图 7.2.11　技能 7.2.5 电路图

**技能 7.2.6** 如图 7.2.12 所示,晶体管的 $\beta=60$,$r_{BB'}=100$ Ω。
(1) 求解 $Q$ 点、$\dot{A}_u$、$R_i$ 和 $R_o$;
(2) 设 $U_S=10$ mV(有效值),$U_i$、$U_o$ 分别是多少?若 $C_3$ 开路,则 $U_i$、$U_o$ 分别是多少?

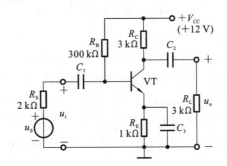

图 7.2.12　技能 7.2.6 电路图

# 项目8 负反馈放大电路及运算放大电路的分析与调试

## 任务 8.1 反馈放大电路的类型判断与分析

※**能力目标**

了解负反馈放大电路的基本概念,熟悉负反馈放大电路的定义、分类,掌握负反馈放大电路四种组态的判别方法,掌握负反馈对放大电路性能的影响。

※**核心知识**

### 一、反馈的基本概念

**1. 反馈放大电路的原理框图**

含有反馈的放大电路称为反馈放大电路。根据反馈放大器各部分电路的主要功能,可将其分为基本放大电路和反馈网络两部分。整个反馈放大电路的输入信号称为输入量,其输出信号称为输出量;反馈网络的输入信号就是放大电路的输出量,其输出信号称为反馈量;基本放大器的输入信号称为净输入量,它是输入量和反馈量叠加的结果,如图 8.1.1 所示。

图 8.1.1 反馈放大器的原理框图

图 8.1.1 中基本放大电路放大的输入信号产生输出信号,而输出信号又经反馈网络反向传输到输入端,形成闭合环路,这种情况称为闭环,所以反馈放大电路又称为闭环放大电路。如果一个放大电路不存在反馈,即只存在放大器放大输入信号的传输途径,则不会形成闭合环路,这种情况称为开环。没有反馈的放大电路又称为开环放大电路,基本放大电路就是一个开环放大电路。因此,一个放大器是否存在反馈,主要是分析输出信号能否被送回输入端,即输入回路和输出回路之间是否存在反馈通路。若有反馈通路,则存在反馈,否则没有反馈。

**2. 单级负反馈放大电路**

图 8.1.2 所示的为共射分压式偏置电路,该电路利用反馈原理使得工作点稳定,其反馈过程如图 8.1.3 所示。

从图 8.1.3 所示的反馈过程可以看出,由于温度的升高,导致静态电流 $I_C$ 增大。而 $I_C$ (输出电流)通过 $R_E$(反馈电阻)的作用得到 $U_E$(反馈电压),它与原 $U_B$(输入电压)共同控制

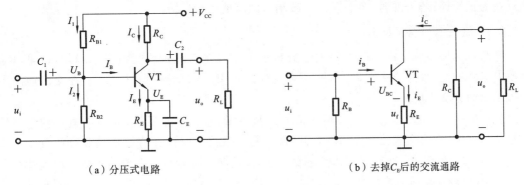

（a）分压式电路　　　　　　　　　（b）去掉$C_E$后的交流通路

图 8.1.2　共射分压式偏置电路

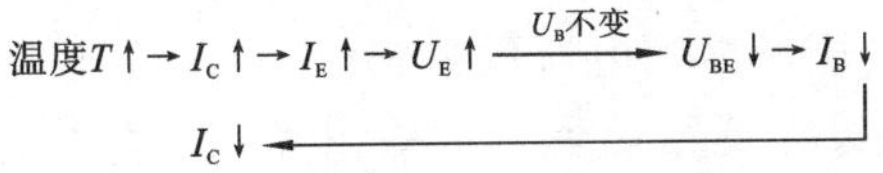

$$温度T\uparrow \to I_C\uparrow \to I_E\uparrow \to U_E\uparrow \xrightarrow{U_B不变} U_{BE}\downarrow \to I_B\downarrow$$
$$I_C\downarrow \leftarrow$$

图 8.1.3　共射分压式偏置电路反馈过程图

$U_{BE}(=U_B-U_E)$，使得 $I_C$ 减小，从而达到稳定静态输出电流 $I_C$ 的目的。该电路中 $R_E$ 两端并联大电容 $C_E$，所以 $R_E$ 两端的反馈电压只反映集电极电流直流分量 $I_C$ 的变化，这种电路只对直流量产生反馈作用，称为直流反馈。该电路中，$R_E$ 引入的是直流负反馈，用于稳定放大电路的静态工作点。

若去掉图 8.1.2(a)所示的旁路电容 $C_E$，则交流通路如图 8.1.2(b)所示，其中 $R_B=R_{B1} /\!/ R_{B2}$。此时，$R_E$ 两端的电压反映了集电极电流交流分量的变化，即它对交流信号也产生反馈作用，称为交流反馈。该电路中，$R_E$ 引入的是交流负反馈，根据前述分压式偏置电路的性能指标分析可知，交流负反馈将导致电路放大倍数的下降。

## 二、负反馈的类型及判别

### 1. 正反馈和负反馈

根据反馈影响（反馈性质）的不同，可分为正反馈和负反馈两类。如果反馈信号加强输入信号，即在输入信号不变时输出信号比没有反馈时大，导致放大倍数增大，这种反馈称为正反馈；反之，如果反馈信号削弱输入信号，即在输入信号不变时输出信号比没有反馈时小，导致放大倍数减小，这种反馈称为负反馈。

放大电路中很少采用正反馈，虽然正反馈可以使放大倍数增大，但却使放大器的工作极不稳定，甚至产生自激振荡而使放大器无法正常工作，实际上振荡器正是利用正反馈的作用来产生信号的。放大电路中更多地采用负反馈，虽然负反馈降低了放大倍数，却使放大电路的性能得到改善，因此放大电路应用极其广泛。

判别反馈的性质可采用瞬时极性法。先假定输入信号瞬时对"地"有一正向的变化，即瞬时电位升高（用"↑"表示），相应的瞬时极性用"（＋）"表示；然后按照信号先放大后反馈的传输途径，根据放大器在中频区有关电压的相位关系，依次得到各级放大器的输入信号与输出信号的瞬间电位是升高还是降低，即极性是"（＋）"还是"（－）"，最后推出反馈信号的瞬时极性，从而判断反馈信号是加强还是削弱输入信号。反馈信号若为加强（净输入信号增大），则反馈为正反馈;若为削弱(净输入信号减小),则反馈为负反馈。

**2. 直流反馈和交流反馈**

判断直流反馈或交流反馈可以通过分析反馈信号是直流量或交流量来确定,也可以通过放大电路的交、直流通路来确定,即在直流通路中引入的反馈为直流反馈,在交流通路中引入的反馈为交流反馈。

反馈电路中,如果反馈到输入端的信号是直流量,则为直流反馈;如果反馈到输入端的信号是交流量,则为交流反馈。当然,实际放大器中可以同时存在直流反馈和交流反馈。直流负反馈可以改善放大器静态工作点的稳定性,交流负反馈则可以改善放大器的交流特性。

**3. 电压反馈和电流反馈**

一般情况下,基本放大器与反馈网络在输出端的连接方式有并联和串联两种,对应的输出端的反馈方式分别称为电压反馈和电流反馈。

如图 8.1.4(a)所示,如果在反馈放大器的输出端,基本放大器与反馈网络并联,则反馈信号 $x_f$ 与输出电压 $u_o$ 成正比,即反馈信号取自于输出电压(称为电压取样),这种方式称为电压反馈;如图 8.1.4(b)所示,如果在反馈放大器的输出端,基本放大器与反馈网络串联,则反馈信号 $x_f$ 与输出电流 $i_o$ 成正比,或者说,反馈信号取自于输出电流(称为电流取样),这种方式称为电流反馈。

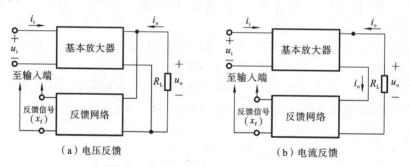

图 8.1.4 输出端的反馈方式

电压反馈或电流反馈的判断可采用短路法或开路法。短路法是假定把放大器的负载短路,使 $u_o=0$,如果反馈信号为 0(反馈不存在),则说明输出端的连接方式为并联方式,反馈为电压反馈;如果反馈信号不为 0(反馈仍然存在),则说明输出端的连接方式为串联方式,反馈为电流反馈。开路法则是假定把放大器的负载开路,使 $i_o=0$,如果反馈信号为 0(反馈不存在),则说明输出端的连接方式为串联方式,即反馈为电流反馈;如果反馈信号不为 0(反馈仍然存在),则说明输出端的连接方式为并联方式,即反馈为电压反馈。

**4. 串联反馈和并联反馈**

一般情况下,基本放大器与反馈网络在输入端的连接方式有串联和并联两种方式,对应的输入端的反馈方式分别称为串联反馈和并联反馈,如图 8.1.5 所示。

对于串联反馈,反馈对输入信号的影响可通过电压求和的形式(相加或相减)反映出来,即反馈电压 $u_f$ 与输入电压 $u_i$ 共同作用于基本放大器的输入端,在负反馈时使净输入电压 $u_i'=u_i-u_f$ 变小(称为电压比较)。

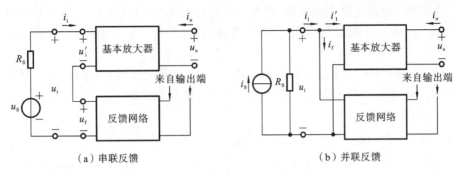

图 8.1.5 输入端的反馈方式

对于并联反馈,反馈对输入信号的影响可通过电流求和的形式(相加或相减)反映出来,即反馈电流 $i_f$ 与输入电流 $i_i$ 共同作用于基本放大器的输入端,在负反馈时使净输入电流 $i'_i = i_i - i_f$ 变小(称为电流比较)。

串联反馈或并联反馈的判断同样可采用短路法或开路法。短路法是假定把放大器的输入端短路,使 $u_i = 0$,如果反馈信号为 0(反馈不存在),则说明输入端的连接方式为并联方式,反馈为并联反馈;如果反馈信号不为 0(反馈仍然存在),则说明输入端的连接方式为串联方式,反馈为串联反馈。开路法是假定把放大器的输入端开路,使 $i_i = 0$,如果反馈信号为 0(反馈不存在),则说明输入端的连接方式为串联方式,即反馈为串联反馈;如果反馈信号不为 0(反馈仍然存在),则说明输入端的连接方式为并联方式,即反馈为并联反馈。

### 三、负反馈对放大电路的影响

**1. 负反馈改善放大电路的基本性能**

负反馈虽然使放大电路的放大倍数下降,但却能改善放大器其他方面的性能,举例如下。
(1) 提高放大倍数的稳定性。
(2) 扩展通频带。
(3) 减小非线性失真。
(4) 改变输入、输出电阻等:串联负反馈使输入电阻增大,并联负反馈使输入电阻减小。而电压负反馈使输出电阻减小,电流负反馈使输出电阻增大。

因此,在使用放大电路中常常引入负反馈。

**2. 引入负反馈的一般原则**

不同组态的负反馈放大器的性能,如对输入和输出电阻的改变及对信号源要求等方面具有不同的特点,因此在放大电路中引入负反馈时,要选择恰当的反馈组态,否则效果可能适得其反。下面几点要求可以作为引入负反馈的一般原则。

(1) 若要稳定静态工作点,则应引入直流负反馈;若要改善动态性能,则应引入交流负反馈。

(2) 若放大器的负载要求电压稳定,即放大器输出(相当于负载的信号源)电压要稳定或输出电阻要小,则应引入电压负反馈;若放大器的负载要求电流稳定,即放大器输出电流要稳定或输出电阻要大,则应引入电流负反馈。

(3) 若希望信号源提供给放大器(相当于信号源的负载)的电流要小,即负载向信号源索取的电流要小或输入电阻要大,则应引入串联负反馈;若希望输入电阻要小,则应引入并联负反馈。

(4) 当信号源内阻较小(相当于电压源)时,应引入串联负反馈;当信号源内阻较大(相当于电流源)时,应引入并联负反馈,这样才能获得较好的反馈效果。

※**任务驱动**

**任务 8.1.1** 判断图 8.1.6 所示的放大电路中反馈的性质。

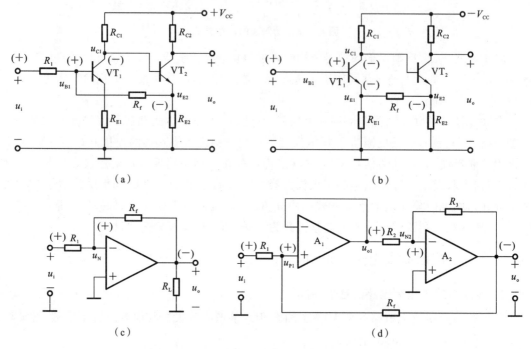

图 8.1.6 任务 8.1.1 电路图

**解**:如图 8.1.6(a)所示电路,设 $u_i$ 的瞬时极性为(+),则 $VT_1$ 基极电位 $u_{B1}$ 的瞬时极性也为(+),经 $VT_1$ 的反相放大,$u_{C1}(u_{B2})$ 的瞬时极性为(−),再经 $VT_2$ 的同相放大,$u_{E2}$ 的瞬时极性为(−),通过 $R_f$ 反馈到输入端,使 $u_{B1}$ 被削弱,因此该反馈是负反馈。

如图 8.1.6(b)所示电路,其电路结构与图 8.1.6(a)相似。设 $u_i$ 的瞬时极性为(+),与图 8.1.6(a)同样的过程,$u_{E2}$ 的瞬时极性为(−),通过 $R_f$ 反馈至 $VT_1$ 的发射极,则 $u_{E1}$ 的瞬时极性为(−)。该放大电路的有效输入电压(或净输入电压)$u_{BE1}=u_{B1}-u_{E1}$,$u_{B1}$ 的瞬时极性为(+),$u_{E1}$ 的瞬时极性为(−),显然,$u_{BE1}$ 增大,即反馈信号使净输入信号加强,因此该反馈是正反馈。

如图 8.1.6(c)所示电路,设 $u_i$ 的瞬时极性为(+),则反相输入端电压 $u_N$ 的瞬时极性也为(+),经放大器反相放大后,$u_o$ 的瞬时极性为(−),通过 $R_f$ 反馈到反相输入端,使 $u_N$ 被削弱,因此该反馈是负反馈。

如图 8.1.6(d)所示电路,该电路的情况要复杂一些。设 $u_i$ 的瞬时极性为(+),则放大器 $A_1$ 的同相输入端电压 $u_{P1}$ 的瞬时极性也为(+),经 $A_1$ 同相放大后,$u_{o1}$ 的瞬时极性为(+),经导线反馈到 $A_1$ 的反相输入端,致使 $A_1$ 的净输入电压($u_{P1}-u_{N1}$)减小,因此该反馈是负反馈。

对于放大器 $A_2$，由于 $u_{o1}$ 的瞬时极性为(+)，则其反相输入端电压 $u_{N2}$ 的瞬时极性也为(+)，经 $A_2$ 反相放大后，$u_o$ 的瞬时极性为(−)，通过 $R_3$ 反馈到 $A_2$ 的反相输入端，显然该反馈是负反馈，同时也通过 $R_f$ 反馈到 $A_1$ 的同相输入端，也为负反馈。

图 8.1.6(d)所示电路中，两级放大器 $A_1$、$A_2$ 自身都存在反馈，通常称每级各自的反馈为本级反馈或局部反馈；而由 $A_1$ 与 $A_2$ 级联构成的放大电路整体，其电路总的输出端到总的输入端还存在反馈，称这种跨级的反馈为级间反馈。

※ 技能驱动

**技能 8.1.1** 判断图 8.1.6 所示的放大电路中反馈的具体类型，并说明在电路中引入该反馈后，会对电路产生哪些影响。

**技能 8.1.2** 为了减小输出电阻，应在放大电路中引入_____；为了稳定静态工作点，应在放大电路中引入_____。

## 任务 8.2 集成运算放大电路的分析与调试

※ 能力目标

掌握集成运算放大器（运算放大器简称运放）的基本概念，掌握基本运算电路的计算方法，掌握集成运放的调零及保护。

※ 核心知识

### 一、集成运算放大电路

**1. 集成运算放大器的发展概况**

集成运算放大器实质上是高增益的直接耦合放大电路，它的应用十分广泛，且远远超出了运算的范围。常见的集成运算放大器的外形有圆形、扁平形、双列直插式等，有 8 引脚及 14 引脚等。

自 1964 年 FSC 公司研制出第一块集成运算放大器 $\mu A702$ 以来，发展速度飞快，目前已经有了四代产品。

第一代产品基本上沿用了分立元器件放大电路的设计思想，由以电流源为偏置电路的三级直接耦合放大电路构成，能满足一般应用的要求。典型产品有 $\mu A709$，以及国产的 FC3、F003 及 5G23 等。

第二代产品以普遍采用有源负载为标志，简化了电路的设计，并使开环增益有了明显提高，各方面的性能指标比较均衡，属于通用型运算放大器。典型产品有 $\mu A741$ 和国产的 BG303、BG305、BG308、BG312、FC4、F007、F324 及 5G24 等。

第三代产品的输入级采用了超 $\beta$ 管，$\beta$ 值高达 1000～5000，而且芯片设计时考虑了热效应的影响，从而减小了失调电压、失调电流及温度漂移，增大了共模抑制比和输入电阻。典型产品有 AD508、MC1556，以及国产的 F1556 及 F030 等。

第四代产品采用了斩波稳零的动态稳零技术，使各项性能指标和参数更加理想化，一般情况下不需要调零就能正常工作，这大大提高了精度。典型产品有 HA2900、SN62088，以及国产的 5G7650 等。

**2. 集成运算放大器内电路**

集成运算放大器的内部实际上是一个高增益的直接耦合放大器,它一般由输入级、中间级、输出级和偏置电路等四部分组成。现以图 8.2.1 所示的简单的集成运算放大器内电路为例进行介绍。

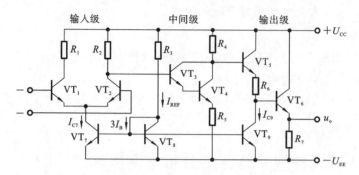

图 8.2.1 简单的集成运算放大器内电路

1) 输入级

输入级由 $VT_1$ 和 $VT_2$ 组成,这是一个双端输入、单端输出的差分放大电路,$VT_3$ 是其发射极恒流源。输入级是提高运算放大器质量的关键部分,要求其输入电阻高。为了能减小零点漂移和抑制共模干扰信号,输入级都采用具有恒流源的差分放大电路,又称为差动输入级。

2) 中间级

中间级由复合管 $VT_3$ 和 $VT_4$ 组成。中间级通常是共发射极放大电路,其主要作用是提供足够大的电压放大倍数,故又称为电压放大级。为提高电压放大倍数,有时采用恒流源代替集电极负载电阻 $R_3$。

3) 输出级

输出级的主要作用是输出足够的电流以满足负载的需要,要求输出电阻小,带负载能力强。输出级一般由射极输出器组成,更多的是采用互补对称推挽放大电路。输出级由 $VT_5$ 和 $VT_6$ 组成,这是一个射极输出器,$R_6$ 的作用是使直流电平移,即通过 $R_6$ 对直流电进行降压,以实现零输入时零输出。$VT_9$ 用于 $VT_5$ 发射极的恒流源负载。

4) 偏置电路

偏置电路的作用是为各级提供合适的工作电流,一般由各种恒流源电路组成。$VT_7 \sim VT_9$ 组成恒流源形式的偏置电路。$VT_8$ 的基极与集电极相连,使 $VT_8$ 工作在临界饱和状态,故仍有放大能力。由于 $VT_7 \sim VT_9$ 的基极电压及参数相同,因而 $VT_7 \sim VT_9$ 的电流相同。一般 $VT_7 \sim VT_9$ 的基极电流之和 $3I_B$ 可忽略不计,于是有 $I_{C7} = I_{C9} = I_{REF}$,$I_{REF} = (U_{CC} + U_{EE} - U_{BEQ})/R_3$,在 $I_{REF}$ 确定后,$I_{C7}$ 和 $I_{C9}$ 就成为恒流源。由于 $I_{C7}$、$I_{C9}$ 与 $I_{REF}$ 呈现镜像关系,故称这种恒流源为镜像电流源。

集成运算放大器采用正、负电源供电。"+"为同相输入端,由此端输入信号,输出信号与输入信号同相。"−"为反相输入端,由此端输入信号,输出信号与输入信号反相。

**3. 集成运算放大器电路符号**

集成运算放大器的电路符号如图 8.2.2 所示,图中"▷"表示信号的传输方向,"∞"表示放大倍数为理想条件。两个输入端中,"−"表示反相输入端,电压用"$u_-$"表示;"＋"表示同相输入端,电压用"$u_+$"表示。输出端的"＋"号表示输出电压为正极性,输出电压用"$u_o$"表示。

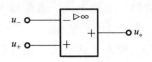

图 8.2.2 集成运算放大器的符号

**4. 集成运算放大器的主要参数**

集成运算放大器的参数是评价运算放大器性能优劣的依据。为了正确地挑选和使用集成运算放大器,必须掌握各参数的含义。

1) 差模电压增益 $A_{ud}$

差模电压增益 $A_{ud}$ 是指在标称电源电压和额定负载下,对其进行开环运用时,其差模信号的电压放大倍数。$A_{ud}$ 是频率的函数,但通常给出的是直流开环增益。

2) 共模抑制比 $K_{CMR}$

共模抑制比是指运算放大器的差模电压增益与共模电压增益之比,并用对数表示,即

$$K_{CMR} = 20\lg \left| \frac{A_{ud}}{A_{uc}} \right| \tag{8.2.1}$$

$K_{CMR}$ 越大越好。

3) 差模输入电阻 $r_{id}$

差模输入电阻是指运算放大器对差模信号所呈现的电阻,即运算放大器两输入端之间的电阻。

4) 输入偏置电流 $I_{IB}$

输入偏置电流 $I_{IB}$ 是指运算放大器在静态时,流经两个输入端的基极电流的平均值,即

$$I_{IB} = \frac{(I_{B1} + I_{B2})}{2} \tag{8.2.2}$$

输入偏置电流越小越好,通用型集成运算放大器的输入偏置电流 $I_{IB}$ 为微安($\mu A$)数量级。

5) 输入失调电压 $U_{IO}$ 及其温漂 $dU_{IO}/dT$

一个理想的集成运算放大器能实现零输入时零输出。而实际的集成运算放大器,当输入电压为零时,存在一定的输出电压,将其折算到输入端就是输入失调电压,它在数值上等于输出电压且为零,输入端应施加的直流补偿电压,它反映了差动输入级元器件的失调程度。通用型运算放大器的 $U_{IO}$ 为 2~10 mV,高性能运算放大器的 $U_{IO}<1$ mV。

输入失调电压对温度的变化率 $dU_{IO}/dT$ 称为输入失调电压的温度漂移,简称温漂,用于表征 $U_{IO}$ 受温度变化的影响程度。一般以 $\mu V/℃$ 为单位。通用型集成运算放大器的指标为微伏($\mu V$)数量级。

6) 输入失调电流 $I_{IO}$ 及其温漂 $dI_{IO}/dT$

一个理想的集成运算放大器两输入端的静态电流应该完全相等。实际上,当集成运算放大器的输出电压为零时,流入两输入端的电流不相等,这个静态电流之差 $I_{IO}=I_{B1}-I_{B2}$ 就

是输入失调电流。造成输入电流失调的主要原因是差分对三极管的 β 失调。$I_{IO}$ 越小越好，一般为 1～10 nA。

输入失调电流对温度的变化率 $dI_{IO}/dT$ 称为输入失调电流的温度漂移，简称温漂，用于表征 $I_{IO}$ 受温度变化的影响程度。这类温度漂移一般为 1～5 nA/℃，好的可达 pA/℃ 数量级。

7) 输出电阻 $r_o$

在开环条件下，运算放大器输出端等效为电压源时的等效动态内阻称为运算放大器的输出电阻，记为 $r_o$。$r_o$ 的理想值为零，实际值一般为 100 Ω～1 kΩ。

8) 开环带宽 BW($f_H$)

开环带宽 BW 又称为 −3 dB 带宽，是指运算放大器在放大小信号时，开环差模增益下降 3 dB 时所对应的频率 $f_H$。μA741 的 $f_H$ 约为 7 Hz，如图 8.2.3 所示。

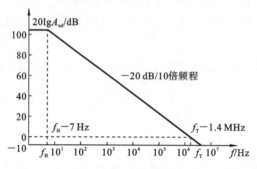

图 8.2.3　μA741 的幅频特性

9) 单位增益带宽 BWG($f_T$)

当信号频率增大到使运算放大器的开环增益下降到 0 dB 时所对应的频率范围称为单位增益带宽。μA741 运算放大器的 $A_{ud}=2\times10^5$，它的 $f_T=2\times10^5\times7$ Hz=1.4 MHz。

10) 转换速率 $S_R$

转换速率又称为上升速率或压摆率，通常是指运算放大器闭环状态下，输入为大信号（如阶跃信号）时，放大电路输出电压对时间的最大变化速率，即

$$S_R = \left.\frac{du_o(t)}{dt}\right|_{max} \tag{8.2.3}$$

$S_R$ 的大小反映了运算放大器的输出对高速变化的大输入信号的响应能力。$S_R$ 越大，表示运算放大器的高频性能越好，如 μA741 的 $S_R=0.5$ V/μs。

此外，还有最大差模输入电压 $U_{idmax}$、最大共模输入电压 $U_{icmax}$、最大输出电压 $U_{omax}$ 及最大输出电流 $I_{omax}$ 等参数。

## 二、集成运算放大电路的应用

集成运算放大器加上一定形式的外接电路可实现各种功能。例如，能对信号进行反相放大与同相放大，对信号进行加、减、微分和积分运算。

**1. 理想运算放大器的特点**

一般情况下，我们把在电路中的集成运算放大器都看成理想集成运算放大器。

集成运算放大器的理想化性能指标如下：

(1) 开环电压放大倍数 $A_{ud}=\infty$；

(2) 输入电阻 $r_{id}=\infty$；

(3) 输出电阻 $r_{od}=0$；

(4) 共模抑制比 $K_{CMR}=\infty$。

此外，没有失调，没有失调温度漂移等。尽管理想运算放大器并不存在，但由于集成运算放大器的技术指标都比较接近于理想值，在具体分析时将其理想化是允许的，这种分析所带来的误差一般比较小，可以忽略不计。

**2. "虚短"和"虚断"概念**

对于理想的集成运算放大器，由于其 $A_{ud}=\infty$，因而若两个输入端之间加无穷小电压，则输出电压将超出其线性范围。因此，只有引入负反馈，才能保证理想集成运算放大器工作在线性工作区。

理想集成运算放大器线性工作区的特点是存在着"虚短"和"虚断"两个概念。

1) 虚短概念

当集成运算放大器工作在线性工作区时，输出电压在有限值之间变化，而集成运算放大器的 $A_{ud}\to\infty$，有 $u_{id}=u_{od}/A_{ud}\approx0$。由 $u_{id}=u_+-u_-\approx0$ 可得

$$u_+\approx u_- \tag{8.2.4}$$

即反相端与同相端的电压几乎相等，近似于短路又不是真正短路，我们将此称为虚短路，简称"虚短"。

另外，当同相端接地时，使 $u_+=0$，有 $u_-\approx0$。这说明同相端接地时，反相端电位接近于地电位，所以反相端称为虚地。

2) 虚断概念

由集成运算放大器的输入电阻 $r_{id}\to\infty$，得到两个输入端的电流 $i_-=i_+\approx0$，这表明流入集成运算放大器同相端和反相端的电流几乎为零，所以称为虚断路，简称"虚断"。

**3. 反相输入放大与同相输入放大**

1) 反相输入放大

图 8.2.4 所示的为反相输入放大电路。若输入信号 $u_i$ 经过电阻 $R_1$ 加到集成运算放大器的反相端，反馈电阻 $R_F$ 接在输出端和反相输入端之间，构成电压并联负反馈，则集成运算放大器工作在线性工作区；若同相端加平衡电阻 $R_2$，主要是使同相端与反相端外接电阻相等，即 $R_2=R_1 \text{//} R_F$，以保证运算放大器处于平衡对称的工作状态，从而消除输入偏置电流及其温度漂移的影响。

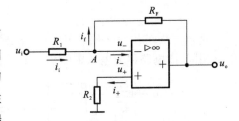

图 8.2.4 反相输入放大电路

根据虚断的概念，有 $i_+=i_-\approx0$，可得 $u_+=0$，$i_i=i_f$。又根据虚短的概念，有 $u_-\approx u_+=0$，故 A 点称为虚地点。虚地是反相输入放大电路的一个重要特点。又因为有

$$i_1 = \frac{u_i}{R_1}, \quad i_f = -\frac{u_o}{R_F}$$

所以有

$$\frac{u_i}{R_1} = -\frac{u_o}{R_F}$$

移项后得电压放大倍数

$$A_{ud} = \frac{u_o}{u_i} = -\frac{R_F}{R_1} \tag{8.2.5}$$

或

$$u_o = -\frac{R_F}{R_1} \times u_i \tag{8.2.6}$$

式(8.2.6)表明,电压放大倍数与 $R_F$ 成正比,与 $R_1$ 成反比,式中负号表示输出电压与输入电压相位相反。当 $R_1 = R_F = R$ 时,$u_o = -u_i$,输入电压与输出电压大小相等、相位相反,反相放大电路称为反相器。

反相输入放大电路引入的是深度电压并联负反馈,因此它使输入和输出电阻都减小,输入和输出电阻分别为

$$R_i \approx R_1 \tag{8.2.7}$$
$$R_o \approx 0 \tag{8.2.8}$$

2) 同相输入放大

在图8.2.5中,输入信号 $u_i$ 经过电阻 $R_2$ 接到集成运算放大器的同相端,反馈电阻接到其反相端,构成了电压串联负反馈。

根据虚断概念,有 $i_+ \approx 0$,可得 $u_+ = u_i$。又根据虚短概念,有 $u_+ \approx u_-$,于是有

$$u_i \approx u_- = u_o \frac{R_1}{R_1 + R_F}$$

移项后得电压放大倍数

$$A_{ud} = \frac{u_o}{u_i} = 1 + \frac{R_F}{R_1} \tag{8.2.9}$$

或

$$u_o = \left(1 + \frac{R_F}{R_1}\right) u_i \tag{8.2.10}$$

当 $R_F = 0$ 或 $R_1 \to \infty$ 时,如图8.2.6所示,此时 $u_o = u_i$,即输出电压与输入电压大小相等、相位相同,该电路称为电压跟随器。

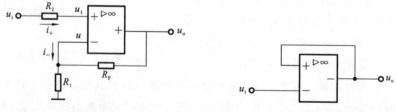

图 8.2.5 同相输入运算放大电路　　图 8.2.6 电压跟随器

由于同相输入放大电路引入的是深度电压串联负反馈,因此它使输入电阻增大、输出电

阻减小,输入和输出电阻分别为

$$R_i \to \infty \tag{8.2.11}$$

$$R_o \approx 0 \tag{8.2.12}$$

### 4. 加法运算与减法运算

1) 加法运算

在自动控制电路中,往往需要将多个采样信号按一定的比例叠加起来后输入到放大电路中,这就需要用到加法运算电路,如图 8.2.7 所示。

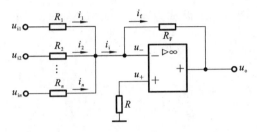

图 8.2.7 加法运算电路

根据虚断的概念及节点电流定律,可得 $i_f = i_i = i_1 + i_2 + \cdots + i_n$。再根据虚短的概念,可得

$$i_1 = \frac{u_{i1}}{R_1}, i_2 = \frac{u_{i2}}{R_2}, \cdots, i_n = \frac{u_{in}}{R_n}$$

则输出电压为

$$u_o = -R_F i_f = -R_F \left( \frac{u_{i1}}{R_1} + \frac{u_{i2}}{R_2} + \cdots + \frac{u_{in}}{R_n} \right) \tag{8.2.13}$$

若 $R_1 = R_2 = \cdots = R_n = R_F$,则有

$$u_o = -(u_{i1} + u_{i2} + \cdots + u_{in}) \tag{8.2.14}$$

2) 减法运算

(1) 利用反相求和实现减法运算。

电路如图 8.2.8 所示。第一级为反相放大电路,若取 $R_{F1} = R_1$,则 $u_{o1} = -u_{i1}$。第二级为反相加法运算电路,可导出

$$u_o = -\frac{R_{F2}}{R_2}(u_{o1} + u_{i2}) = \frac{R_{F2}}{R_2}(u_{i1} - u_{i2}) \tag{8.2.15}$$

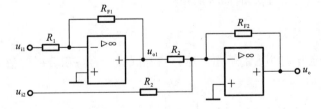

图 8.2.8 利用反相求和实现减法运算的电路

若取 $R_2 = R_{F2}$,则有

$$u_o = u_{i1} - u_{i2} \tag{8.2.16}$$

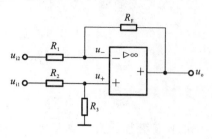

图 8.2.9 减法运算电路

于是就实现了两信号的减法运算。

(2) 利用差分式电路实现减法运算。

电路如图 8.2.9 所示,$u_{i2}$ 经 $R_1$ 加到反相输入端,$u_{i1}$ 经 $R_2$ 加到同相输入端。

根据叠加定理,首先令 $u_{i1}=0$,当 $u_{i2}$ 单独作用时,电路成为反相放大电路,其输出电压为

$$u_{o2} = -\frac{R_F}{R_1}u_{i2}$$

再令 $u_{i2}=0$,$u_{i1}$ 单独作用时,电路成为同相放大电路,同相端电压为

$$u_+ = \frac{R_3}{R_2+R_3}u_{i1}$$

则输出电压为

$$u_{o1} = \left(1+\frac{R_F}{R_1}\right)u_+ = \left(1+\frac{R_F}{R_1}\right)\left(\frac{R_3}{R_2+R_3}\right)u_{i1}$$

当 $u_{i1}$ 和 $u_{i2}$ 同时输入时,有

$$u_o = u_{o1}+u_{o2} = \left(1+\frac{R_F}{R_1}\right)\left(\frac{R_3}{R_2+R_3}\right)u_{i1} - \frac{R_F}{R_1}u_{i2} \tag{8.2.17}$$

当 $R_1=R_2=R_3=R_F$ 时,有

$$u_o = u_{i1}-u_{i2} \tag{8.2.18}$$

于是实现了两信号的减法运算。

**5. 积分运算与微分运算**

1) 积分运算

图 8.2.10 所示的为积分运算电路。

根据虚地的概念,有 $u_A \approx 0$,$i_R = u_i/R$。再根据虚断的概念,有 $i_C \approx i_R$,即对电容 $C$ 以 $i_C = u_i/R$ 进行充电。假设电容 $C$ 的初始电压为零,那么

$$u_o = -\frac{1}{C}\int i_C \mathrm{d}t = -\frac{1}{C}\int \frac{u_i}{R}\mathrm{d}t = -\frac{1}{RC}\int u_i \mathrm{d}t \tag{8.2.19}$$

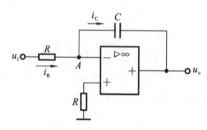

图 8.2.10 积分运算电路

式(8.2.19)表明,输出电压为输入电压对时间的积分,且相位相反。当求解 $t_1$ 到 $t_2$ 时间段的积分值时,有

$$u_o = -\frac{1}{RC}\int_{t_1}^{t_2} u_i \mathrm{d}t + u_o(t_1) \tag{8.2.20}$$

式中:$u_o(t_1)$ 为积分起始时刻 $t_1$ 的输出电压,即积分的起始值;积分的终值是 $t_2$ 时刻的输出电压。当 $u_i$ 为常量 $U_i$ 时,有

$$u_o = -\frac{1}{RC}U_i(t_2-t_1) + u_o(t_1) \tag{8.2.21}$$

积分电路的波形如图 8.2.11 所示。当输入为阶跃波时,若 $t_0$ 时刻电容上的电压为零,则输出电压波形如图 8.2.11(a)所示。当输入为方波和正弦波时,输出电压波形分别如图

8.2.11(b)和图 8.2.11(c)所示。

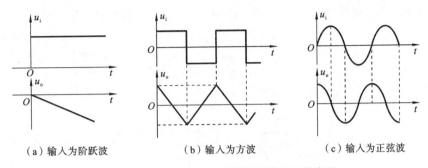

（a）输入为阶跃波　　（b）输入为方波　　（c）输入为正弦波

图 8.2.11　积分运算在不同输入情况下的波形

2）微分运算

将积分电路中的 $R$ 和 $C$ 位置互换，就可得到微分运算电路，如图 8.2.12 所示。

在这个电路中，$A$ 点为虚地，即 $u_A \approx 0$。再根据虚断的概念，则有 $i_R \approx i_C$。假设电容 $C$ 的初始电压为零，那么有 $i_C = C \dfrac{\mathrm{d}u_i}{\mathrm{d}t}$，输出电压为

$$u_o = -i_R R = -RC \dfrac{\mathrm{d}u_i}{\mathrm{d}t} \qquad (8.2.22)$$

式(8.2.22)表明，输出电压为输入电压对时间的微分，且相位相反。

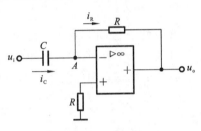

图 8.2.12　微分运算电路

图 8.2.12 所示的电路实用性差，当输入电压产生阶跃变化时，$i_C$ 电流极大，会使集成运算放大器内部的放大管进入饱和或截止状态，即使输入信号消失，放大管仍不能恢复到放大状态，也就是电路不能正常工作。同时，由于反馈网络为滞后移相，它与集成运算放大器内部的滞后附加相移相加，易满足自激振荡条件，从而使电路不稳定。

实用微分电路如图 8.2.13(a)所示，它在输入端串联了一个小电阻 $R_1$，以限制输入电流；同时在 $R$ 上并联稳压二极管，以限制输出电压，这就保证了集成运算放大器中的放大管始终工作在放大区。另外，在 $R$ 上并联小电容 $C_1$，起相位补偿作用。该电路的输出电压与输入电压近似为微分关系，当输入为方波，且 $RC \ll T/2$ 时，则输出为尖顶波，波形如图 8.2.13(b)所示。

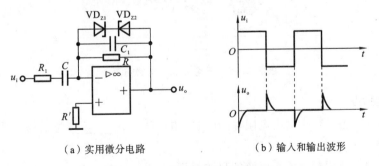

（a）实用微分电路　　　　　（b）输入和输出波形

图 8.2.13　实用微分电路及波形

## ※任务驱动

**任务 8.2.1** 分别计算图 8.2.14 中开关处于不同位置时,电路的输出电压。

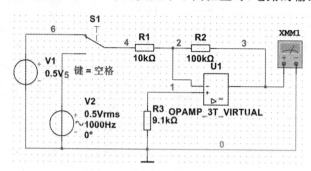

图 8.2.14 任务 8.2.1 电路图

**解**:电路为反相输入放大电路。由式(8.2.6),有 $u_o = -\dfrac{R_F}{R_1} \times u_i$。

开关处于上部时,输入电压为 0.5 V(直流电),输出电压 $u_o = -5$ V(直流电)。

开关处于下部时,输入电压为 0.5 V(交流电,有效值),输出电压 $u_o = 5$ V(有效值)。

具体电路仿真图如图 8.2.15 所示。

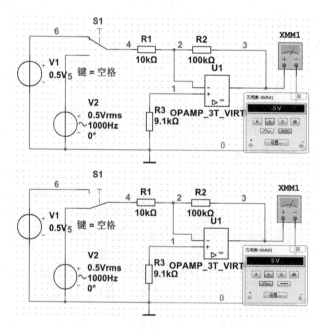

图 8.2.15 任务 8.2.1 电路仿真图

## ※技能驱动

**技能 8.2.1** 为了减小输出电阻,应在放大电路中引入_____;为了稳定静态工作点,应在放大电路中引入_____。

**技能 8.2.2** 使用差动放大电路的目的是提高_____。

**技能 8.2.3** 直接耦合放大电路能放大交流信号吗?直接耦合放大电路和阻容耦合放

大电路各有什么优缺点?

**技能 8.2.4** 什么叫零点漂移?产生零点漂移的主要原因是什么?如何抑制零点漂移?在阻容耦合放大电路中是否存在零点漂移?

**技能 8.2.5** 有甲、乙两个直接耦合放大电路,甲电路的 $A_{ud}=100$,乙电路的 $A_{ud}=50$。当外界温度变化了 20 ℃时,甲电路的输出电压漂移了 10 V,乙电路的输出电压漂移了 6 V,哪个电路的温度漂移参数小?其数值是多少?

**技能 8.2.6** 解释下列术语的含义:差模信号、共模信号、差模电压放大倍数、共模电压放大倍数、共模抑制比。

**技能 8.2.7** 差动放大电路为什么能抑制零点漂移?单端输出和双端输出时,它们抑制零点漂移的原理是否一样?为什么?

**技能 8.2.8** 集成运算放大器的内部电路一般由哪几个主要部分组成?各部分的作用是什么?

**技能 8.2.9** 设图 8.2.16 所示的各电路均引入了深度交流负反馈,试判断各电路引入了哪种组态的交流负反馈,并分别估算它们的电压放大倍数。

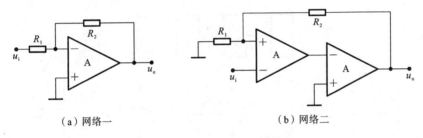

图 8.2.16 技能 8.2.9 电路图

# 项目9 直流稳压电源的分析与调试

## 任务9.1 桥式整流电路的仿真与测量

※**能力目标**

了解单相半波桥式整流电路,掌握单相桥式整流电路工作原理。

※**核心知识**

电子通信产品、自动控制装置、激光加工设备等都需要电压稳定的直流电源供电,直流稳压电源就是运用各种半导体技术,将交流电变为直流电的装置。最简单的小功率直流稳压电源是将220 V、50 Hz的交流电经过变压、整流、滤波和稳压后得到的,其结构如图9.1.1所示,主要应用于各种小功率电气设备。

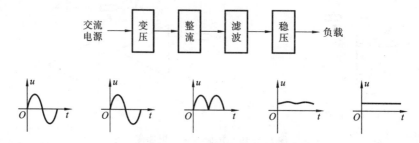

图9.1.1 小功率直流稳压电源的组成

电网的交流电压经过变压器降压和整流器整流作用变换成所需大小的单相脉动电压,再经过滤波器的滤波作用,将减小的脉动电压的脉动成分变换成波动较小的平滑的直流电压,此电源可用于少数对直流稳压电源要求不高的场合。对于多数的电子设备,最后还需经过稳压器的稳压作用,减少由于电网电压波动或者电路负载变化引起的输出电压的不稳定,从而输出稳定的直流电压以保证设备的正常工作。

利用二极管的单向导电性将交流电变换成单向脉动直流电的过程称为整流,实现整流功能的电子线路称为整流电路,又称为整流器。单相整流电路可分为半波整流和全波整流。半波整流电路虽结构简单、所用元器件少,但效率低、输出波纹较大而在电源电路中很少使用。应用较广泛的是单相桥式整流电路。

### 一、单相桥式整流电路的结构

它是由电源变压器 $T$、四个同型号的二极管 $VD_1$、$VD_2$、$VD_3$、$VD_4$ 和负载 $R_L$ 组成,其中二极管 $VD_1$、$VD_2$、$VD_3$、$VD_4$ 构成桥形,电路图如图9.1.2所示。

市面上已经将四个二极管制作在一起,封装后形为的一个整体元器件称为整流堆,如图9.1.3(a)所示。其性能参数比较好,有 $a$、$b$、$c$、$d$ 四个端口,$a$、$b$ 端口为交流电压输入端,无极性,$c$、$d$ 端口为直流输出端,$c$ 为正极性端,$d$ 为负极性端,9.1.3(b)为桥式整流电路的简化画法。

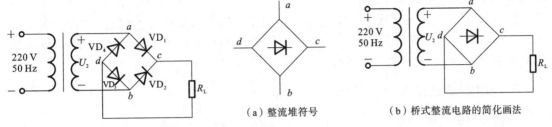

图 9.1.2 单相桥式整流电路        图 9.1.3 整流堆符号及桥式整流电路的简化画法

## 二、单相桥式整流电路的工作原理

变压器将电网电压变换成整流电路所需要的交流电压 $u_2$（又称为二次电压）。为讨论问题方便，把电源变压器和二极管均看成理想元器件：变压器的输出电压稳定，且内阻忽略不计；二极管正向导通压降和反向截止时电流均忽略不计。设二次电压 $u_2=\sqrt{2}U_2\sin(\omega t)$，波形如图 9.1.4 所示。

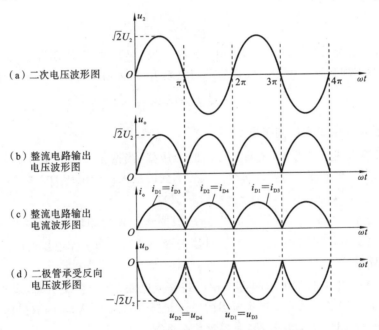

图 9.1.4 输出电压、二极管电流及电压波图

（1）$u_2$ 的正半周：$a$ 点极性为正，$b$ 点极性为负时，$VD_1$、$VD_3$ 承受正向电压而导通，此时有电流通过 $R_L$，电流的路径为 $a \to VD_1 \to R_L \to VD_3 \to b$；同时 $VD_2$、$VD_4$ 承受反向电压而截止（注意二极管不能被击穿），忽略二极管 $VD_1$、$VD_3$ 正向导通压降，则有 $u_0=u_2$，即负载 $R_L$ 上得到一个随 $u_2$ 变化的半波电压。

（2）$u_2$ 的负半周：$b$ 点极性为正，$a$ 点极性为负时，$VD_2$、$VD_4$ 承受正向电压而导通，此时有电流通过 $R_L$，电流的路径为 $b \to VD_2 \to R_L \to VD_4 \to a$；同时 $VD_1$、$VD_3$ 承受反向电压而截止（同样二极管不能被击穿），忽略二极管 $VD_2$、$VD_4$ 正向导通压降，则有 $u_0=-u_2$，即负载 $R_L$

上得到一个随 $-u_2$ 变化的半波电压。

由以上分析可知,当二次电压 $u_2$ 完成一次周期性变化,每个二极管在正、负半周各导通一次,正、负半周通过负载 $R_L$ 的电流(输出电流)方向始终相同,负载 $R_L$ 上得到单方向的脉动直流电压 $u_o$,波形如图 9.1.4 所示。

### 三、单相桥式整流电路的运算

下面介绍输出电压的平均值、二极管的平均电流和最大反向电压。

**1. 输出电压的平均值 $U_0$**

经桥式整流后,输出脉动电压的平均值 $U_0$ 为

$$U_0 = \frac{1}{\pi}\int_0^\pi u_2 \mathrm{d}(\omega t) = \frac{1}{\pi}\int_0^\pi \sqrt{2} u_2 \sin(\omega t)\mathrm{d}(\omega t) = \frac{2\sqrt{2}}{\pi}U_2 = 0.9U_2 \tag{9.1.1}$$

即桥式整流电路输出电压的平均值为二次电压有效值的 0.9 倍。

**2. 流过每个二极管的平均电流 $I_D$**

先计算流过负载的平均电流 $I_0$ 为

$$I_0 = \frac{U_0}{R_L} = \frac{0.9U_2}{R_L} \tag{9.1.2}$$

再计算流过每个二极管的平均电流 $I_D$,由于每个二极管只有半个周期导通,负载在整个周期都导通,所以不难理解流过每个二极管的平均电流 $I_D$ 只有输出电流平均值 $I_0$ 的一半,即

$$I_D = \frac{1}{2}I_0 = 0.45\frac{U_2}{R_L} \tag{9.1.3}$$

**3. 二极管承受的最大反向电压 $U_{DRM}$**

由于二极管为理想二极管,忽略其导通时的压降,当两个二极管截止时,每个二极管承受的反向电压为二次电压 $U_2$,所以每个二极管承受的最大反向电压为二次电压的最大值,即

$$U_{DRM} = \sqrt{2}U_2 \tag{9.1.4}$$

工程应用上,为了保证二极管正常工作,一般要求二极管的最大整流电流大于流过二极管平均电流的 2~3 倍,即 $I_F \geq (2\sim 3)I_D$,且二极管的最高反向工作电压值应大于 $\sqrt{2}U_2$。

**※ 任务驱动**

**任务 9.1.1** 图 9.1.3 所示的为单相桥式整流电路,有一直流负载,要求电压为 $U_0 = 36$ V,电流为 $I_0 = 10$ A。(1) 试选用所需的整流元器件;(2) 若 $VD_2$ 因故损坏开路,求 $U_0$ 和 $I_0$,并画出其波形;(3) 若 $VD_2$ 短路,会出现什么情况?

**解**:(1) 二次电压的有效值为

$$U_2 = \frac{U_0}{0.9} = 1.1U_0 \approx 40 \text{ V}$$

流过每个二极管电流的平均值为

$$I_D = \frac{1}{2}I_0 = 5 \text{ A}$$

负载电阻为

$$R_L = \frac{U_0}{I_0} = 3.6 \text{ Ω}$$

二极管承受的最大反向电压为

$$U_{DRM}=\sqrt{2}U_2=1.4\times40\ \text{V}=56\ \text{V}$$

根据二极管选用要求,其整流电流 $I_F\geqslant(2\sim3)I_D=(10\sim15)$ A,可取 $I_F=10$ A;最高反向工作电压应大于 56 V,可选用额定整流电流为 10 A,最高反向工作电压为 100 V 的整流二极管。

(2) 当 $VD_2$ 因故损坏开路时,只有 $VD_1$、$VD_3$ 在正半周时导通,而负半周时 $VD_1$、$VD_3$ 均截止,而 $VD_4$ 也因为 $VD_2$ 开路而不能导通,因此电路只有半个周期是导通的,相当于半波整流电路,输出只有桥式整流电路输出电压、电流的一半,即

$$U_0=0.45U_2=18\ \text{V},\quad I_0=\frac{U_0}{R_L}=5\ \text{A},$$

$$I_D=I_0=5\ \text{A},\quad U_{DRM}=\sqrt{2}U_2=56\ \text{V}$$

输出电压 $u_0$、电流 $i_0$ 的波形如图 9.1.5 所示。

(3) 若 $VD_2$ 短路,则在正半周电流的流向为

$$a\rightarrow VD_1\rightarrow VD_2\rightarrow b$$

此时负载被短路,电源变压器二次回路电流迅速增大,可能烧坏变压器和二极管。对应电路仿真图如图 9.1.6 所示。

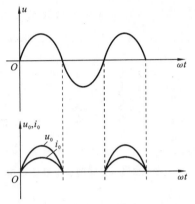

图 9.1.5　任务 9.1.1 电路图

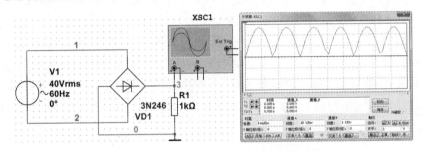

图 9.1.6　任务 9.1.1 电路仿真图

## ※技能驱动

**技能 9.1.1**　小功率直流稳压电源一般由_____、_____、_____和_____组成。

**技能 9.1.2**　桥式整流电容滤波电路的交流输入电压有效值为 $U_2$,电路参数选择合适,则输出电压 $U_0=$_____;当负载电阻开路时,$U_0=$_____;当滤波电容开路时,$U_0=$_____。

# 任务 9.2　直流稳压电源电路的仿真与测量

## ※能力目标

了解滤波电路的工作原理,掌握常用滤波电路结构,认识串联稳压电路与线性集成稳压电路,了解其工作原理。

## ※核心知识

经整流后的脉动直流电中含有大量的交流成分,这种交流成分可以理解为波纹电压。为了

获得平滑的直流电压,通常需要在整流电路后面加上滤波电路,以减少输出电压的脉动成分。

## 一、电容滤波电路

### 1. 电路组成及原理

图 9.2.1 所示的为桥式整流电容滤波电路,在整流电路与负载之间并联一个较大容量的电容 $C$,即构成最简单的电容滤波电路,其工作原理是利用了电容两端的电压在电路状态改变时不能突变的特性,具体原理分析如下。

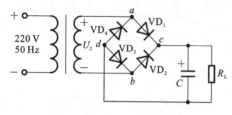

图 9.2.1 桥式整流电容滤波电路

$u_2$ 的正半周上升时,$VD_1$、$VD_3$ 导通,一方面对负载供电,另一方面对电容充电,如果忽略变压器的内阻和二极管导通时的压降,充电时间常数为 $\tau = 2R_D C$,$R_D$ 为一个二极管导通时的电阻,其值非常小,充电时间常数因此很小,所以电容上的电压 $u_C$ 与 $u_2$ 几乎同步上升,即 $u_0 = u_C = u_2$,直到 $u_C$ 达到 $u_2$ 的最大值 $\sqrt{2} U_2$ 为止。

$u_2$ 开始下降时,$u_C$ 大于 $u_2$,$VD_1$、$VD_3$ 截止,电容上的电压 $u_C$ 经负载 $R_L$ 放电,由于放电时间常数为 $\tau = R_L C$,其值一般较大,电容上的电压 $u_C$ 按指数规律缓慢下降,与 $u_2$ 下降不同步,直到负半周 $u_2$ 的绝对值大于 $u_C$ 时,$VD_2$、$VD_4$ 才导通,再次对电容 $C$ 充电,电容上的电压 $u_C$ 又与 $u_2$ 几乎同步上升。

由以上分析可知,经电容滤波后,输出电压波纹显著减小,变得平滑,波形图如图 9.2.2 所示;同时输出电压的平均值也增大了。输出电压的平均值 $U_0$ 的大小与滤波电容 $C$ 及负载 $R_L$ 的大小有关,$C$ 的容量一定时,$R_L$ 越大,电容的放电时间越长,其放电速度越慢,输出电压就越平滑,输出电压的平均值 $U_0$ 就越大,当负载 $R_L$ 开路($R_L$ 为无穷大)时,$U_0 = \sqrt{2} U_2$,因此其值在 $0.9 U_2 \sim \sqrt{2} U_2$ 范围内波动。

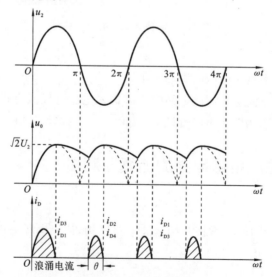

图 9.2.2 桥式整流电容滤波电压、电流波形

## 2. 电路元器件的选择

为了获得良好的滤波效果,要求放电时间常数 $\tau$ 应大于交流电压的周期 $T$,在工程上 $\tau$ 一般为

$$\tau = R_L C \geqslant (3-5)\frac{T}{2} \quad (9.2.1)$$

式中:$\tau$ 为输入交流电压的周期,此时输出电压的平均值可采用估算公式,即

$$U_0 = 1.2 U_2 \quad (9.2.2)$$

值得注意的是,在整流电路中采用电容滤波后,只有当 $|u_2| \geqslant u_C$ 时,二极管才导通,所以二极管的导通时间缩短,一个周期导通的导通角 $\theta < \pi$,如图 9.2.3 所示。由于电容 $C$ 充电的瞬间电流很大,形成浪涌电流,容易损坏二极管,所以对整流二极管的整流电流选择要放宽,保证留有足够的电流余量,一般可按 $I_F = (2-3) I_0$ 来选择二极管。

## 二、其他形式的滤波电路

### 1. 电感滤波电路

如图 9.2.3 所示,在整流电路与负载之间串联一个电感 $L$,即构成最简单的电感滤波电路。其原理是利用电感阻碍负载电流变化使之趋于平直。整流电路输出电压中,其直流分量因电感近似短路而全部加在负载两端;其交流分量因电感的感抗远大于负载电阻而大部分落在电感两端,负载上的交流成分很小。对负载而言,这样就实现了滤除交流分量的目的。其特点为带负载能力强,输出电压比较稳定。电感滤波适用于输出电压较低,负载变化较大的场合,但电感含铁心线圈,体积大且笨重,价格较高,多用于大电流整流。

### 2. π 型滤波电路

图 9.2.4 所示的为 π 型 LC 滤波电路,由于电容 $C_1$、$C_2$ 对交流的容抗很小,可理解为交流成分主要从电容支路流过;而电感对交流的阻抗很大,其有通直流、阻交流作用,使得交流电压分量主要加在电感上,这样,负载上的波纹电压进一步减小,输出直流电压更加平滑,即滤波效果更好。如果负载电流较小,则可用电阻代替电感组成 π 型 RC 滤波电路,但电阻要消耗功率,所以此时电源的损耗功率较大,效率降低。

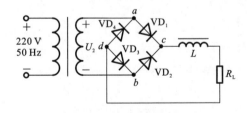

图 9.2.3 电感滤波电路

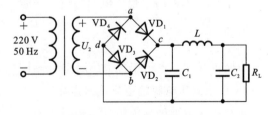

图 9.2.4 π 型 LC 滤波电路

## 三、串联型稳压电路

### 1. 电路组成

图 9.2.5 所示的为串联型稳压电路框图,该电路是由调整管、取样电路、基准电压和比较

放大器四个部分组成。由于调整管与负载串联,所以称为串联型稳压电路。

图 9.2.6 为串联型稳压电路的电路原理图,图中 $VT_1$ 为调整管,它工作在线性放大区,故又称为线性稳压电源,它的基极电流受集成运算放大器 A 的输出信号控制,通过控制基极电流 $I_B$ 就可以改变集电极电流 $I_C$ 和集电极-发射极电压 $U_{CE}$,从而调整输出电压;电阻 $R_1$、$R_2$、$R_P$ 组成取样电路,串联的分压电路将输出电压的一部分送到集成运算放大器的反相输入端;稳压管 $VD_Z$ 和限流电阻 $R_3$ 组成提供基准电压的电路,基准电压 $U_Z$ 送到集成运算放大器的同相输入端。

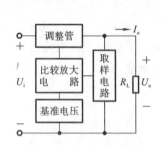
图 9.2.5 串联型稳压电路框图

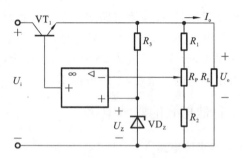
图 9.2.6 串联型稳压电路

**2. 稳压原理**

当电源电压 $U_i$ 升高或负载电阻 $R_L$ 增加(即负载电流减小)而引起输出电压 $U_o$ 升高时,取样电压 $U_F$ 就增大,基准电压 $U_Z$ 不变,$U_Z$ 与 $U_F$ 的差值减小,经过集成运算放大器 A 放大后使调整管的基极电压 $U_{B1}$ 减小,基极电流 $I_B$、集电极电流 $I_C$ 减小,使集电极-发射极电压 $U_{CE}$ 增大,这样输出电压 $U_o=U_i-U_{CE}$ 就会减小,从而使得稳压电路输出电压升高的趋势受到抑制,进而稳定了输出电压。同理,当输入电压减小或负载电阻减小引起输出电压下降时,电路将产生与前面相反的稳压过程,也能维持输出电压的稳定。整个稳压过程是瞬间自动完成的。

由电路可知
$$U_i=U_{CE}+U_o, \quad U_o=U_i-U_{CE}, \quad U_F=\frac{R_2'}{R_1+R_2+R_P}U_o$$

由于 $U_F \approx U_Z$,所以稳压电路输出电压 $U_o$ 为
$$U_o=\frac{R_1+R_2+R_P}{R_2'}U_Z \tag{9.2.3}$$

由此可知通过调节电位器 $R_P$ 的触头,即可调节输出电压 $U_o$ 的大小。

**3. 直流稳压电源的主要技术指标**

直流稳压电源的技术指标主要有两种:一种是特性指标,包括输入电压及其变化范围、输出电压及其调整范围、额定输出电流和过流保护电流值等;另一种是质量指标,主要包括稳压系数、温度系数、波纹电压、波纹抑制比、输出电阻等。

1)稳压系数 $\gamma$

稳压系数是指在负载电流和环境温度不变的情况下,输出电压和输入电压的相对变化量之比,即

$$\gamma = \frac{\Delta U_o / U_o}{\Delta U_i / U_i} \tag{9.2.4}$$

它是衡量稳压电源性能优劣的重要指标,其值越小性能越优。

2) 温度系数 $S$

温度系数是指输入电压和负载电流不变时,温度变化所引起的输出电压相对变化量与温度变化量之比,即

$$S = \frac{\Delta U_o / U_o}{\Delta T} \tag{9.2.5}$$

它是衡量电路在环境温度变化时电源输出电压波动的程度,温度系数越小,则电源的性能越优。

3) 波纹电压及波纹抑制比 $S_R$

波纹电压是指叠加在直流输出电压上的交流电压,常用有效值或峰值来表示。在电容滤波电路中,负载电流越大,波纹电压也越大。

波纹抑制比定义为稳压电路输入波纹电压峰值与输出波纹电压峰值之比,并用对数表示,即

$$S_R = 20\lg \left( \frac{U_{iPP}}{U_{oPP}} \right) \tag{9.2.6}$$

式中:$S_R$ 表示稳压器对输入端引入的波纹电压的抑制能力,其单位为 dB。

4) 输出电阻 $r_o$

在负载电流和环境温度不变的情况下,由负载变化所引起的输出电压与输出电流之比称为输出电阻,一般取绝对值,即

$$r_o = \left| \frac{\Delta U_o}{\Delta I_o} \right|$$

它是衡量稳压电源输出电流变化时输出电压稳定程度的重要指标,其值越小性能越优。

### 四、线性集成稳压电路

线性集成稳压电源具有体积小、使用方便灵活、工作可靠性高、价格低廉等特点。集成稳压电源的种类繁多,其中最为简单的线性集成稳压模块因只有三个引脚,故称为三端集成稳压器,它分为三端固定输出集成稳压器和三端可调输出集成稳压器。

下面介绍三端固定输出集成稳压器。

**1. 内部结构**

图 9.2.7 所示的为 CW78xx 系列集成稳压器的内部电路组成框图,它采用了串联型稳压电源的电路,并增加了启动电路和保护电路,使用时更加安全可靠。

启动电路是集成稳压器中的一个特殊环节,其作用是在 $U_i$ 加入后,帮助稳压器快速建立输出电压 $U_o$;CW78xx 系列集成稳压器中有比较完善的保护电路,主要是对调整管的保护,具有过流、过压和过热保护功能,具体来说,当输出电流过大或短路时,过流保护电路动作,其将限制调整管电流的增加;当输入、输出压差过大,即调整管在 C、E 之间的压降 $U_{CE}$ 超过一定值时,过压保护电路动作,其将自动降低调整管的电流,以限制调整管的功耗,使之处于

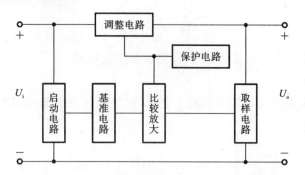

图9.2.7 CW78xx系列集成稳压器的内部电路组成框图

安全工作状态;过热保护电路是在芯片温度上升到允许的最大值时,迫使输出电流减小,降低芯片的功耗,从而避免稳压器过热而损坏。其余部分工作原理与串联型稳压电源相同,另外,调整管采用复合管,取样电路电阻分压器的分压比固定从而使输出电压固定。

三端固定输出集成稳压器通用产品有CW78xx系列(输出正电压)和CW79xx系列(输出负电压),其内部电路和工作原理基本相同,输出电压的大小由后两位数字表示,有±5 V、±6 V、±9 V、±12 V、±15 V、±18 V、±24 V等。其额定输出电流由78(或79)后面所加字母来表示,L表示该产品额定输出电流为0.1 A,M表示该产品额定输出电流为0.5 A,无字母表示该产品额定输出电流为1.5 A,如图9.2.8所示。例如,CW7806表示输出电压为+6 V,额定输出电流为1.5 A;CW79M12表示输出电压为-12 V,额定输出电流为0.5 A。

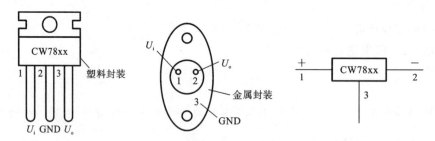

图9.2.8 CW78xx外形、引脚排列及符号

**2. 产品及参数**

图9.2.8所示的为CW78xx系列塑料封装和金属封装的三端固定输出集成稳压器的外形、引脚及符号,三个引脚分别为输入端$U_i$、输出端$U_o$和接地端GND。为了使集成稳压管长期正常稳定地工作,应保证其良好的散热,金属封装的稳压器输出电流较大,使用时需要加上足够面积的散热片,其主要参数如下。

(1) 最大输入电压$U_{imax}$:是指整流滤波电路输出电压允许的最大值,超过该值则稳压器的输出电压不能稳定在额定值。

(2) 输出电压$U_o$:是指稳压器固定输出的稳定电压额定值。

(3) 最大输出电流$I_{omax}$:是指稳压器正常工作时输出电流允许的最大值。

**3. 典型应用电路**

1) 基本稳压电路

基本稳压电压如图9.2.9所示。

图 9.2.9　固定输出集成稳压基本应用电路

为保证稳压器正常工作,要求输入电压的最小值应超过输出电压 3 V。电路中输入电容 $C_1$ 和输出电容 $C_2$ 用于减小输入电压 $U_i$ 的脉动和改善负载的瞬态响应,在输入线较长时,输入电容 $C_1$ 可抵消输入线的电感效应,防止自激振荡。输出电容 $C_2$ 用于瞬时增减负载电流时不至于引起输出电压 $U_o$ 有较大的波动,$C_1$、$C_2$ 的值为 $0.1 \sim 1~\mu\text{F}$。

2) 输出电压扩展电路

图 9.2.10 中 $I_Q$ 为稳压器的静态工作电流,一般为 5 mA,$U_{xx}$ 为稳压器的标称输出电压,要求:

$$I_1 = \frac{U_{xx}}{R_1} \geqslant 5 I_Q \quad (9.2.7)$$

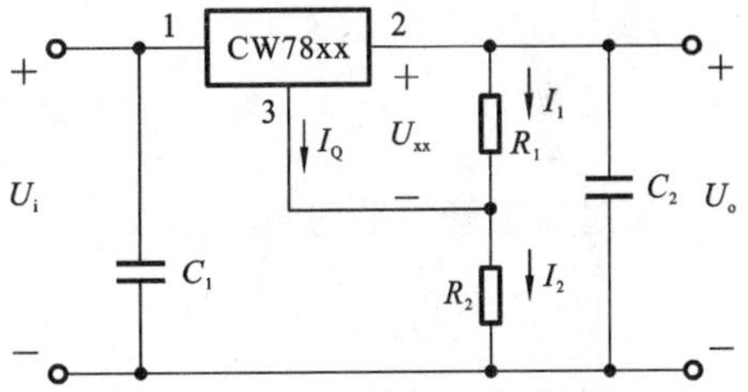

由稳压器的电路可知,输出电压 $U_o$ 为

$$U_o = U_{xx} + (I_1 + I_Q) R_2 = U_{xx} + \left(\frac{U_{xx}}{R_1} + I_Q\right) R_2$$

$$= \left(1 + \frac{R_2}{R_1}\right) U_{xx} + I_Q R_2 \quad (9.2.8)$$

若忽略 $I_Q$ 的影响,则有

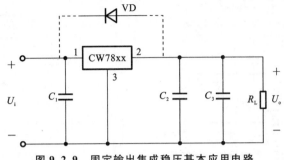

图 9.2.10　输出电压扩展电路

$$U_o \approx \left(1 + \frac{R_2}{R_1}\right) U_{xx} \quad (9.2.9)$$

因此,通过提高 $R_2$ 与 $R_1$ 的比值,就可以提高输出电压 $U_o$ 的值。该电路的缺点是,当输入电压变化时,输出电流 $I_o$ 也随之变化,从而降低了稳压器输出电压的精确度。

3) 输出正、负电压的电路

采用 CW7812 和 CW7912 三端固定输出集成稳压器各一块组成具有同时输出 +12 V 和 −12 V 电压的稳压电路,如图 9.2.11 所示。

4) 电流源电路

将集成稳压器输出端串入适当阻值的电阻,就可以构成输出电流恒定的电流源电路。

如图 9.2.12 所示,集成稳压器为 CW7805,$R_L$ 为负载电阻,电源输入电压 $U_i = 10$ V,输出电压 $U_{23} = 5$ V。由电路可知,负载电阻 $R_L$ 上的电流恒定,其值 $I_o$ 为

$$I_o = \frac{U_{23}}{R} + I_Q$$

要求 $\frac{U_{23}}{R} \gg I_Q$,所以电流源的输出电流 $I_o$ 近似为

$$I_o \approx \frac{U_{23}}{R}$$

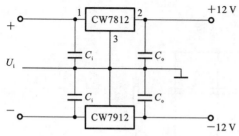

图 9.2.11　同时输出正、负电压的稳压电路

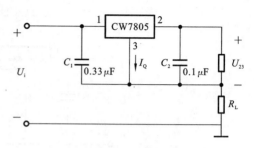

图 9.2.12　恒流源电路

## ※任务驱动

**任务 9.2.1**　在图 9.2.1 所示的桥式整流电容滤波电路中,交流电源频率 $f=50$ Hz,负载电阻 $R_L=200$ Ω,变压器的二次电压为 $U_2=25$ V。试估算直流输出电压,并选择整流二极管及滤波电容 $C$。

**解**:输出直流电压的平均值为

$$U_o = 1.2 U_2 = 1.2 \times 25 \text{ V} = 30 \text{ V}$$

输出电流的平均值为

$$I_o = \frac{U_o}{R_L} = \frac{30 \text{ V}}{200 \text{ Ω}} = 0.15 \text{ A}$$

流过二极管的平均电流为

$$I_D = \frac{1}{2} I_o = 0.075 \text{ A}$$

二极管承受的最大反向电压为

$$U_{DRM} = \sqrt{2} U_2 = 35 \text{ V}$$

考虑电容滤波,保证留有足够的电流余量,可选择最大整流电流为 250 mA,最高反向工作电压为 50 V 的 2CP31B。

加入 10 μF 的滤波电容后,电路仿真示波器上的波形如图 9.2.13 所示。

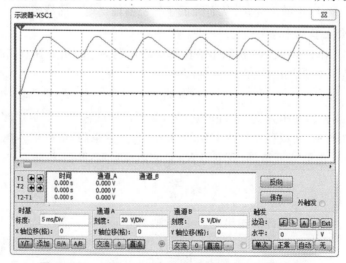

图 9.2.13　任务 9.2.1 桥式整流电容滤波电路波形图

※ **技能驱动**

**技能 9.2.1** 串联型晶体管稳压电路主要是由_____、_____、_____和_____四个部分组成。

**技能 9.2.2** 线性集成稳压器内部是在串联型稳压电路基础上增加了_____和_____。它们的调整管都工作在_____状态。

**技能 9.2.3** 在单相桥式整流电路中,如果负载电流为 10 A,则流过每个二极管的电流是_____。

**技能 9.2.4** 电容滤波是利用电容具有对交流电的阻抗_____,对直流电的阻抗_____的特性。

**技能 9.2.5** 如果用万用表测得稳压电路中稳压管两端的电压为 0.7 V,这是由_____造成的。使它恢复正常的方法是_____。

**技能 9.2.6** 基本的稳压电路有_____和_____两种。

**技能 9.2.7** 三端集成稳压器有_____端、_____端和_____端三个端口。

**技能 9.2.8** 在单相桥式整流电路中,已知变压器的二次电压有效值为 $U_2 = 60$ V,负载电阻为 2 kΩ,若不计二极管导通压降和变压器的内阻,求:(1) 输出电压的平均值 $U_o$;(2) 通过变压器二次绕组的电流有效值 $I_o$;(3) 确定流过二极管的平均电流 $I_D$ 和二极管承受的最大反向电压 $U_{DRM}$。

**技能 9.2.9** 在单相桥式整流电容滤波电路中,已知交流电源的 $f = 50$ Hz,$U_2 = 15$ V,$R_L = 50$ Ω。试求滤波电容的大小,并求输出电压 $U_o$、流过二极管的平均电流 $I_D$ 及各管承受的最高反向电压 $U_{DRM}$。

**技能 9.2.10** 在单相桥式整流电容滤波电路中,已知 $R_L = 20$ Ω,交流电源频率为 50 Hz,要求输出电压 $U_o = 12$ V,试求变压器二次电压有效值 $U_2$,并选择整流二极管和滤波电容。

**技能 9.2.11** 在图 9.2.14 所示的串联型稳压电路中,已知 $R_1 = 1$ kΩ,$R_P = 2$ kΩ,$R_2 = 2$ kΩ,$R_L = 1$ kΩ,$U_Z = 6$ V,$U_i = 15$ V,试求输出电压的调节范围,输出电压最小时调整管所承受的功耗。

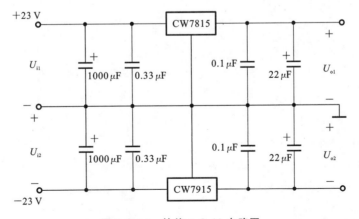

图 9.2.14 技能 9.2.11 电路图

**技能 9.2.12** 如图 9.2.15 所示电路,已知稳压器的静态电流为 $I_Q=5$ mA,试求通过 $R_2$ 的电流 $I_o$。

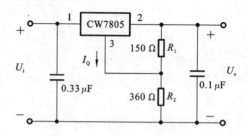

图 9.2.15　技能 9.2.12 电路图

**技能 9.2.13** 如图 9.2.16 所示直流稳压电源,试回答下列问题:(1) 电路由哪几个部分组成？各组成部分包括哪些元器件？(2) 输出电压 $U_o$ 是多少？

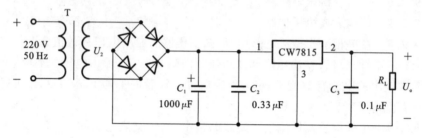

图 9.2.16　技能 9.2.13 电路图

# 项目 10　数字逻辑与逻辑门

## 任务 10.1　认识数字逻辑表示法

※ **能力目标**

了解模拟信号和数字信号的定义、区别,熟悉逻辑代数的定义、计算方法,掌握逻辑函数的表示方法,掌握不同数制之间的转换方法,了解常用的码制表示方法。

※ **核心知识**

### 一、数字电路基础

电子电路所处理的电信号可以分为两大类:一类是在时间和数值上都是连续变化的信号,称为模拟信号,如电流、电压等;另一类是在时间和数值上都是离散的信号,称为数字信号。传送和处理数字信号的电路,称为数字电路。

模拟信号:幅度随时间连续变化。

数字信号:断续变化(离散变化),时间上离散幅值整量化,多采用 0、1 二种数值组成,这种数制的信号又称为二进制信号,如图 10.1.1 所示。

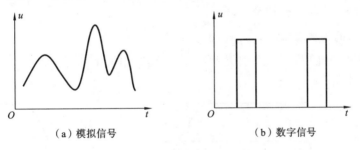

(a) 模拟信号　　　　　　　　(b) 数字信号

图 10.1.1　模拟信号和数字信号

**1. 数字电路的分类**

微电子技术的迅猛发展促进了数字电路的飞速发展。

1) 按电路类型分类

(1) 组合逻辑电路:输出只与当时的输入有关,如编码器、加减法器、比较器、数据选择器。

(2) 时序逻辑电路:输出不仅与当时的输入有关,还与电路原来的状态有关,如触发器、计数器、寄存器。

2) 按集成度分类

(1) 小规模集成电路(SSI)。(2) 中规模集成电路(MSI)。(3) 大规模集成电路(LIS)。(4) 超大规模集成电路(VLSI)。

数字集成电路分类如表 10.1.1 所示。

表 10.1.1　数字集成电路分类

| 集成电路分类 | 集　成　度 | 电路规模与范围 |
| --- | --- | --- |
| SSI | 1～10 门/片或<br>10～100 个元器件/片 | 逻辑单元电路,它包括逻辑门电路、集成触发器 |
| MSI | 10～100 门/片或<br>100～1 000 个元器件/片 | 逻辑部件,它包括计数器、译码器、编码器、数据选择器、寄存器、算术运算器、比较器、转换电路等 |
| LSI | 100～1 000 门/片或<br>1 000～100 000 个元器件/片 | 数字逻辑系统,它包括中央控制器、存储器、各种接口电路等 |
| VLSI | 大于 1 000 门/片或<br>大于 10 万个元器件/片 | 高集成度的数字逻辑系统,例如,各种型号的单片机,即在一片硅片上集成一个完整的微型计算机 |

3) 按半导体的导电类型分类

(1) 双极型电路。(2) 单极型电路。

**2. 数字电路的优点**

(1) 易集成化。两个状态"0"和"1",对元器件精度要求低。

(2) 抗干扰能力强,可靠性高,信号易辨别不易受噪声干扰。

(3) 便于长期存储。信号可存储于软盘、硬盘、光盘。

(4) 通用性强,成本低,系列多。TTL 系列数字电路、门阵列、可编程逻辑元器件。

(5) 保密性好,容易进行加密处理。

**3. 脉冲波形的主要参数**

在数字电路中,加工和处理的都是脉冲波形,而应用最多的是矩形脉冲。脉冲波形的参数如图 10.1.2 所示。

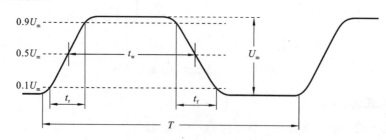

图 10.1.2　脉冲波形的参数

(1) 脉冲幅度:脉冲电压波形变化的最大值,单位为伏(V)。

(2) 脉冲上升时间:脉冲波形从 $0.1U_m$ 上升到 $0.9U_m$ 所需的时间。

(3) 脉冲下降时间:脉冲波形从 $0.9U_m$ 下降到 $0.1U_m$ 所需的时间。脉冲上升时间 $t_r$ 和下降时间 $t_f$ 越短,越接近于理想的矩形脉冲。

$t_r$ 和 $t_f$ 的单位为秒(s)、毫秒(ms)、微秒($\mu$s)、纳秒(ns)。

(4) 脉冲宽度:脉冲上升沿 $0.5U_m$ 到下降沿 $0.5U_m$ 所需的时间,单位和 $t_r$、$t_f$ 相同。

(5) 脉冲周期 $T$:在周期性脉冲中,相邻两个脉冲波形重复出现所需的时间,单位和 $t_r$、$t_f$

相同。

（6）脉冲频率 $f$：单位时间（s）内，脉冲出现的次数。$f$ 的单位为赫兹（Hz）、千赫兹（kHz）、兆赫兹（MHz），$f=1/T$。

（7）占空比 $q$：脉冲宽度与脉冲周期 $T$ 的比值，$q=t_w/T$。它是描述脉冲波形疏密的参数。

## 二、数字逻辑电路认知

### 1. 逻辑代数的基本运算

1）基本概念

在数字电路中，输入信号是"条件"，输出信号是"结果"，因此输入、输出之间存在一定的因果关系，称其为逻辑关系。它可以用逻辑表达式、图形和真值表来描述。

逻辑代数是描述客观事物逻辑关系的数学方法，是进行逻辑分析与综合的数学工具。因为它是英国数学家乔治·布尔（George Boole）于1847年提出的，所以又称为布尔代数（Boolean Algebra）。

逻辑代数中的逻辑变量用字母 $A,B,C,\cdots,X,Y,Z$ 等来表示；变量取值只有 0 和 1，而这里的 0 和 1 并不表示具体的数值大小，而是表示两种相互对立的逻辑状态。例如，灯的亮和灭、电动机的旋转与停止，把这种描述相互对立的逻辑关系且仅有两个取值的变量称为逻辑变量。

2）三种基本运算

（1）与运算。

只有决定事物结果的所有条件全部具备，结果才会发生，这种逻辑关系称为与逻辑关系。与逻辑电路如图 10.1.3 所示，$A$、$B$ 是两个串联开关，$Y$ 是灯，用开关控制灯亮和灭的关系如表 10.1.2 所示。

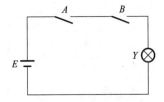

图 10.1.3　与逻辑电路图

如果用二值量中的 1 来表示灯亮和开关闭合，用 0 表示灯灭和开关断开，则可得到如表 10.1.3 所示的与逻辑真值表。

表 10.1.2　与逻辑关系表

| $A$ | $B$ | $Y$ |
|---|---|---|
| 断开 | 断开 | 灭 |
| 断开 | 闭合 | 灭 |
| 闭合 | 断开 | 灭 |
| 闭合 | 闭合 | 亮 |

表 10.1.3　与逻辑真值表

| $A$ | $B$ | $Y$ |
|---|---|---|
| 0 | 0 | 0 |
| 0 | 1 | 0 |
| 1 | 0 | 0 |
| 1 | 1 | 1 |

输入部分有 $N=2^n$ 个组合。其中，$n$ 是输入变量的个数。

与运算也称为"逻辑乘"。与运算的逻辑表达式为

$$Y=A\cdot B \quad 或 \quad Y=AB \tag{10.1.1}$$

式中："·"号可省略。

与逻辑的运算规律为:输入有 0 得 0,全 1 得 1。

与逻辑逻辑符号如图 10.1.4 所示。

与逻辑波形图如图 10.1.5 所示,该图直观地描述了任意时刻输入与输出之间的对应关系及变化的情况。

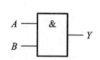

图 10.1.4　与逻辑符号图

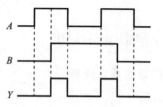

图 10.1.5　与逻辑波形图

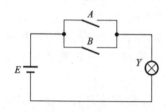

图 10.1.6　或逻辑电路图

(2) 或运算。

决定事物结果的几个条件中,只要有一个或一个以上条件得到满足,结果就会发生,这种逻辑关系称为或逻辑。或逻辑电路如图 10.1.6 所示。

或逻辑关系如表 10.1.4 所示,或逻辑真值表如表 10.1.5 所示。

表 10.1.4　或逻辑关系表

| $A$ | $B$ | $Y$ |
| --- | --- | --- |
| 断开 | 断开 | 灭 |
| 断开 | 闭合 | 亮 |
| 闭合 | 断开 | 亮 |
| 闭合 | 闭合 | 亮 |

表 10.1.5　或逻辑真值表

| $A$ | $B$ | $Y$ |
| --- | --- | --- |
| 0 | 0 | 0 |
| 0 | 1 | 1 |
| 1 | 0 | 1 |
| 1 | 1 | 1 |

或运算也称为"逻辑加"。或运算的逻辑表达式为

$$Y = A + B \tag{10.1.2}$$

或逻辑运算的规律为:有 1 得 1,全 0 得 0。

或逻辑逻辑符号如图 10.1.7 所示。

(3) 非运算。

在事件中,结果总是和条件呈相反状态,这种逻辑关系称为非逻辑。非逻辑的模型电路如图 10.1.8 所示。

图 10.1.7　或逻辑符号

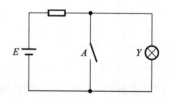

图 10.1.8　非逻辑电路图

非逻辑关系如表 10.1.6 所示,非逻辑真值表如表 10.1.7 所示。

表 10.1.6 非逻辑关系表

| A | Y |
|---|---|
| 断开 | 亮 |
| 闭合 | 灭 |

表 10.1.7 非逻辑真值表

| A | Y |
|---|---|
| 0 | 1 |
| 1 | 0 |

非运算也称为"反运算"。非运算的逻辑表达式为

$$Y=\overline{A} \qquad (10.1.3)$$

运算的规律为：0 变 1，1 变 0，即"始终相反"。

逻辑符号如图 10.1.9 所示。

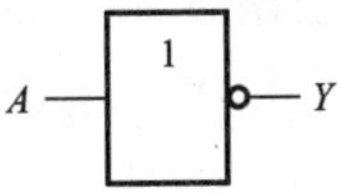

图 10.1.9 非逻辑符号

#### 2. 常见的几种复合逻辑关系

与、或、非运算是逻辑代数中最基本的三种运算，常见的复合逻辑关系的逻辑表达式、逻辑符号及逻辑真值表如表 10.1.8 所示。

表 10.1.8 常见复合逻辑关系的逻辑表达式、逻辑符号及逻辑真值表

| 逻辑名称 | 与非 | 或非 | 与或非 | 异或 | 同或 |
|---|---|---|---|---|---|
| 逻辑表达式 | $Y=\overline{AB}$ | $Y=\overline{A+B}$ | $Y=\overline{AB+CD}$ | $Y=A\oplus B$ | $Y=A\odot B$ |
| 逻辑符号 | 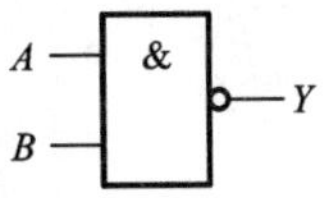 (&) | 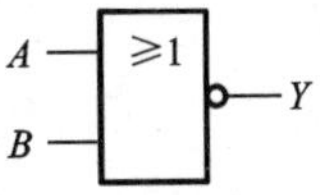 (≥1) | 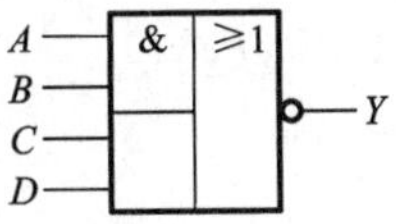 (& ≥1) | 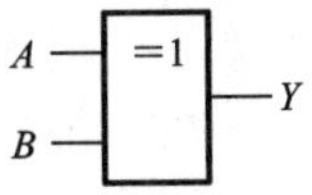 (=1) | 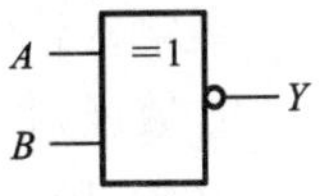 (=1) |
| 真值表 | A B　Y<br>0 0　1<br>0 1　1<br>1 0　1<br>1 1　0 | A B　Y<br>0 0　1<br>0 1　0<br>1 0　0<br>1 1　0 | A B C D　Y<br>0 0 0 0　1<br>0 0 0 1　1<br>⋮ ⋮ ⋮ ⋮　⋮<br>1 1 1 1　0 | A B　Y<br>0 0　0<br>0 1　1<br>1 0　1<br>1 1　0 | A B　Y<br>0 0　1<br>0 1　0<br>1 0　0<br>1 1　1 |
| 逻辑运算规律 | 有 0 得 1<br>全 1 得 0 | 有 1 得 0<br>全 0 得 1 | 与项为 1 结果为 0<br>其余输出全为 1 | 不同为 1<br>相同为 0 | 不同为 0<br>相同为 1 |

### 三、门电路的逻辑功能分析

逻辑门电路：用于实现基本和常用逻辑运算的电子电路，简称门电路。

用逻辑 1 和 0 分别表示电子电路中的高、低电平的逻辑赋值方式，称为正逻辑。目前数字技术大都采用正逻辑工作；若用逻辑 1 和 0 分别表示电子电路中的低、高电平逻辑赋值方式，称为负逻辑。本书采用正逻辑。

获得高、低电平的基本方法：利用半导体开关元器件的导通、截止（开、关）两种工作状态。

在数字集成电路的发展过程中，同时存在着两种类型元器件的发展。一种是由三极管组成的双极型集成电路，如晶体管-晶体管逻辑电路（简称 TTL 电路）及射极耦合逻辑电路

(简称 ECL 电路)。另一种是由 MOS 管组成的单极型集成电路,如 N-MOS 逻辑电路和互补 MOS(简称 COMS)逻辑电路。

## 四、逻辑函数及其表示方法

### 1. 逻辑函数

一般函数,在 $A,B,C,\cdots$ 的取值确定之后,$Y$ 的值也就唯一确定了。

$Y$ 称为 $A,B,C,\cdots$ 的函数。一般表达式可以写为

$$Y = F(A,B,C,\cdots)$$

与、或、非是三种基本的逻辑运算,即三种基本的逻辑函数。

### 2. 逻辑函数的表示方法及转换

逻辑函数可以用逻辑真值表、逻辑表达式、逻辑图、波形图、卡诺图等方法来表示。

## 五、数制与编码认知

### 1. 数制

数码:由数字符号构成且表示物理量大小的数字和数字组合。

计数制(简称数制):多位数码中每一位的构成方法,以及从低位到高位的进制规则。

1) 十进制

数字符号(系数):0、1、2、3、4、5、6、7、8、9。

计数规则:逢十进一。

基数:10。

权:10 的幂。

2) 二进制

数字符号:0、1。

计数规则:逢二进一。

基数:2。

权:2 的幂。

3) 八进制

数字符号:0~7。

计数规则:逢八进一。

基数:8。

权:8 的幂。

4) 十六进制

数字符号:0~9、A、B、C、D、E、F。

计数规则:逢十六进一。

基数:16。

权:16 的幂。

(1) 一般地,$N$ 进制需要用到 $N$ 个数码,基数是 $N$,运算规律为逢 $N$ 进一。

(2) 如果一个 $N$ 进制数 $M$ 包含 $n$ 位整数和 $m$ 位小数,即

$$(a_{n-1}\ a_{n-2}\cdots a_1\ a_0.a_{-1}\ a_{-2}\cdots a_{-m})_N$$

则该数的权展开式为

$$(M)_N = a_{n-1}\times N^{n-1} + a_{n-2}\times N^{n-2} + \cdots + a_1\times N^1 + a_0\times N^0 + a_{-1}\times N^{-1}$$
$$+ a_{-2}\times N^{-2} + \cdots + a_{-m}\times N^{-m} \qquad (10.1.4)$$

(3) 由权展开式很容易将一个 $N$ 进制数转换为十进制数。

## 2. 数制转换

1) 十进制转换成二进制

整数部分的转换:除 2 取余法。先得到的余数为低位,后得到的余数为高位。

2) 二进制与八进制之间的转换

(1) 二进制与八进制之间的转换。

三位二进制数对应一位八进制数。

$$(6574)_8 = (110,101,111,100)_2 = (110101111100)_2$$
$$(101011100101)_2 = (101,011,100,101)_2 = (5345)_8$$

(2) 二进制与十六进制之间的转换。

四位二进制数对应一位十六进制数。

$$(9A7E)_{16} = (1001\ 1010\ 0111\ 1110)_2 = (1001101001111110)_2$$
$$(10111010110)_2 = (0101\ 1101\ 0110)_2 = (5D6)_{16}$$

表 10.1.9 几种数制的对照表

| 十进制 | 二进制 | 八进制 | 十六进制 | 十进制 | 二进制 | 八进制 | 十六进制 |
| --- | --- | --- | --- | --- | --- | --- | --- |
| 0 | 0000 | 0 | 0 | 8 | 1000 | 10 | 8 |
| 1 | 0001 | 1 | 1 | 9 | 1001 | 11 | 9 |
| 2 | 0010 | 2 | 2 | 10 | 1010 | 12 | A |
| 3 | 0011 | 3 | 3 | 11 | 1011 | 13 | B |
| 4 | 0100 | 4 | 4 | 12 | 1100 | 14 | C |
| 5 | 0101 | 5 | 5 | 13 | 1101 | 15 | D |
| 6 | 0110 | 6 | 6 | 14 | 1110 | 16 | E |
| 7 | 0111 | 7 | 7 | 15 | 1111 | 17 | F |

## 3. 编码

编码:代码的编制过程。

二进制码:具有特定意义的二进制码。

1) 常用的 BCD 码二-十进制码(Binary-Coded Decimal)

BCD 码:用一个四位二进制码表示一位十进制数的编码方法。

(1) 8421 码。

用四位自然二进制码中的前十个码来表示十进制码,因各位的权值依次为 8、4、2、1,故称为 8421 BCD 码。选取 0000~1001 表示十进制数 0~9。按自然顺序的二进制数表示所对

应的十进制数。1010～1111 等六种状态是不用的,称为禁用码。

(2) 5421 码。

选取 0000～0100 和 1000～1100 这十种状态。0101～0111 和 1101～1111 等六种状态为禁用码。5421 码是有权码,从高位到低位的权值依次为 5、4、2、1。

(3) 余三码。

选取 0011～1100 这十种状态。与 8421 码相比,对应相同十进制数均要多 3(0011),故称为余 3 码。

几种常用的 BCD 码如表 10.1.10 所示。

表 10.1.10　几种常用的 BCD 码

| 十进制数 | 8421 码 | 5421 码 | 余 3 码 |
| --- | --- | --- | --- |
| 0 | 0000 | 0000 | 0011 |
| 1 | 0001 | 0001 | 0100 |
| 2 | 0010 | 0010 | 0101 |
| 3 | 0011 | 0011 | 0110 |
| 4 | 0100 | 0100 | 0111 |
| 5 | 0101 | 1000 | 1000 |
| 6 | 0110 | 1001 | 1001 |
| 7 | 0111 | 1010 | 1010 |
| 8 | 1000 | 1011 | 1011 |
| 9 | 1001 | 1100 | 1100 |

2) 格雷码(循环码)

特点:任意两个相邻的数所对应的代码之间只有一位不同,其他位都相同。

循环码的这个特点,使它在代码的形成与传输时引起的误差比较小。

四位循环码的编码表如表 10.1.11 所示。

表 10.1.11　四位循环码的编码表

| 十进制数 | 循环码 | 十进制数 | 循环码 |
| --- | --- | --- | --- |
| 0 | 0000 | 8 | 1100 |
| 1 | 0001 | 9 | 1101 |
| 2 | 0011 | 10 | 1111 |
| 3 | 0010 | 11 | 1110 |
| 4 | 0110 | 12 | 1010 |
| 5 | 0111 | 13 | 1011 |
| 6 | 0101 | 14 | 1001 |
| 7 | 0100 | 15 | 1000 |

3) 奇偶校验码(Parity)

具有检错能力,能发现奇数个代码位同时出错的情况。

构成:信息位(Data Bit,可以是任一种二进制码)及一位校验位(Parity Bit)。

校验位数码的编码方式:奇校验(Odd-Parity)时,使校验位和信息位所组成的每组代码中含有奇数个 1;偶校验(Even-Parity)时,使校验位和信息位所组成的每组代码中含有偶数个 1。以 8421BCD 码为例,奇偶校验码如表 10.1.12 所示。

表 10.1.12 奇偶校验码

| 十进制数 | 奇校验码 | | 偶校验码 | |
| --- | --- | --- | --- | --- |
| | 信息位 | 校验位 | 信息位 | 校验位 |
| 0 | 0000 | 1 | 0000 | 0 |
| 1 | 0001 | 0 | 0001 | 1 |
| 2 | 0010 | 0 | 0010 | 1 |
| 3 | 0011 | 1 | 0011 | 0 |
| 4 | 0100 | 0 | 0100 | 1 |
| 5 | 0101 | 1 | 0101 | 0 |
| 6 | 0110 | 1 | 0110 | 0 |
| 7 | 0111 | 0 | 0111 | 1 |
| 8 | 1000 | 0 | 1000 | 1 |
| 9 | 1001 | 1 | 1001 | 0 |

8421 码的权值依次为 8、4、2、1;余 3 码由 8421 码加 0011 得到;格雷码是一种循环码,其特点是任何相邻的两个代码,仅有一位代码不同,其他位相同。

※**任务驱动**

**任务 10.1.1** 已知函数的逻辑表达式为 $Y = B + \overline{CA}$。要求:(1) 画出逻辑图;(2) 列出相应的真值表;(3) 已知输入波形,画出输出波形。

解:(1) 根据逻辑表达式,画出逻辑图如图 10.1.10 所示。仿真模型如图 10.1.11 所示。

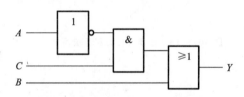

图 10.1.10 任务 10.1.1 的逻辑图

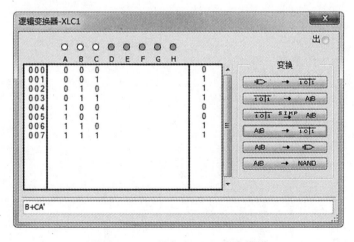

图 10.1.11 任务 10.1.1 仿真模型

(2) 将 $A$、$B$、$C$ 的所有组合代入逻辑表达式中进行计算,得到真值表如表 10.1.14 所示。
(3) 根据真值表,输出波形,如图 10.1.12 所示。

表 10.1.14 任务 10.1.1 的真值表

| $A$ | $B$ | $C$ | $Y$ |
| --- | --- | --- | --- |
| 0 | 0 | 0 | 0 |
| 0 | 0 | 1 | 1 |
| 0 | 1 | 0 | 1 |
| 0 | 1 | 1 | 1 |
| 1 | 0 | 0 | 0 |
| 1 | 0 | 1 | 0 |
| 1 | 1 | 0 | 1 |
| 1 | 1 | 1 | 1 |

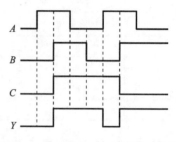

图 10.1.12 任务 10.1.1 的波形图

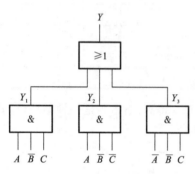

图 10.1.13 任务 10.1.2 逻辑图

通过真值表也可以直接写出逻辑表达式。方法是将真值表中 $Y$ 为 1 的输入变量相与,取值为:1 用原变量表示,0 用反变量表示,将这些与项相加,就得到逻辑表达式。

**任务 10.1.2** 已知函数 $Y$ 的逻辑图如图 10.1.13 所示,写出函数 $Y$ 的逻辑表达式。

**解**:据逻辑图,逐级写出的输出端函数表达式为
$$Y_1 = A\bar{B}C$$
$$Y_2 = A\bar{B}\bar{C}$$
$$Y_3 = \bar{A}\bar{B}C$$

最后得到函数 $Y$ 的表达式为
$$Y = A\bar{B}C + A\bar{B}\bar{C} + \bar{A}\bar{B}C$$

**任务 10.1.3** 求 $(217)_{10} = ($ $)_2$

**解**:∵

$2\underline{|217}$ ………余 1
$2\underline{|108}$ ………余 0
$2\underline{|54}$ ………余 0
$2\underline{|27}$ ………余 1
$2\underline{|13}$ ………余 1
$2\underline{|6}$ ………余 0
$2\underline{|3}$ ………余 1
$2\underline{|1}$ ………余 1
$\quad 0$

∴
$(217)_{10} = (011011001)_2$

**※技能驱动**

**技能 10.1.1** 一位十六进制数可以用_____位二进制数来表示。

A. 1     B. 2     C. 4     D. 16

**技能 10.1.2** 十进制数 25 用 8421BCD 码可表示为_____。
A. 10 101     B. 0010 0101     C. 100101     D. 10101

**技能 10.1.3** 在一个 8 位的存储单元中,能够存储的最大无符号整数是_____。
A. $(256)_{10}$     B. $(127)_{10}$     C. $(FF)_{16}$     D. $(255)_{10}$

**技能 10.1.4** 矩形脉冲信号的参数有_____。
A. 周期     B. 占空比     C. 脉宽     D. 扫描期

**技能 10.1.5** 常用的 BCD 码有_____。
A. 奇偶校验码     B. 格雷码     C. 8421 码     D. 余三码

**技能 10.1.6** 与模拟电路相比,数字电路主要的优点有_____。
A. 容易设计     B. 通用性强     C. 保密性好     D. 抗干扰能力强

**技能 10.1.7** 方波的占空比为 0.5。( )

**技能 10.1.8** 8421 码 1001 比 0001 大。( )

**技能 10.1.9** 数字电路中用"1"和"0"分别表示两种状态,两者无大小之分。( )

**技能 10.1.10** 格雷码具有任何相邻码只有一位码元不同的特性。( )

**技能 10.1.11** 八进制数 $(18)_8$ 比十进制数 $(18)_{10}$ 小。( )

**技能 10.1.12** 当传送十进制数 5 时,在 8421 奇校验码的校验位上的值应为 1。( )

**技能 10.1.13** 在时间和幅度上都断续变化的信号是数字信号,语音信号不是数字信号。( )

**技能 10.1.14** 占空比的公式为 $q=t_w/T$,则周期 $T$ 越大,占空比 $q$ 越小。( )

**技能 10.1.15** 描述脉冲波形的主要参数有_____、_____、_____、_____、_____、_____。

**技能 10.1.16** 数字信号的特点是在_____和_____上都是断续变化的,其高电平和低电平常用_____和_____表示。

**技能 10.1.17** 分析数字电路的主要工具是_____,数字电路又称为_____。

**技能 10.1.18** 在数字电路中,常用的计数制除十进制外,还有_____、_____、_____。

**技能 10.1.19** 常用的 BCD 码有_____、_____、_____、_____等。常用的可靠性代码有_____、_____等。

**技能 10.1.20** $(10110010)_2 = ($_____$)_8 = ($_____$)_{16}$

**技能 10.1.21** $(35)_8 = ($_____$)_2 = ($_____$)_{10} = ($_____$)_{16} = ($_____$)_{8421BCD}$

**技能 10.1.22** $(39)_{10} = ($_____$)_2 = ($_____$)_8 = ($_____$)_{16}$

**技能 10.1.23** $(5E)_{16} = ($_____$)_2 = ($_____$)_8 = ($_____$)_{10} = ($_____$)_{8421BCD}$

**技能 10.1.24** $(0111\ 1000)_{8421BCD} = ($_____$)_2 = ($_____$)_8 = ($_____$)_{10} = ($_____$)_{16}$

**技能 10.1.25** 在数字系统中为什么要采用二进制?

**技能 10.1.26** 格雷码的特点是什么?为什么说它是可靠性代码?

**技能 10.1.27** 奇偶校验码的特点是什么?为什么说它是可靠性代码?

**技能 10.1.28** 怎样用与非门实现与门、或门、非门、或非门和异或门所对应的逻辑运算?

## 任务 10.2 逻辑函数、逻辑门的逻辑功能测试

### ※ 能力目标

了解并掌握逻辑代数的定律和运算规则,掌握常规逻辑函数代数化简方法;熟练掌握逻辑函数的卡诺图表示法,并能熟练运用逻辑函数的卡诺图进行函数化简。

### ※ 核心知识

### 一、逻辑代数的定律和运算规则

#### 1. 基本定律

表 10.2.1 列出了逻辑代数的基本定律,这些定律可直接利用真值表证明,如果等式两边的真值表相同,则等式成立。

表 10.2.1 逻辑代数的基本定律

| 定律名称 | 逻 辑 与 | 逻 辑 或 |
|---|---|---|
| 0-1 律 | $A \cdot 0 = 0$<br>$A \cdot 1 = A$ | $A + 0 = A$<br>$A + 1 = 1$ |
| 交换律 | $A \cdot B = B \cdot A$ | $A + B = B + A$ |
| 结合律 | $A \cdot (B \cdot C) = (A \cdot B) \cdot C$ | $A + (B + C) = (A + B) + C$ |
| 分配律 | $A \cdot (B + C) = A \cdot B + A \cdot C$ | $A + (B \cdot C) = (A + B) \cdot (A + C)$ |
| 互补律 | $A \cdot \overline{A} = 0$ | $A + \overline{A} = 1$ |
| 重叠律 | $A \cdot A = A$ | $A + A = A$ |
| 还原律 | $\overline{\overline{A}} = A$ | |
| 反演律(摩根定律) | $\overline{A \cdot B} = \overline{A} + \overline{B}$ | $\overline{A + B} = \overline{A} \cdot \overline{B}$ |

#### 2. 基本规则

1)代入规则

在任何一个逻辑等式中,如果将等式两边的某一变量都用一个函数代替,则等式依然成立,这个规则称为代入规则。如已知等式 $\overline{AB} = \overline{A} + \overline{B}$,若用 $Y = BC$ 代替等式中的 $B$,则有 $\overline{A(BC)} = \overline{A} + \overline{B} + \overline{C}$。

2)反演规则

若求一个逻辑函数 $Y$ 的反函数,则只要将函数中所有"·"换成"+","+"换成"·";"0"换成"1","1"换成"0",原变量换成反变量,反变量换成原变量,则所得到的逻辑函数就是逻辑函数 $Y$ 的反函数。

运用规则必须注意运算符号的先后顺序,必须按照先括号,然后按与、或的顺序变换,而且应保持两个及两个以上变量的非号不变。

3)对偶规则

$Y$ 是一个逻辑表达式,如果将 $Y$ 中的"·"换成"+","+"换成"·","0"换成"1","1"换

成"0",所得到新的逻辑函数 $Y'$,就是 $Y$ 的对偶函数。

对于两个函数,如果原函数相等,那么其对偶函数、反函数也相等。

## 二、逻辑函数的代数法化简

根据逻辑定律和规则,一个逻辑函数可以有多种表达式。举例如下。

$$Y = AB + \bar{A}C \quad \text{与或表达式}$$
$$= \overline{\overline{AB} \cdot \overline{\bar{A}C}} \quad \text{与非与非表达式(摩根定律)}$$
$$= \overline{A\bar{B} + A\bar{C}} \quad \text{或非表达式(利用反演规则)}$$
$$= (\bar{A} + B)(A + C) \quad \text{或与表达式(与或非表达式利用摩根定律)}$$
$$= \overline{\overline{(\bar{A} + B)} + \overline{(A + C)}} \quad \text{或非或非表达式(或与表达式利用摩根定律)}$$

因为与或表达式比较常见且容易同其他形式的表达式相互转换,所以化简时一般要求化为最简与或表达式。

逻辑函数化简的方法有代数法和卡诺图法。代数法可直接运用基本定律及规则化简逻辑函数。代数法有并项法、吸收法、消去法和配项法。

**1. 并项法**

利用 $A + \bar{A} = 1$,将两项合并为一项,并消去一个变量。

**2. 吸收法**

利用 $A + AB = A$,消去多余的乘积项。

**3. 消去法**

利用 $A + \bar{A}B = A + B$,消去多余的乘积项。

**4. 配项法**

利用 $A = A(B + \bar{B})$,增加必要的乘积项,再用公式进行化简。

## 三、逻辑函数的卡诺图化简

卡诺图是指按相邻性原则排列的最小项的方格图。

**1. 逻辑函数的最小项**

1) 最小项的定义

在 $n$ 个输入变量的逻辑函数中,如果一个乘积项包含 $n$ 个变量,而且每个变量以原变量或反变量的形式出现且仅出现一次,那么该乘积项称为该函数的一个最小项。对 $n$ 个输入变量的逻辑函数来说,共有 $2^n$ 个最小项。

2) 最小项的性质

(1) 对于任意一个最小项,只有变量的一组取值使得它的值为 1,而取其他值时,这个最小项的值都是 0。

(2) 若两个最小项之间只有一个变量不同,其余各变量均相同,则称这两个最小项满足逻辑相邻。

(3) 对于任意一种取值全体最小项之和为 1。

(4) 对于一个具有 $n$ 输入变量的函数,每个最小项有 $n$ 个最小项与之相邻。

3) 最小项的编号

最小项通常用 $m_i$ 表示,下标 $i$ 即最小项编号,用十进制数表示。编号的方法是:先将最小项的原变量用 1、反变量用 0 表示,构成二进制数;将此二进制数转换成相应的十进制数就是该最小项的编号。三个变量的最小项编号如表 10.2.2 所示。

表 10.2.2 三变量的最小项编号

| 最 小 项 | 变量取值 A B C | 最小项编号 |
| --- | --- | --- |
| $\bar{A}\bar{B}\bar{C}$ | 0　0　0 | $m_0$ |
| $\bar{A}\bar{B}C$ | 0　0　1 | $m_1$ |
| $\bar{A}B\bar{C}$ | 0　1　0 | $m_2$ |
| $\bar{A}BC$ | 0　1　1 | $m_3$ |
| $A\bar{B}\bar{C}$ | 1　0　0 | $m_4$ |
| $A\bar{B}C$ | 1　0　1 | $m_5$ |
| $AB\bar{C}$ | 1　1　0 | $m_6$ |
| $ABC$ | 1　1　1 | $m_7$ |

卡诺图的结构特点是按几何相邻反映逻辑相邻进行排列的。$n$ 个变量的逻辑函数,由 $2^n$ 个最小项组成。卡诺图的变量标注均采用循环码形式。

二变量卡诺图:有 $2^2=4$ 个最小项,因此有 4 个方格卡诺图上面和左面的 0 表示反变量,1 表示原变量,左上方标注变量,斜线下方为 $A$,上方为 $B$,也可以交换,每个方格对应一种变量的取值组合,如图 10.2.1(a)所示。

三变量卡诺图:有 $2^3=8$ 个最小项,如图 10.2.1(b)所示。

四变量卡诺图:有 $2^4=16$ 个最小项,如图 10.2.1(c)所示。

4) 最小项表达式

任何一个逻辑函数都可以表示成若干个最小项之和的形式,这样的逻辑表达式称为最小项表达式。

**2. 卡诺图化简逻辑函数**

1) 逻辑函数卡诺图

根据逻辑函数的最小项表达式求函数卡诺图。只要将表达式 $Y$ 中包含的最小项对应的方格内填 1,没有包含的项填 0(或不填),就得到逻辑函数卡诺图。

2) 逻辑函数卡诺图化简法

(1) 化简依据。

利用公式 $AB+A\bar{B}=A$ 将两个最小项合并,以消去表现形式不同的变量。

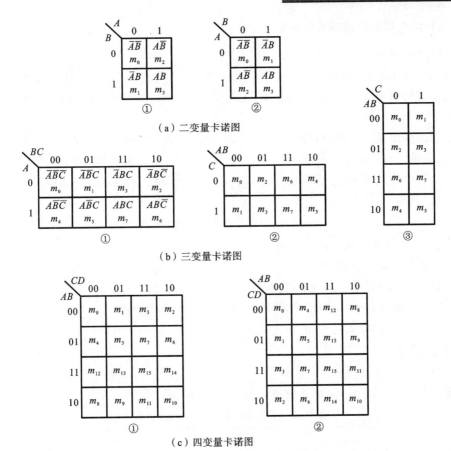

图 10.2.1　变量卡诺图

（2）合并最小项的规律。

利用卡诺图合并最小项有两种方法：圈 0 得到反函数，圈 1 得到原函数，我们通常采用圈 1 的方法。

（3）化简方法。

消去不同变量，保留相同变量。

① 2 个相邻项可合并为一项，消去 1 个表现形式不同的变量，保留相同变量。

② 4 个相邻项可合并为一项，消去 2 个表现形式不同的变量，保留相同变量。

③ 8 个相邻项可合并为一项，消去 3 个表现形式不同的变量，保留相同变量。依次类推，$2^m$ 个相邻项合并可消去 $m$ 个不同变量，保留相同变量。

（4）读出化简结果的方法。

一个卡诺圈得到一个与项，将各个卡诺圈所得的乘积项相或，得到化简后的逻辑表达式。

（5）用卡诺图法化简逻辑函数的步骤如下。

① 画出函数的卡诺图。

② 画卡诺圈：按合并最小项的规律，将 $2^m$ 个相邻项为 1 的方格圈起来。

③ 读出化简结果。

### 3. 具有约束项的逻辑函数的化简

1) 约束项

在实际的逻辑问题中,有些变量的取值是不允许、不可能、不应该出现的,这些取值对应的最小项称为约束项,有时又称为禁止项、无关项、任意项,在卡诺图或真值表中用×或Φ来表示。

约束项的输出是任意的,可以认为是"1",也可以认为是"0"。对于含有约束项的逻辑函数的化简,如果它对函数化简有利,则认为它是"1";反之,则认为它是"0"。

逻辑函数中的约束项表示方法如下:若一个逻辑函数的约束项是 $\overline{A}\overline{B}C$、$AB\overline{C}$、$\overline{A}B\overline{C}$、$ABC$,则可以写成

$$\overline{A}\overline{B}C + AB\overline{C} + \overline{A}B\overline{C} + ABC = 0$$

2) 具有约束项的函数化简

具有约束项的化简步骤如下。

(1) 填入具有约束项的函数卡诺图。
(2) 画卡诺圈合并(约束项"×"使结果简化为"1",否则为"0")。
(3) 写出简化结果(消去不同,保留相同)。

### ※任务驱动

**任务 10.2.1**   证明反演律 $\overline{A+B} = \overline{A} \cdot \overline{B}$。

**证明**:列出 $\overline{A+B}$ 及 $\overline{A} \cdot \overline{B}$ 的真值表如表 10.2.3 所示。

表 10.2.3  任务驱动 10.2.1 的真值表

| A | B | $\overline{A+B}$ | $\overline{A} \cdot \overline{B}$ |
|---|---|---|---|
| 0 | 0 | 1 | 1 |
| 0 | 1 | 0 | 0 |
| 1 | 0 | 0 | 0 |
| 1 | 1 | 0 | 0 |

由表 10.2.3 可知,$\overline{A+B} = \overline{A} \cdot \overline{B}$。

**任务 10.2.2**  化简函数 $Y_1 = \overline{A}\overline{B}C + \overline{A}BC$ 和 $Y_2 = A\overline{B}C + AB + A\overline{C}$。

**解**:$Y_1 = \overline{A}\overline{B}C + \overline{A}BC = \overline{A}C(\overline{B}+B) = \overline{A}C$

$Y_2 = A\overline{B}C + AB + A\overline{C} = A(\overline{B}C + B + \overline{C}) = A(\overline{B}C + \overline{\overline{B}C}) = A$

**任务 10.2.3**  化简函数 $Y = \overline{A}B + \overline{A}BC(D+E)$。

**解**:$Y = \overline{A}B + \overline{A}BC(D+E) = \overline{A}B[1 + C(D+E)] = \overline{A}B$

**任务 10.2.4**  化简函数 $Y = AB + \overline{A}C + BC$。

**解**:$Y = AB + \overline{A}C + BC = AB + (\overline{A}+B)C = AB + \overline{AB}C = AB + C$

**任务 10.2.5**  化简函数 $Y = A\overline{B} + \overline{A}C + \overline{B}C$。

**解**:$Y = A\overline{B} + \overline{A}C + \overline{B}C = A\overline{B} + \overline{A}C + \overline{B}C(A+\overline{A})$

$= A\overline{B} + \overline{A}C + A\overline{B}C + \overline{A}\overline{B}C = A\overline{B}(1+C) + \overline{A}C(1+\overline{B})$

$= A\overline{B} + \overline{A}C$

实际解题时,往往需要综合运用上述几种方法进行化简,才能得到最简结果。

**任务10.2.6** 化简函数 $Y_1=\overline{A\overline{C}B}+\overline{A\overline{C}}+B+BC$。

解:$Y_1=\overline{A\overline{C}B}+\overline{A\overline{C}}+B+BC$

$=\overline{A\overline{C}B}+\overline{A\overline{C}B}+BC$ （摩根定律）

$=\overline{A\overline{C}}+BC$ （合并法）

$=\overline{A}+C$ （吸收法）

**任务10.2.7** 化简函数 $Y_2=AD+A\overline{D}+AB+\overline{A}C+BD+ACEF+\overline{B}EF+DEFG$。

解:$Y_2=AD+A\overline{D}+AB+\overline{A}C+BD+ACEF+\overline{B}EF+DEFG$

$=A+|AB+\overline{A}C+BD+ACEF+\overline{B}EF+DEFG$

$=A+\overline{A}C+BD+\overline{B}EF+DEFG$

$=A+C+BD+\overline{B}EF+DEFG$

$=A+C+BD+\overline{B}EF$

**任务10.2.8** 将逻辑函数 $Y(A,B,C)=AB+\overline{B}C$ 展开成最小项之和的形式。

解:$Y(A,B,C)=AB+\overline{B}C=AB(C+\overline{C})+\overline{B}C(A+\overline{A})$

$=ABC+AB\overline{C}+A\overline{B}C+\overline{A}\overline{B}C$

也可以写成

$Y(A,B,C)=m_7+m_6+m_5+m_1=\sum m(1,5,6,7)$

**任务10.2.9** 将 $Y=AB+\overline{A}B+A\overline{B}$ 用卡诺图表示。

解:将表达式 Y 中包含的最小项对应的方格内填1,如图10.2.2所示。

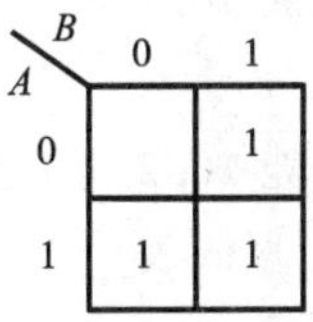

图10.2.2 任务10.2.9 的卡诺图

**任务10.2.10** 已知三变量 Y 的真值表如表10.2.4所示,画出卡诺图。

解:根据真值表直接画出卡诺图,如图10.2.3所示。

表10.2.4 任务10.2.10 的真值表

| A | B | C | Y |
|---|---|---|---|
| 0 | 0 | 0 | 0 |
| 0 | 0 | 1 | 1 |
| 0 | 1 | 0 | 1 |
| 0 | 1 | 1 | 0 |
| 1 | 0 | 0 | 1 |
| 1 | 0 | 1 | 1 |
| 1 | 1 | 0 | 0 |
| 1 | 1 | 1 | 0 |

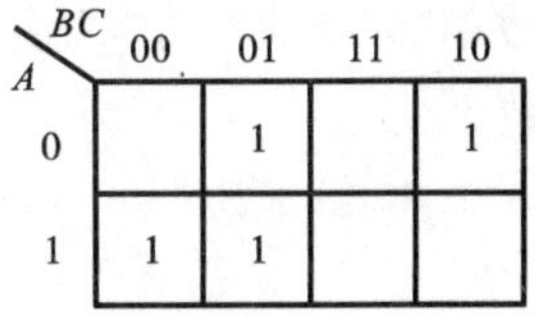

图10.2.3 任务10.2.10 的卡诺图

**任务10.2.11** 化简 $Y(A,B,C,D)=\overline{B}D+A\overline{B}D+ABCD+\overline{A}\overline{B}CD+\overline{A}\overline{B}CD$。

解:(1) 函数卡诺图如图10.2.4所示,"0"可以不填。

(2) 画卡诺圈,如图10.2.4所示。

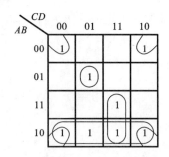

图 10.2.4　任务 10.2.11 卡诺图化简过程

(3) 按消去不同、保留相同的方法写出逻辑表达式,则有
$$Y = \bar{B}\bar{D} + \bar{A}B\bar{C}D + ACD + A\bar{B}$$

※ **技能驱动**

**技能 10.2.1**　以下表达式中符合逻辑运算法则的是_____。
A. $C \cdot C = C^2$　　　B. $1+1=10$　　　C. $0<1$　　　D. $A+1=1$

**技能 10.2.2**　逻辑变量的取值 1 和 0 可以表示_____。
A. 开关的闭合、断开　B. 电位的高、低　C. 真与假　D. 电流的有、无

**技能 10.2.3**　当逻辑函数有 $n$ 个变量时,共有_____个变量取值组合。
A. $n$　　　B. $2n$　　　C. $n^2$　　　D. $2^n$

**技能 10.2.4**　逻辑函数的表示方法中具有唯一性的是_____。
A. 真值表　　　B. 表达式　　　C. 逻辑图　　　D. 卡诺图

**技能 10.2.5**　$F = A\bar{B} + BD + CDE + \bar{A}D = $_____。
A. $A\bar{B} + D$　　　　　　　　B. $(A+\bar{B})D$
C. $(A+D)(\bar{B}+D)$　　　　　D. $(A+D)(B+\bar{D})$

**技能 10.2.6**　逻辑函数 $F = A \oplus (A \oplus B) = $_____。
A. $B$　　　B. $A$　　　C. $A \oplus B$　　　D. $\overline{A \oplus B}$

**技能 10.2.7**　求一个逻辑函数 $F$ 的对偶式,可将 $F$ 中的_____。
A. "·"换成"+","+"换成"·"
B. 原变量换成反变量,反变量换成原变量
C. 变量不变
D. 常数中"0"换成"1","1"换成"0"
E. 常数不变

**技能 10.2.8**　$A + BC = $_____。
A. $A+B$　　　　　　　　B. $A+C$
C. $(A+B)(A+C)$　　　　D. $B+C$

**技能 10.2.9**　在_____的情况下,"与非"运算的结果是逻辑 0。
A. 全部输入是 0　　　　　　B. 任一输入是 0
C. 仅一输入是 0　　　　　　D. 全部输入是 1

**技能 10.2.10**　在_____的情况下,"或非"运算的结果是逻辑 0。

A. 全部输入是 0  B. 全部输入是 1
C. 任一输入为 0,其他输入为 1  D. 任一输入为 1

**技能 10.2.11** 逻辑变量的取值,1 比 0 大。（　　）

**技能 10.2.12** 异或函数与同或函数在逻辑上互为反函数。（　　）

**技能 10.2.13** 若两个函数具有相同的真值表,则两个逻辑函数必然相等。（　　）

**技能 10.2.14** 因为逻辑表达式 $A+B+AB=A+B$ 成立,所以 $AB=0$ 成立。（　　）

**技能 10.2.15** 若两个函数具有不同的真值表,则两个逻辑函数必然不相等。（　　）

**技能 10.2.16** 若两个函数具有不同的逻辑函数式,则两个逻辑函数必然不相等。（　　）

**技能 10.2.17** 逻辑函数两次求反则还原,逻辑函数的对偶式再进行对偶变换也还原为它本身。（　　）

**技能 10.2.18** 逻辑函数 $Y=A\bar{B}+\bar{A}B+\bar{B}C+B\bar{C}$ 已是最简与或表达式。（　　）

**技能 10.2.19** 因为逻辑表达式 $A\bar{B}+\bar{A}B+AB=A+B+AB$ 成立,所以 $A\bar{B}+\bar{A}B=A+B$ 成立。（　　）

**技能 10.2.20** 对于逻辑函数 $Y=A\bar{B}+\bar{A}B+\bar{B}C+B\bar{C}$,利用代入规则,令 $A=BC$,得 $Y=BC\bar{B}+\overline{BC}B+\bar{B}C+B\bar{C}=\bar{B}C+B\bar{C}$ 成立。（　　）

**技能 10.2.21** 根据要求完成下列各题：

(1) 用代数法化简函数 $F=\overline{AC+\bar{A}BC+\bar{B}C+A\bar{B}C+\bar{A}C+BC}$。

(2) 证明恒等式 $A\bar{B}+\bar{A}B=(A+B)(\bar{A}+\bar{B})=\overline{AB+\bar{A}+\bar{B}}$。

**技能 10.2.22** 将图 10.2.5 所示电路化简成最简与或表达式。

**技能 10.2.23** 利用卡诺图化简 $Y=ABC+ABD+A\bar{C}D+\bar{C}\bar{D}+A\bar{B}C+\bar{A}CD$。

**技能 10.2.24** 化简逻辑函数：$Y=\overline{AC+\bar{A}BC+\bar{B}C+AB\bar{C}}$。

**技能 10.2.25** 试利用卡诺图化简逻辑函数：$Z=\overline{(A\oplus C)\cdot \bar{B}(A\bar{C}D+\bar{A}CD)}$。

**技能 10.2.26** 设逻辑表达式为 $G=(AB+CD)E+\bar{F}$,试画出其逻辑图。

**技能 10.2.27** 化简如图 10.2.6 所示的电路,要求化简后的电路逻辑功能不变。

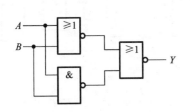

图 10.2.5　技能 10.2.22 逻辑电路图

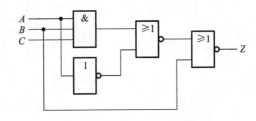

图 10.2.6　技能 10.2.27 逻辑电路图

**技能 10.2.28** 写出逻辑函数 $Y_2$ 的最简与或表达式,画出最简与非逻辑图。

**技能 10.2.29** 电路如图 10.2.8 所示,设开关闭合为 1,断开为 0,灯亮为 1,灯灭为 0。列出反映逻辑 $L$ 和 $A$、$B$、$C$ 关系的真值表,并写出逻辑函数 $L$ 的表达式。

**技能 10.2.30** 列出函数 $F=AB+\bar{A}C$ 的真值表。

**技能 10.2.31** 写出图 10.2.9 电路的逻辑函数表达式,并将结果化为最简与或表达式。

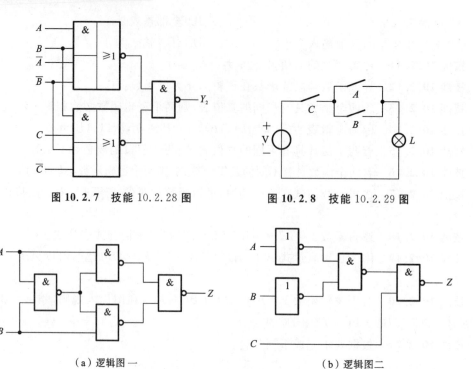

图 10.2.7　技能 10.2.28 图　　　　图 10.2.8　技能 10.2.29 图

(a) 逻辑图一　　　　　　　　　　(b) 逻辑图二

图 10.2.9　技能 10.2.31 逻辑电路图

**技能 10.2.32**　用代数法将下列函数化简为最简与或表达式。
(1) $Y = ABC + (A+B+C)\overline{AB+BC+AC}$。
(2) $Y = \overline{A}\overline{B} + AC + \overline{C}D + \overline{B}\overline{C}\overline{D} + B\overline{C}E + BC\overline{G}$。

**技能 10.2.33**　写出如图 10.2.10 所示各逻辑图的逻辑表达式。

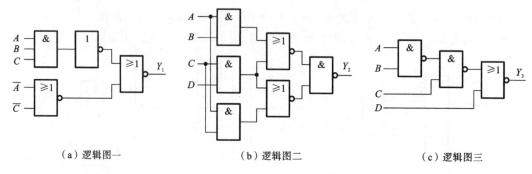

(a) 逻辑图一　　　　　　(b) 逻辑图二　　　　　　(c) 逻辑图三

图 10.2.10　技能 10.2.33 逻辑电路图

**技能 10.2.34**　用卡诺图化简下列函数,并用与非门画出逻辑电路图。
$$F(A,B,C,D) = \sum m(0,2,6,7,8,9,10,13,14,15)$$

**技能 10.2.35**　用卡诺图化简函数 $F(A,B,C,D) = \overline{A}\overline{B}C + \overline{A}C\overline{D} + A\overline{B}C\overline{D} + A\overline{B}C$。

**技能 10.2.36**　一个三变量逻辑函数的真值表如表 10.2.5 所示,写出其最小项表达式,画出卡诺图并化简之。

表 10.2.5　技能 10.2.36 函数真值表

| A | B | C | F |
|---|---|---|---|
| 0 | 0 | 0 | 0 |
| 0 | 0 | 1 | 1 |
| 0 | 1 | 0 | 0 |
| 0 | 1 | 1 | 0 |
| 1 | 0 | 0 | 1 |
| 1 | 0 | 1 | 1 |
| 1 | 1 | 0 | 0 |
| 1 | 1 | 1 | 0 |

**技能 10.2.37**　真值表如图 10.2.11 所示,试写出逻辑函数表达式。

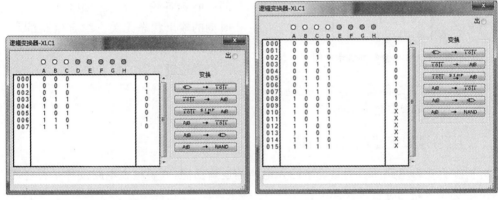

（a）逻辑图一　　　　　　　　　　（b）逻辑图二

图 10.2.11　技能 10.2.37 真值表图

# 项目11  组合逻辑电路的分析与仿真

## 任务11.1  组合逻辑电路分析方法

**※能力目标**

了解组合逻辑电路的定义,熟练掌握组合逻辑电路的分析与仿真方法。

**※核心知识**

逻辑电路按照逻辑功能的不同可分为两大类:一类是组合逻辑电路(简称组合电路),另一类是时序逻辑电路(简称时序电路)。所谓组合电路是指电路在任意时刻的输出状态只与同一时刻各输入状态的组合有关,而与前一时刻的输出状态无关。组合电路的示意图如图11.1.1所示。

图11.1.1  组合电路示意图

组合逻辑电路的特点如下:

(1) 输出、输入之间没有反馈延迟通路;

(2) 电路中不含记忆元器件。

### 一、组合逻辑电路的分析方法

分析组合逻辑电路的目的是确定已知电路的逻辑功能,或者检查电路设计是否合理。

组合逻辑电路的分析步骤如下:

(1) 根据已知的逻辑图,从输入到输出逐级写出逻辑函数表达式;

(2) 利用公式法或卡诺图法化简逻辑函数表达式;

(3) 列真值表,确定其逻辑功能。

### 二、组合逻辑电路的设计方法

组合逻辑电路设计的目的是根据功能要求设计最佳电路。

组合逻辑电路的设计步骤如下:

(1) 根据设计要求,确定输入、输出变量的个数,并对它们进行逻辑赋值(确定0和1代表的含义);

(2) 根据逻辑功能要求列出真值表、表达式;

(3) 化简逻辑函数;

(4) 根据要求画出逻辑图。

**※任务驱动**

**任务11.1.1**  分析如图11.1.2所示组合逻辑电路的功能。

**解**:(1) 根据图11.1.2,可得

$$Y=\overline{\overline{AB}\cdot\overline{BC}\cdot\overline{AC}}$$

(2) 化简,得

$$Y=AB+BC+AC$$

(3) 任务 11.1.1 的真值表如表 11.1.1 所示。

表 11.1.1 任务 11.1.1 的真值表

| A | B | C | Y |
|---|---|---|---|
| 0 | 0 | 0 | 0 |
| 0 | 0 | 1 | 0 |
| 0 | 1 | 0 | 0 |
| 0 | 1 | 1 | 1 |
| 1 | 0 | 0 | 0 |
| 1 | 0 | 1 | 1 |
| 1 | 1 | 0 | 1 |
| 1 | 1 | 1 | 1 |

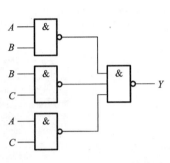

图 11.1.2 任务 11.1.1 逻辑电路图

由表 11.1.1 可知,若输入两个或者两个以上的 1(或 0),输出 $Y$ 为 1(或 0),此电路在实际应用中可作为多数表决电路使用。

任务 11.1.1 的逻辑电路仿真分析图如图 11.1.3 所示。

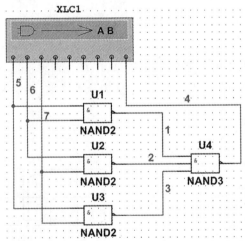

图 11.1.3 任务 11.1.1 逻辑电路仿真分析图

**任务 11.1.2** 分析如图 11.1.4 所示组合逻辑电路的功能。

**解**:(1) 写出如下逻辑表达式:

$$Y_1=\overline{AB}$$

$$Y_2=\overline{A\cdot Y_1}=\overline{A\cdot\overline{AB}}$$

$$Y_3=\overline{\overline{Y_1}\cdot B}=\overline{\overline{AB}\cdot B}$$

$$Y=\overline{Y_2\cdot Y_3}=\overline{\overline{A\cdot\overline{AB}}\cdot\overline{\overline{AB}\cdot B}}$$

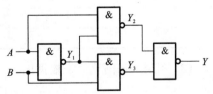

图 11.1.4 任务 11.1.2 逻辑电路图

(2) 化简,得

$$Y = \overline{\overline{A \cdot \overline{AB}} \cdot \overline{\overline{AB} \cdot B}} = \overline{(\overline{A} + AB) \cdot (\overline{AB} + \overline{B})}$$
$$= \overline{A}B + A\overline{B} = A \oplus B$$

(3) 确定逻辑功能:从逻辑表达式可以看出,电路具有"异或"功能。

任务 11.1.2 的逻辑仿真电路分析图如图 11.1.5 所示。

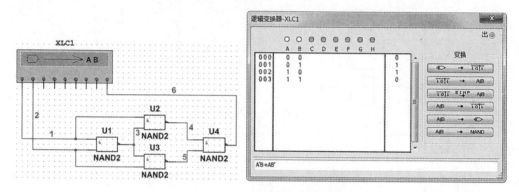

图 11.1.5 任务 11.1.2 逻辑仿真电路分析图

**任务 11.1.3** 有三个班学生上自习,大教室能容纳两个班的学生,小教室能容纳一个班的学生。设计两个教室是否开灯的逻辑控制电路,要求如下:

(1) 一个班学生上自习,开小教室的灯;

(2) 两个班学生上自习,开大教室的灯;

(3) 三个班学生上自习,两个教室均开灯。

**解**:(1) 确定输入、输出变量的个数:根据电路要求,设输入变量 $A$、$B$、$C$ 分别表示三个班学生是否上自习,1 表示上自习,0 表示不上自习;输出变量 $Y$、$G$ 分别表示大教室、小教室的灯是否亮,1 表示亮,0 表示灭。

(2) 列真值表,如表 11.1.2 所示。

表 11.1.2 任务 11.1.3 的真值表

| A | B | C | Y | G |
|---|---|---|---|---|
| 0 | 0 | 0 | 0 | 0 |
| 0 | 0 | 1 | 0 | 1 |
| 0 | 1 | 0 | 0 | 1 |
| 0 | 1 | 1 | 1 | 0 |
| 1 | 0 | 0 | 0 | 1 |
| 1 | 0 | 1 | 1 | 0 |
| 1 | 1 | 0 | 1 | 0 |
| 1 | 1 | 1 | 1 | 1 |

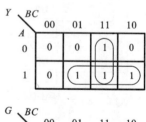

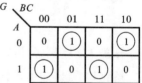

图 11.1.6 任务 11.1.3 的卡诺图

(3) 利用卡诺图化简。根据图 11.1.6 可得

$$Y = \overline{A}BC + \overline{A}B\overline{C} + A\overline{B}C + ABC$$

$$Y = \overline{A}BC + A\overline{B}C + A\overline{B}\overline{C} + ABC$$
$$= \overline{A}(B \oplus C) + A(B \odot C) = A \oplus B \oplus C$$

(4) 画逻辑图:逻辑电路图如图 11.1.7(a)所示。

若要求用 TTL 与非门,实现该设计电路的设计。

步骤如下:

首先,将化简后的与或逻辑表达式转换为与非表达式;然后,画出如图 11.1.7(b)所示的逻辑图;最后,画出用与非门实现的组合逻辑电路。

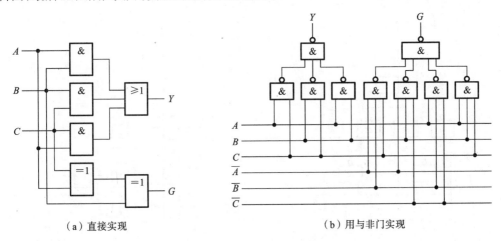

(a) 直接实现　　　　　　　　　　　(b) 用与非门实现

图 11.1.7　任务 11.1.3 的逻辑电路图

## ※技能驱动

**技能 11.1.1**　某设备有开关 $A$、$B$、$C$,要求:只有开关 $A$ 接通的条件下,开关 $B$ 才能接通;开关 $C$ 只有在开关 $B$ 接通的条件下才能接通。若违反这一规程,则发出报警信号。设计一个由与非门组成的能实现这一功能的报警控制电路。

**技能 11.1.2**　为提高报警信号的可靠性,在有关部位安装了 3 个同类型的危险报警器,只有当 3 个危险报警器中至少有 2 个危险报警器指示危险时,才实现关机操作。试画出具有该功能的逻辑电路。

**技能 11.1.3**　如图 11.1.8 所示,当输入变量取何值时,输出为高电平?

**技能 11.1.4**　试用图 11.1.9 所示的与或非门实现下列函数:

(1) $F_1 = \overline{A}$;

(2) $F_2 = \overline{AB}$;

(3) $F_3 = \overline{A+B}$;

(4) $F_4 = \overline{A \oplus B}$。

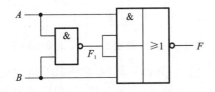　　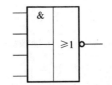

图 11.1.8　技能 11.1.3 逻辑电路图　　图 11.1.9　技能 11.1.4 逻辑电路图

**技能 11.1.5**　已知逻辑表达式为 $L = BC + A\overline{B}C\overline{D} + \overline{B}D + \overline{C}D$,试将它改为与非表达式,

并画出用双输入与非门构成的逻辑图。

**技能 11.1.6** 可否将与非门、或非门、异或门当成反相器使用?如果可以,则其输入端应如何处理?画出电路图。

**技能 11.1.7** 如图 11.1.10 所示,试问在哪些输入情况下可以输出 $Z=1$?

**技能 11.1.8** 分析图 11.1.11 所示的逻辑电路,列出真值表,说明其逻辑功能。

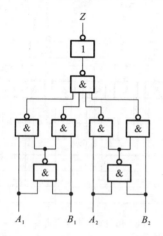

图 11.1.10 技能 11.1.7 逻辑电路图

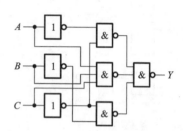

图 11.1.11 技能 11.1.8 逻辑电路图

**技能 11.1.9** 一个三位二进制数码由高位至低位分别送至电路的三个输入端,要求三位数码中有奇数个 1 时,电路输出为 1,否则电路输出为 0。

**技能 11.1.10** 电路如图 11.1.12 所示,试分析在哪些情况下($A$、$B$、$C$、$D$ 为哪些取值组合),输出 $F=1$?

**技能 11.1.11** 某组合逻辑电路输入信号波形和输出信号波形如图 11.1.13 所示,试用与非门实现该逻辑电路。

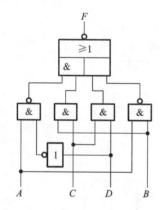

图 11.1.12 技能 11.1.10 逻辑电路图

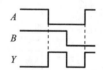

图 11.1.13 技能 11.1.11 逻辑电路图

**技能 11.1.12** 分析如图 11.1.14 所示的逻辑电路,列出真值表,说明其逻辑功能。

**技能 11.1.13** 设计一个半加器电路,要求:列出真值表,写出逻辑式,画出逻辑电路。

**技能 11.1.14** 写出图 11.1.15 所示组合电路输出函数 $F$ 的表达式,列出真值表,分析逻辑功能。

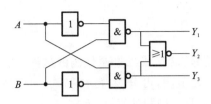 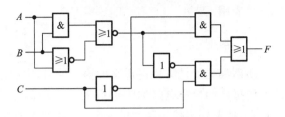

图 11.1.14　技能 11.1.12 逻辑电路图　　　图 11.1.15　技能 11.1.14 逻辑电路图

**技能 11.1.15**　用三个拉线开关(双刀双掷开关)设计一个室内照明线路:房门入口处有一个开关 $A$,床边有开关 $B$ 和 $C$,三个开关都可将电灯点亮、关闭。

**技能 11.1.16**　组合逻辑电路的输入 $A$、$B$、$C$ 及输出 $F$ 的波形如图 11.1.16 所示,试列出状态表,写出逻辑式,画出逻辑图。

**技能 11.1.17**　分析如图 11.1.17 所示电路,并化简。

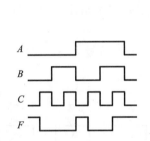 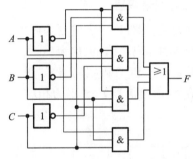

图 11.1.16　技能 11.1.16 波形图　　　图 11.1.17　技能 11.1.17 逻辑电路图

**技能 11.1.18**　分析图 11.1.18 所示组合逻辑电路的功能(表达式、真值表及功能说明)。

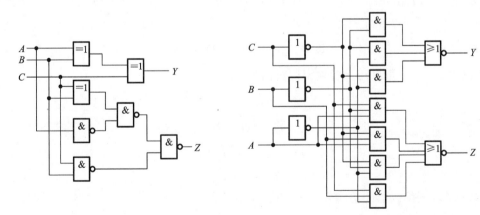

图 11.1.18　技能 11.1.18 逻辑电路图

## 任务 11.2　集成数字逻辑芯片应用电路仿真与调试

### ※ 能力目标

了解并掌握编码器与译码器的工作原理,了解数据选择器等其他组合逻辑电路的工作原理及应用。

## 一、编码器

所谓编码就是将特定含义的输入信号(文字、数字、符号)转换成二进制代码的过程。实现编码操作的数字电路称为编码器。编码器按照编码方式不同,可分为普通编码器和优先编码器;按照输出代码种类的不同,可分为二进制编码器和非二进制编码器。

### 1. 二进制编码器

若输入信号的个数 $N$ 与输出变量的位数 $n$ 满足 $N=2^n$,则此电路称为二进制编码器。任何时刻只能对其中一个输入信号进行编码,即输入的 $N$ 个信号是互相排斥的,它属于普通编码器。若编码器输入为 4 个信号,输出为 2 位代码,则称为 4 线-2 线编码器(或 4/2 线编码器)。

### 2. 非二进制编码器

非二进制编码器以二-十进制编码器为例。二-十进制编码器是指用四位二进制码表示一位十进制数的编码电路,也称为 10 线-4 线编码器。

最常见是 8421BCD 码编码器,如图 11.2.1 所示。其中,输入信号 $I_0 \sim I_9$ 代表 0~9 共 10 个十进制信号,输出信号 $Y_0 \sim Y_3$ 为相应二进制代码。

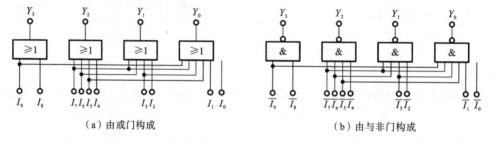

(a) 由或门构成　　　　　　　　(b) 由与非门构成

图 11.2.1　8421BCD 码编码器

由图 11.2.1(b)可以写出各输出逻辑函数,即

$$Y_0 = \overline{\overline{I_9} \cdot \overline{I_7} \cdot \overline{I_5} \cdot \overline{I_3} \cdot \overline{I_1}}$$
$$Y_1 = \overline{\overline{I_7} \overline{I_6} \overline{I_3} \overline{I_2}}$$
$$Y_2 = \overline{\overline{I_7} \cdot \overline{I_6} \cdot \overline{I_5} \cdot \overline{I_4}}$$
$$Y_3 = \overline{\overline{I_9} \cdot \overline{I_8}}$$

8421BCD 码编码器的功能表如表 11.2.1 所示。

### 3. 优先编码器

优先编码器:当多个输入端同时有信号时,电路只对其中优先级最高的信号进行编码。10 线-4 线优先编码器常见型号为 54/74147、54/74LS147,8 线-3 线优先编码器常见型号为 54/74148、54/74LS148。

1) 优先编码器 74LS148

74LS148 是 8 线-3 线优先编码器,如图 11.2.2 所示,$I_0 \sim I_7$ 为输入信号端。

表 11.2.1　8421BCD 码编码器的功能表

| 输入 | | | | | | | | | | 输出 | | | |
|---|---|---|---|---|---|---|---|---|---|---|---|---|---|
| $I_0$ | $I_1$ | $I_2$ | $I_3$ | $I_4$ | $I_5$ | $I_6$ | $I_7$ | $I_8$ | $I_9$ | $Y_3$ | $Y_2$ | $Y_1$ | $Y_0$ |
| 1 | 0 | 0 | 0 | 0 | 0 | 0 | 0 | 0 | 0 | 0 | 0 | 0 | 0 |
| 0 | 1 | 0 | 0 | 0 | 0 | 0 | 0 | 0 | 0 | 0 | 0 | 0 | 1 |
| 0 | 0 | 1 | 0 | 0 | 0 | 0 | 0 | 0 | 0 | 0 | 0 | 1 | 0 |
| 0 | 0 | 0 | 1 | 0 | 0 | 0 | 0 | 0 | 0 | 0 | 0 | 1 | 1 |
| 0 | 0 | 0 | 0 | 1 | 0 | 0 | 0 | 0 | 0 | 0 | 1 | 0 | 0 |
| 0 | 0 | 0 | 0 | 0 | 1 | 0 | 0 | 0 | 0 | 0 | 1 | 0 | 1 |
| 0 | 0 | 0 | 0 | 0 | 0 | 1 | 0 | 0 | 0 | 0 | 1 | 1 | 0 |
| 0 | 0 | 0 | 0 | 0 | 0 | 0 | 1 | 0 | 0 | 0 | 1 | 1 | 1 |
| 0 | 0 | 0 | 0 | 0 | 0 | 0 | 0 | 1 | 0 | 1 | 0 | 0 | 0 |
| 0 | 0 | 0 | 0 | 0 | 0 | 0 | 0 | 0 | 1 | 1 | 0 | 0 | 1 |

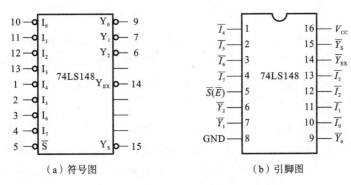

图 11.2.2　74LS148 符号图和引脚图

优先编码器 74LS148 的功能表如表 11.2.2 所示。

表 11.2.2　优先编码器 74LS148 的功能表

| 输入 | | | | | | | | | 输出 | | | 扩展输出 | 使能输出 |
|---|---|---|---|---|---|---|---|---|---|---|---|---|---|
| $\overline{S}$ | $\overline{I}_7$ | $\overline{I}_6$ | $\overline{I}_5$ | $\overline{I}_4$ | $\overline{I}_3$ | $\overline{I}_2$ | $\overline{I}_1$ | $\overline{I}_0$ | $\overline{Y}_2$ | $\overline{Y}_2$ | $\overline{Y}_2$ | $\overline{Y}_{EX}$ | $\overline{Y}_S$ |
| 1 | × | × | × | × | × | × | × | × | 1 | 1 | 1 | 1 | 1 |
| 0 | 1 | 1 | 1 | 1 | 1 | 1 | 1 | 1 | 1 | 1 | 1 | 1 | 0 |
| 0 | 0 | × | × | × | × | × | × | × | 0 | 0 | 0 | 0 | 1 |
| 0 | 1 | 0 | × | × | × | × | × | × | 0 | 0 | 1 | 0 | 1 |
| 0 | 1 | 1 | 0 | × | × | × | × | × | 0 | 1 | 0 | 0 | 1 |
| 0 | 1 | 1 | 1 | 0 | × | × | × | × | 0 | 1 | 1 | 0 | 1 |
| 0 | 1 | 1 | 1 | 1 | 0 | × | × | × | 1 | 0 | 0 | 0 | 1 |
| 0 | 1 | 1 | 1 | 1 | 1 | 0 | × | × | 1 | 0 | 1 | 0 | 1 |
| 0 | 1 | 1 | 1 | 1 | 1 | 1 | 0 | × | 1 | 1 | 0 | 0 | 1 |
| 0 | 1 | 1 | 1 | 1 | 1 | 1 | 1 | 0 | 1 | 1 | 1 | 0 | 1 |

2) 优先编码器 74LS148 的扩展

用优先编码器 74LS148 可以多级连接,形成扩展功能,如用两块 74LS148 可以扩展成为一个 16 线-4 线优先编码器,如图 11.2.3 所示。

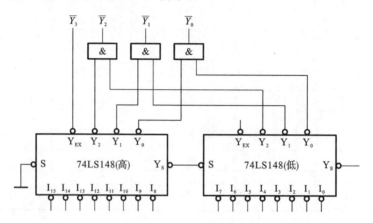

图 11.2.3  16 线-4 线优先编码器

根据图 11.2.3 可以看出,高位片 $S_1=0$ 允许对入 $I_8 \sim I_{15}$ 编码,高位片 $Y_{S1}=1$,低位片 $S_2=1$,则高位片编码,低位片禁止编码。但若 $I_8 \sim I_{15}$ 都是高电平,即均无编码请求,则 $Y_{S1}=0$ 允许低位片对输入 $I_0 \sim I_7$ 编码。显然,高位片的编码级别优先于低位片的。

3) 优先编码器 74LS148 的应用

优先编码器 74LS148 的应用是非常广泛的。例如,常用计算机键盘,其内部就是一个字符编码器。它将键盘上的大、小写英文字母和数字及符号还包括一些功能键(回车、空格)等编成一系列的 7 位二进制数码,送到计算机的中央处理单元(CPU),再进行处理、存储、输出到显示器或打印机上。还可以用 74LS148 编码器监控炉罐的温度,若其中任何一个炉温超过标准温度或低于标准温度,则检测传感器就会输出一个 0 电平到 74LS148 编码器的输入端,编码器编码后输出 3 位二进制代码到微处理器进行控制。

## 二、译码器

### 1. 概述

译码是编码的逆过程,即将每一组输入二进制码"翻译"成一个特定的输出信号。实现译码功能的数字电路称为译码器。译码器分为变量译码器和显示译码器。变量译码器有二进制译码器和非二进制译码器。显示译码器按显示材料分为荧光、发光二极管译码器,液晶显示译码器;按显示内容分为文字、数字、符号译码器。

### 2. 集成译码器

1) 二进制译码器

二进制译码器(变量译码器)种类很多。常用的有:TTL 系列中的 54/74HC138、54/74LS138,CMOS 系列中的 54/74HC138、54/74HCT138 等。图 11.2.4 所示的为 74LS138 的符号图、引脚图,其逻辑功能表如表 11.2.3 所示。

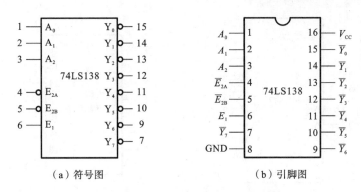

(a) 符号图　　　　　　　　　(b) 引脚图

图 11.2.4　74LS138 符号图和引脚图

表 11.2.3　74LS138 功能表

| 输入 | | | | | 输出 | | | | | | | |
|---|---|---|---|---|---|---|---|---|---|---|---|---|
| 使能 | | 选择 | | | | | | | | | | |
| $E_1$ | $\overline{E_2}$ | $A_2$ | $A_1$ | $A_0$ | $\overline{Y_7}$ | $\overline{Y_6}$ | $\overline{Y_5}$ | $\overline{Y_4}$ | $\overline{Y_3}$ | $\overline{Y_2}$ | $\overline{Y_1}$ | $\overline{Y_0}$ |
| × | 1 | × | × | × | 1 | 1 | 1 | 1 | 1 | 1 | 1 | 1 |
| 0 | × | × | × | × | 1 | 1 | 1 | 1 | 1 | 1 | 1 | 1 |
| 1 | 0 | 0 | 0 | 0 | 1 | 1 | 1 | 1 | 1 | 1 | 1 | 0 |
| 1 | 0 | 0 | 0 | 1 | 1 | 1 | 1 | 1 | 1 | 1 | 0 | 1 |
| 1 | 0 | 0 | 1 | 0 | 1 | 1 | 1 | 1 | 1 | 0 | 1 | 1 |
| 1 | 0 | 0 | 1 | 1 | 1 | 1 | 1 | 1 | 0 | 1 | 1 | 1 |
| 1 | 0 | 1 | 0 | 0 | 1 | 1 | 1 | 0 | 1 | 1 | 1 | 1 |
| 1 | 0 | 1 | 0 | 1 | 1 | 1 | 0 | 1 | 1 | 1 | 1 | 1 |
| 1 | 0 | 1 | 1 | 0 | 1 | 0 | 1 | 1 | 1 | 1 | 1 | 1 |
| 1 | 0 | 1 | 1 | 1 | 0 | 1 | 1 | 1 | 1 | 1 | 1 | 1 |

注：$\overline{E_2}=\overline{E_{2A}}+\overline{E_{2B}}$。

由功能表 11.2.3 可知，它能译出三个输入变量的全部状态。该译码器设置了 $E_1$、$E_{2A}$、$E_{2B}$ 三个使能输入端，当 $E_1$ 为 1 且 $E_{2A}$ 和 $E_{2B}$ 均为 0 时，译码器处于工作状态，否则译码器不工作。

2）非二进制译码器

非二进制译码器种类很多，其中二-十进制译码器应用较广泛。二-十进制译码器常用型号有：TTL 系列的 54/7442、54/74LS42，CMOS 系列中的 54/74HC42、54/74HCT42 等。图 11.2.5 所示的为 74LS42 的符号图和引脚图。该译码器有 $A_0 \sim A_3$ 共 4 个输入端，$Y_0 \sim Y_9$ 共 10 个输出端，简称 4 线-10 线译码器。74LS42 的逻辑功能表如表 11.2.4 所示。

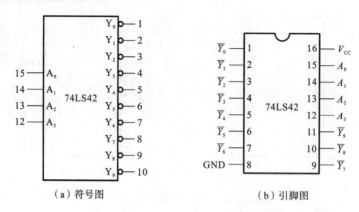

(a) 符号图　　　　　　　　　(b) 引脚图

图 11.2.5　74LS42 二-十进制译码器

表 11.2.4　74LS42 译码器功能表

| 序号 | 输入 | | | | 输出 | | | | | | | | | |
|---|---|---|---|---|---|---|---|---|---|---|---|---|---|---|
| | $A_3$ | $A_2$ | $A_1$ | $A_0$ | $\overline{Y}_0$ | $\overline{Y}_1$ | $\overline{Y}_2$ | $\overline{Y}_3$ | $\overline{Y}_4$ | $\overline{Y}_5$ | $\overline{Y}_6$ | $\overline{Y}_7$ | $\overline{Y}_8$ | $\overline{Y}_9$ |
| 0 | 0 | 0 | 0 | 0 | 0 | 1 | 1 | 1 | 1 | 1 | 1 | 1 | 1 | 1 |
| 1 | 0 | 0 | 0 | 1 | 1 | 0 | 1 | 1 | 1 | 1 | 1 | 1 | 1 | 1 |
| 2 | 0 | 0 | 1 | 0 | 1 | 1 | 0 | 1 | 1 | 1 | 1 | 1 | 1 | 1 |
| 3 | 0 | 0 | 1 | 1 | 1 | 1 | 1 | 0 | 1 | 1 | 1 | 1 | 1 | 1 |
| 4 | 0 | 1 | 0 | 0 | 1 | 1 | 1 | 1 | 0 | 1 | 1 | 1 | 1 | 1 |
| 5 | 0 | 1 | 0 | 1 | 1 | 1 | 1 | 1 | 1 | 0 | 1 | 1 | 1 | 1 |
| 6 | 0 | 1 | 1 | 0 | 1 | 1 | 1 | 1 | 1 | 1 | 0 | 1 | 1 | 1 |
| 7 | 0 | 1 | 1 | 1 | 1 | 1 | 1 | 1 | 1 | 1 | 1 | 0 | 1 | 1 |
| 8 | 1 | 0 | 0 | 0 | 1 | 1 | 1 | 1 | 1 | 1 | 1 | 1 | 0 | 1 |
| 9 | 1 | 0 | 0 | 1 | 1 | 1 | 1 | 1 | 1 | 1 | 1 | 1 | 1 | 0 |
| 伪码 | 1 | 0 | 1 | 0 | 1 | 1 | 1 | 1 | 1 | 1 | 1 | 1 | 1 | 1 |
| | 1 | 0 | 1 | 1 | 1 | 1 | 1 | 1 | 1 | 1 | 1 | 1 | 1 | 1 |
| | 1 | 1 | 0 | 0 | 1 | 1 | 1 | 1 | 1 | 1 | 1 | 1 | 1 | 1 |
| | 1 | 1 | 0 | 1 | 1 | 1 | 1 | 1 | 1 | 1 | 1 | 1 | 1 | 1 |
| | 1 | 1 | 1 | 0 | 1 | 1 | 1 | 1 | 1 | 1 | 1 | 1 | 1 | 1 |
| | 1 | 1 | 1 | 1 | 1 | 1 | 1 | 1 | 1 | 1 | 1 | 1 | 1 | 1 |

$Y_0$ 输出为 $Y_0=\overline{\overline{A}_3\overline{A}_2\overline{A}_1\overline{A}_0}$。当 $A_3A_2A_1A_0=0000$ 时,输出 $Y_0=0$,它对应的十进制数为 0,其余输出依次类推。

3) 显示译码器

显示译码器常见的是数字显示电路,它通常由译码器、驱动器和显示器等部分组成。

数码显示器按显示方式有分段式、字形重叠式、点阵式。其中,七段数码显示器应用最普遍。图 11.2.6(a)所示的半导体发光二极管显示器是数字电路中使用最多的显示器,它有共阳极和共阴极两种接法。共阳极接法(见图 11.2.6(b))是各发光二极管阳极相接,对应极接低电平时亮。图 11.2.6(c)所示的为发光二极管的共阴极接法,共阴极接法是各发光二极管的阴极相接,对应极接高电平时亮。

七段数码显示器发光段组合如图 11.2.7 所示。

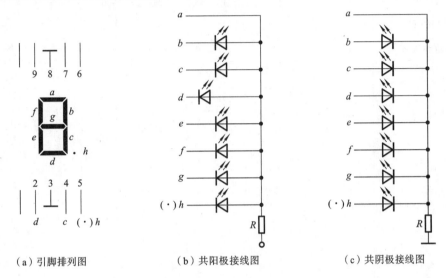

图 11.2.6　半导体显示器

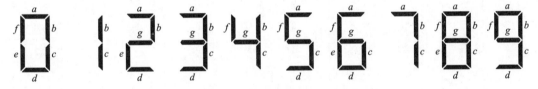

图 11.2.7　七段数码显示器发光段组合图

图 11.2.8 所示的为显示译码器 74LS48 的符号图和引脚图,表 11.2.5 所示的为 74LS48 的逻辑功能表,它有三个辅助控制端 $\overline{LT}$、$\overline{RBI}$、$\overline{BI/RBO}$。

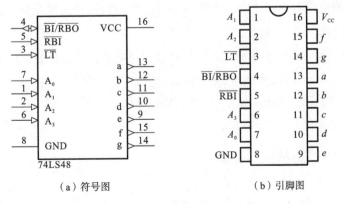

图 11.2.8　74LS48 的符号图和引脚图

表 11.2.5　74LS48 的逻辑功能表

| 功能或十进制数 | 输入 | | | | | | 输出 | | | | | | | |
|---|---|---|---|---|---|---|---|---|---|---|---|---|---|---|
| | $\overline{LT}$ | $\overline{RBI}$ | $A_3$ | $A_2$ | $A_1$ | $A_0$ | $\overline{BI}/\overline{RBO}$ | $a$ | $b$ | $c$ | $d$ | $e$ | $f$ | $g$ |
| $\overline{BI}/\overline{RBO}$(灭灯) | × | × | × | × | × | × | 0(输入) | 0 | 0 | 0 | 0 | 0 | 0 | 0 |
| $\overline{LT}$(试灯) | 0 | × | × | × | × | × | 1 | 1 | 1 | 1 | 1 | 1 | 1 | 1 |
| $\overline{RBI}$(动态灭零) | 1 | 0 | 0 | 0 | 0 | 0 | 0 | 0 | 0 | 0 | 0 | 0 | 0 | 0 |
| 0 | 1 | 1 | 0 | 0 | 0 | 0 | 1 | 1 | 1 | 1 | 1 | 1 | 1 | 0 |
| 1 | 1 | × | 0 | 0 | 0 | 1 | 1 | 0 | 1 | 1 | 0 | 0 | 0 | 0 |
| 2 | 1 | × | 0 | 0 | 1 | 0 | 1 | 1 | 1 | 0 | 1 | 1 | 0 | 1 |
| 3 | 1 | × | 0 | 0 | 1 | 1 | 1 | 1 | 1 | 1 | 1 | 0 | 0 | 1 |
| 4 | 1 | × | 0 | 1 | 0 | 0 | 1 | 0 | 1 | 1 | 0 | 0 | 1 | 1 |
| 5 | 1 | × | 0 | 1 | 0 | 1 | 1 | 1 | 0 | 1 | 1 | 0 | 1 | 1 |
| 6 | 1 | × | 0 | 1 | 1 | 0 | 1 | 0 | 0 | 1 | 1 | 1 | 1 | 1 |
| 7 | 1 | × | 0 | 1 | 1 | 1 | 1 | 1 | 1 | 1 | 0 | 0 | 0 | 0 |
| 8 | 1 | × | 1 | 0 | 0 | 0 | 1 | 1 | 1 | 1 | 1 | 1 | 1 | 1 |
| 9 | 1 | × | 1 | 0 | 0 | 1 | 1 | 1 | 1 | 1 | 0 | 0 | 1 | 1 |
| 10 | 1 | × | 1 | 0 | 1 | 0 | 1 | 0 | 0 | 0 | 1 | 1 | 0 | 1 |
| 11 | 1 | × | 1 | 0 | 1 | 1 | 1 | 0 | 0 | 1 | 1 | 0 | 0 | 1 |
| 12 | 1 | × | 1 | 1 | 0 | 0 | 1 | 0 | 1 | 0 | 0 | 0 | 1 | 1 |
| 13 | 1 | × | 1 | 1 | 0 | 1 | 1 | 1 | 0 | 0 | 1 | 0 | 1 | 1 |
| 14 | 1 | × | 1 | 1 | 1 | 0 | 1 | 0 | 0 | 0 | 1 | 1 | 1 | 1 |
| 15 | 1 | × | 1 | 1 | 1 | 1 | 1 | 0 | 0 | 0 | 0 | 0 | 0 | 0 |

**3. 译码器的应用**

变量的每个输出端都表示一个最小项,利用这个特点,可以实现逻辑函数。

**4. 译码器的扩展**

用两片 74LS138 实现一个 4 线-16 线译码器。利用译码器的使能端作为高位输入端,如图 11.2.9 所示,当 $A_3=0$ 时,由表 11.2.5 可知,低位片 74LS138 工作,对输入 $A_3$、$A_2$、$A_1$、$A_0$ 进行译码,还原出 $Y_0 \sim Y_7$,而高位片 74LS138 禁止工作;当 $A_3=1$ 时,高位片 74LS138 工作,还原出 $Y_8 \sim Y_{15}$,而低位片 74LS138 禁止工作。

### 三、数据选择器和数据分配器

**1. 数据选择器**

数据选择器按要求从多路输入中选择一路输出,根据输入端的个数分为四选一、八选一等。其功能如图 11.2.10 所示的单刀多掷开关。

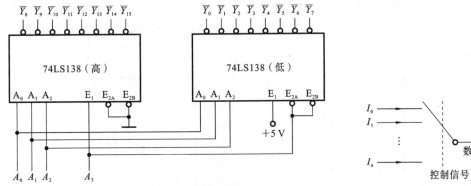

图 11.2.9　译码器扩展连接图　　　　　　图 11.2.10　数据选择器示意图

图 11.2.11 所示的为四选一数据选择器的逻辑图和符号图。其中，$A_1$、$A_0$ 为控制数据准确传送的地址输入信号；$D_0 \sim D_3$ 供选择的电路并行输入信号；$\overline{E}$ 为选通端或使能端，低电平有效。当 $\overline{E}=1$ 时，数据选择器不工作，禁止数据输入。当 $\overline{E}=0$ 时，选择器正常工作，允许数据选通。由图 11.2.11 可写出四选一数据选择器输出逻辑表达式，即

$$Y=(\overline{A}\,\overline{B}D_0+\overline{A}BD_1+A\overline{B}D_2+ABD_3)\overline{E}$$

由逻辑表达式可列出功能表，如表 11.2.6 所示。

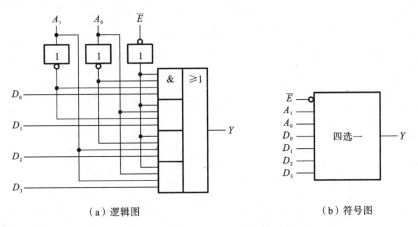

(a) 逻辑图　　　　　　　　　　(b) 符号图

图 11.2.11　四选一数据选择器

表 11.2.6　四选一功能表

| 输　　入 | | | 输　　出 |
| --- | --- | --- | --- |
| $\overline{E}$ | $A_1$ | $A_2$ | $Y$ |
| 1 | × | × | 0 |
| 0 | 0 | 0 | $D_0$ |
| 0 | 0 | 1 | $D_1$ |
| 0 | 1 | 0 | $D_2$ |
| 0 | 1 | 1 | $D_3$ |

1) 集成数据选择器电路

74LS151 是一种典型的集成电路数据选择器。图 11.2.12 所示的为 74LS151 的符号图和引脚图。它有三个地址端 $A_2 A_1 A_0$，可选择 $D_0 \sim D_7$ 共 8 个数据，具有两个互补输出端 $W$ 和 $\overline{W}$。其功能如表 11.2.7 所示。

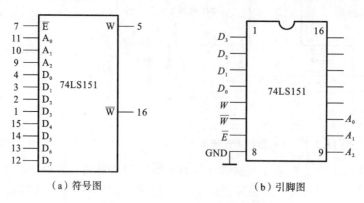

图 11.2.12　74LS151 数据选择器

表 11.2.7　74LS151 功能表

| | 输　　入 | | | | 输　　出 | |
|---|---|---|---|---|---|---|
| $D$ | $A_2$ | $A_1$ | $A_0$ | $\overline{S}$ | $Y$ | $\overline{Y}$ |
| × | × | × | × | 1 | 0 | 1 |
| $D_0$ | 0 | 0 | 0 | 0 | $D_0$ | $\overline{D}_0$ |
| $D_1$ | 0 | 0 | 1 | 0 | $D_1$ | $\overline{D}_1$ |
| $D_2$ | 0 | 1 | 0 | 0 | $D_2$ | $\overline{D}_2$ |
| $D_3$ | 0 | 1 | 1 | 0 | $D_3$ | $\overline{D}_3$ |
| $D_4$ | 1 | 0 | 0 | 0 | $D_4$ | $\overline{D}_4$ |
| $D_5$ | 1 | 0 | 1 | 0 | $D_5$ | $\overline{D}_5$ |
| $D_6$ | 1 | 1 | 0 | 0 | $D_6$ | $\overline{D}_6$ |
| $D_7$ | 1 | 1 | 1 | 0 | $D_7$ | $\overline{D}_7$ |

2) 数据选择器的扩展

用两片 74LS151 连接成一个十六选一的数据选择器。

十六选一的数据选择器的地址输入端有 4 位，最高位 $A_3$ 的输入可以由两片八选一的数据选择器的使能端接非门来实现，低三位地址输入端由两片 74LS151 的地址输入端相连而成，连接图如图 11.2.13 所示。由表 11.2.7 可知，当 $A_3 = 0$ 时，低位片 74LS151 工作时，根据地址控制信号 $A_3 A_2 A_1 A_0$ 选择数据 $D_0 \sim D_7$ 输出；当 $A_3 = 1$ 时，高位片 74LS151 工作，选择 $D_8 \sim D_{15}$ 进行输出。

3) 数据选择器的应用

利用数据选择器，当使能端有效时，用地址输入、数据输入代替逻辑函数中的变量以实

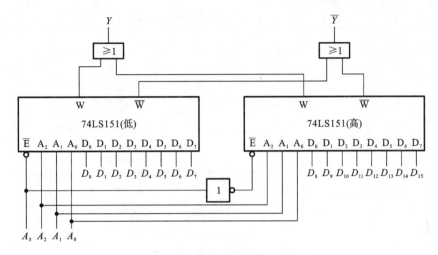

图 11.2.13 数据选择器扩展连接图

现逻辑函数。

**2. 数据分配器**

根据输出的个数不同,数据分配器可分为四路分配器、八路分配器等(见图 11.2.14)。数据分配器实际上是译码器的特殊应用。图 11.2.15 所示的为用 74LS138 作为数据分配器的逻辑原理图,其中,译码器的 $S_1$ 作为使能端,$S_3$ 接低电平,输入 $A_0 \sim A_2$ 作为地址端,$S_2$ 作为数据输入,从 $Y_0 \sim Y_7$ 分别得到相应的输出。

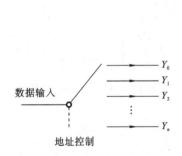

图 11.2.14 数据分配器的示意图

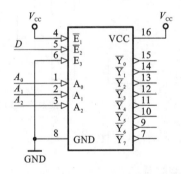

图 11.2.15 用 74LS138 作为数据分配器

## 四、数字比较器

**1. 数字比较器的定义及功能**

在数字系统中,特别是在计算机中,经常需要比较两个数 $A$ 和 $B$ 的大小,数字比较器就是对两个位数相同的二进制数 $A$、$B$ 进行比较,其结果有 $A>B$、$A<B$ 和 $A=B$ 三种可能性。

设计比较两个一位二进制数 $A$ 和 $B$ 大小的数字电路,输入变量是两个比较数 $A$ 和 $B$,输出变量 $F_{A>B}$、$F_{A<B}$、$F_{A=B}$ 分别表示 $A>B$、$A<B$ 和 $A=B$ 的三种比较结果,其真值表如表 11.2.8 所示。

表 11.2.8　一位数字比较器的真值表

| 输 | 入 | 输 | | 出 |
|---|---|---|---|---|
| A | B | $F_{A>B}$ | $F_{A<B}$ | $F_{A=B}$ |
| 0 | 0 | 0 | 0 | 1 |
| 0 | 1 | 0 | 1 | 0 |
| 1 | 0 | 1 | 0 | 0 |
| 1 | 1 | 0 | 0 | 1 |

根据真值表写出逻辑表达式，即

$$F_{A>B}=A\bar{B}$$
$$F_{A<B}=\bar{A}B$$
$$F_{A=B}=AB+\overline{A}\overline{B}=\overline{A\oplus B}$$

由逻辑表达式画出逻辑图，如图 11.2.16 所示。

### 2. 集成数字比较器

集成数字比较器 74LS85 是四位数字比较器，其引脚图如图 11.2.17 所示。

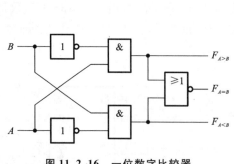

图 11.2.16　一位数字比较器

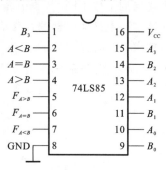

图 11.2.17　74LS85 引脚图

## 五、算术运算电路

### 1. 半加器

半加器是只考虑两个加数本身，而不考虑来自低位进位的逻辑电路。

设计一位二进制半加器，输入变量有两个，分别为加数 $A$ 和被加数 $B$；输出也有两个，分别为和数 $S$ 和进位 $C$，其真值表如表 11.2.9 所示。

表 11.2.9　半加器的真值表

| A | B | S | C |
|---|---|---|---|
| 0 | 0 | 0 | 0 |
| 0 | 1 | 1 | 0 |
| 1 | 0 | 1 | 0 |
| 1 | 1 | 0 | 1 |

根据真值表写出逻辑表达式，即
$$S=\bar{A}B+A\bar{B}$$
$$C=AB$$
由逻辑表达式画出逻辑图，如图 11.2.18 所示。

### 2. 全加器

全加器是完成两个二进制数 $A_i$ 和 $B_i$ 及相邻低位的进位 $C_{i-1}$ 相加的逻辑电路。设计一个全加器，其中，$A_i$ 和 $B_i$ 分别是被加数和加数，$C_{i-1}$ 为相邻低位的进位，$S_i$ 为本位的和，$C_i$ 为本位的进位。图 11.2.19 所示的为全加器的逻辑图和逻辑符号。在图 11.2.19(b)中，CI 是进位输入端，CO 是进位输出端。

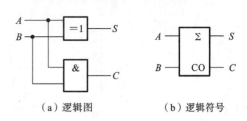

图 11.2.18 半加器

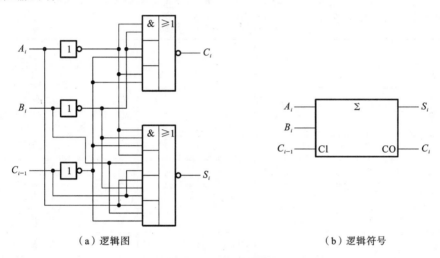

图 11.2.19 全加器

### 3. 多位加法器

多位数相加时，要考虑进位，进位的方式有串行进位和超前进位两种。可以采用全加器并行相加串行进位的方式来完成，图 11.2.20 所示的为一个四位串行进位加法器。

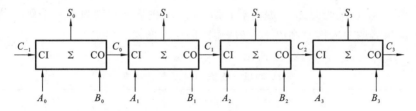

图 11.2.20 四位串行进位加法器

### 4. 集成算术/逻辑运算单元

集成算术/逻辑运算单元(AIU)能够完成一系列算术运算和逻辑运算。74LS381 是四位算术/逻辑运算单元，如图 11.2.21 所示，$A$ 和 $B$ 是预定的输入状态，根据输入信号 $S_2 \sim S_0$ 选择 8 种不同的功能。74LS381 的功能表如表 11.2.10 所示。

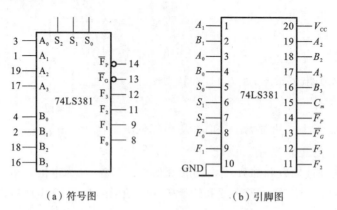

(a)符号图　　　　　　　　(b)引脚图

图 11.2.21　74LS381 算术/逻辑运算单元

表 11.2.10　74LS381 功能表

| 选择 | | | 算数/逻辑运算功能 |
|---|---|---|---|
| $S_2$ | $S_1$ | $S_0$ | |
| 0 | 0 | 0 | 清零 |
| 0 | 0 | 1 | B 减 A |
| 0 | 1 | 0 | A 减 B |
| 0 | 1 | 1 | A 加 B |
| 1 | 0 | 0 | $A \oplus B$ |
| 1 | 0 | 1 | $A + B$ |
| 1 | 1 | 0 | $A \cdot B$ |
| 1 | 1 | 1 | 预置 |

## ※任务驱动

**任务 11.2.1**　设计一个 4 线-2 线编码器。

**解**：(1) 确定输入、输出变量个数：由题意可知，输入为四个信息，输出为 $Y_0$、$Y_1$，当对 $I_i$ 编码时为 1，当不对 $I_i$ 编码时为 0，编辑器有四个输入，在某一时刻只对一个输入信号进行二进制编码。编辑器的输入信号高电平有效，输出以原码形式输出。

(2) 列出编码表，如表 11.2.11 所示。

表 11.2.11　任务 11.2.1 的编码表

| $I_i$ | $Y_1$ | $Y_0$ |
|---|---|---|
| $I_0$ | 0 | 0 |
| $I_1$ | 0 | 1 |
| $I_2$ | 1 | 0 |
| $I_3$ | 1 | 1 |

（3）化简可得
$$Y_0 = I_1 + I_3$$
$$Y_1 = I_2 + I_3$$

（4）画编码器电路，如图 11.2.22 所示。

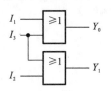

图 11.2.22　任务 11.2.1 的 4 线-2 线编码器

**任务 11.2.2**　电话室有三种电话，按由高到低优先级排序依次是火警电话、急救电话、工作电话，要求电话编码依次为 00、01、10。试设计电话编码控制电路。

**解**：（1）根据题意可知，同一时间电话室只能处理一部电话，假如用 $A$、$B$、$C$ 分别代表火警、急救、工作三种电话，设电话铃响用 1 表示，电话铃没响用 0 表示。当优先级高的信号有效时，优先级低的则不起作用，这时用×表示。用 $Y_1$、$Y_2$ 表示输出编码。

（2）列出真值表，如表 11.2.12 所示。

表 11.2.12　任务 11.2.2 的函数真值表

| 输 | 入 | | 输 | 出 |
| --- | --- | --- | --- | --- |
| A | B | C | $Y_1$ | $Y_2$ |
| 1 | × | × | 0 | 0 |
| 0 | 1 | × | 0 | 1 |
| 0 | 0 | 1 | 1 | 0 |

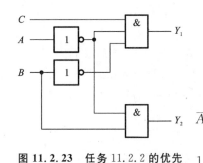

图 11.2.23　任务 11.2.2 的优先编码器逻辑图

（3）写出逻辑表达式
$$Y_1 = \overline{A}\overline{B}C$$
$$Y_2 = \overline{A}B$$

（4）优先编码器逻辑图如图 11.2.23 所示。

**任务 11.2.3**　用一个 3 线-8 线译码器实现函数 $Y = \overline{AC} + \overline{BC}$。

**解**：函数 $Y = \overline{AC} + \overline{BC}$ 的真值表及其最小项求和式如图 11.2.24 所示。

当 $E_1$ 接 +5 V，$E_{2A}$ 和 $E_{2B}$ 接地时，得到对应的每个输入

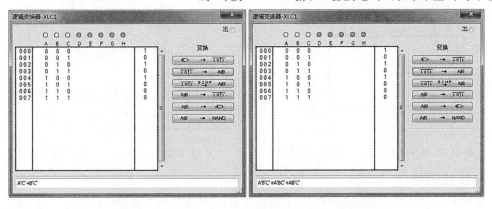

图 11.2.24　任务 11.2.3 的真值表及最小项求和式图

端的输出 Y 为

$$\overline{Y}_0 = \overline{\overline{A}_2 \overline{A}_1 \overline{A}_0}$$
$$\overline{Y}_1 = \overline{\overline{A}_2 \overline{A}_1 A_0}$$
$$\overline{Y}_2 = \overline{\overline{A}_2 A_1 \overline{A}_0}$$
$$\overline{Y}_3 = \overline{\overline{A}_2 A_1 A_0}$$
$$\overline{Y}_4 = \overline{A_2 \overline{A}_1 \overline{A}_0}$$
$$\overline{Y}_5 = \overline{A_2 \overline{A}_1 A_0}$$
$$\overline{Y}_6 = \overline{A_2 A_1 \overline{A}_0}$$
$$\overline{Y}_7 = \overline{A_2 A_1 A_0}$$
$$Y = \overline{\overline{Y}_0 \cdot \overline{Y}_4 \cdot \overline{Y}_2}$$

若将输入变量 $A$、$B$、$C$ 分别代替 $A_2$、$A_1$、$A_0$，则函数

$$Y = \overline{\overline{A}\,\overline{B}\,\overline{C} \cdot A\overline{B}\,\overline{C} \cdot \overline{A}B\overline{C}} = \overline{A}\,\overline{B}\,\overline{C} + A\overline{B}\,\overline{C} + \overline{A}B\overline{C}$$

用 3 线-8 线译码器再加上一个与非门就可实现函数 $Y$，其逻辑图如图 11.2.25 所示。

**任务 11.2.4** 试用八选一数据选择器 74LS151 产生逻辑函数 $Y = AB\overline{C} + \overline{A}BC + \overline{A}B$。

**解**：把逻辑函数变换成最小项表达式，即

$$Y = AB\overline{C} + \overline{A}BC + \overline{A}B\overline{C} + \overline{A}\,\overline{B}\,\overline{C} = m_0 + m_1 + m_3 + m_6$$
$$Y = AB\overline{C} + \overline{A}BC + \overline{A}B$$

八选一数据选择器的输出逻辑函数表达式为

$$Y = \overline{A}_2 \overline{A}_1 \overline{A}_0 D_0 + \overline{A}_2 \overline{A}_1 A_0 D_1 + \overline{A}_2 A_1 \overline{A}_0 D_2 + \overline{A}_2 A_1 A_0 D_3 + A_2 \overline{A}_1 \overline{A}_0 D_4$$
$$= m_0 D_0 + m_1 D_1 + m_2 D_2 + m_3 D_3 + m_4 D_4 + m_5 D_5 + m_6 D_6 + m_7 D_7$$

将式中 $A_2$、$A_1$、$A_0$ 分别用 $A$、$B$、$C$ 来代替，$D_0 = D_1 = D_3 = D_6 = 1$，$D_2 = D_4 = D_5 = D_7 = 0$，画出该逻辑函数的逻辑图，如图 11.2.26 所示。

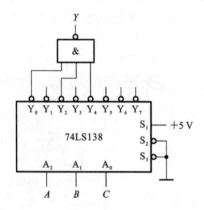

图 11.2.25 任务 11.2.3 的逻辑电路图

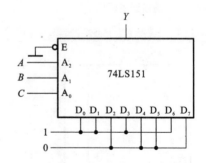

图 11.2.26 任务 11.2.4 的逻辑电路图

※ **技能驱动**

**技能 11.2.1** 若在编码器中有 50 个编码对象，则要求输出二进制码位数为_____位。

A. 5　　　　　B. 6　　　　　C. 10　　　　　D. 50

**技能 11.2.2** 一个十六选一数据选择器,其地址输入(选择控制输入)端有_____个。
A. 1　　　　　B. 2　　　　　C. 4　　　　　D. 16

**技能 11.2.3** 四选一数据选择器的数据输出 $Y$ 与数据输入 $X_i$ 和地址码 $A_i$ 之间的逻辑表达式 $Y=$_____。
A. $\overline{A_1}\,\overline{A_0}X_0+\overline{A_1}A_0X_1+A_1\overline{A_0}X_2+A_1A_0X_3$
B. $\overline{A_1}\,\overline{A_0}X_0$　　　C. $\overline{A_1}A_0X_1$　　　D. $A_1A_0X_3$

**技能 11.2.4** 一个八选一数据选择器的数据输入端有_____个。
A. 1　　　B. 2　　　C. 3　　　D. 4　　　E. 8

**技能 11.2.5** 在下列逻辑电路中,不是组合逻辑电路的有_____。
A. 译码器　　B. 编码器　　C. 全加器　　D. 寄存器

**技能 11.2.6** 八路数据分配器,其地址输入端有_____个。
A. 1　　　B. 2　　　C. 3　　　D. 4　　　E. 8

**技能 11.2.7** 101 键盘的编码器输出_____位二进制码。
A. 2　　　B. 6　　　C. 7　　　D. 8

**技能 11.2.8** 用 3 线-8 线译码器 74LS138 实现原码输出的 8 路数据分配器,应_____。
A. $ST_A=1,\overline{ST_B}=D,\overline{ST_C}=0$　　　B. $ST_A=1,\overline{ST_B}=D,\overline{ST_C}=D$
C. $ST_A=1,\overline{ST_B}=0,\overline{ST_C}=D$　　　D. $ST_A=D,\overline{ST_B}=0,\overline{ST_C}=0$

**技能 11.2.9** 以下电路中,加以适当辅助门电路,_____适于实现单输出组合逻辑电路。
A. 二进制译码器　　B. 数据选择器　　C. 数字比较器　　D. 七段显示译码器

**技能 11.2.10** 用四选一数据选择器实现函数 $Y=A_1A_0+\overline{A_1}A_0$,应使_____。
A. $D_0=D_2=0,D_1=D_3=1$　　　B. $D_0=D_2=1,D_1=D_3=0$
C. $D_0=D_1=0,D_2=D_3=1$　　　D. $D_0=D_1=1,D_2=D_3=0$

**技能 11.2.11** 用 3 线-8 线译码器 74LS138 和辅助门电路实现逻辑函数 $Y=A_2+\overline{A_2}A_1$,应_____。
A. 用与非门,$Y=\overline{\overline{Y_0}\,\overline{Y_1}\,\overline{Y_4}\,\overline{Y_5}\,\overline{Y_6}\,\overline{Y_7}}$　　　B. 用与门,$Y=\overline{Y_2}\,\overline{Y_3}$
C. 用或门,$Y=\overline{Y_2}+\overline{Y_3}$　　　D. 用或门,$Y=\overline{Y_0}+\overline{Y_1}+\overline{Y_4}+\overline{Y_5}+\overline{Y_6}+\overline{Y_7}$

**技能 11.2.12** 优先编码器的编码信号是相互排斥的,不允许多个编码信号同时有效。(　　)

**技能 11.2.13** 编码与译码是互逆的过程。(　　)

**技能 11.2.14** 二进制译码器相当于是一个最小项发生器,便于实现组合逻辑电路。(　　)

**技能 11.2.15** 共阴极接法发光二极管数码显示器需要选用有效输出为高电平的七段显示译码器来驱动。(　　)

**技能 11.2.16** 数据选择器和数据分配器的功能正好相反,互为逆过程。(　　)

**技能 11.2.17** 用数据选择器可实现时序逻辑电路。(　　)

**技能 11.2.18** 组合逻辑电路中产生竞争冒险的主要原因是输入信号受到尖峰干扰。(　　)

**技能 11.2.19** 国产 TTL 电路_____相当于国际 SN54/74LS 系列,其中 LS 表示_____。

**技能 11.2.20** 半导体数码显示器的内部接法有两种形式:共_____接法和共_____接法。

**技能 11.2.21** 对于共阳极接法的发光二极管数码显示器,应采用_____电平驱动的七段显示译码器。

**技能 11.2.22** 图 11.2.27 所示电路为由双四选一数据选择器构成的组合逻辑电路,输入变量为 $A$、$B$、$C$,输出函数为 $Z_1$、$Z_2$,分析电路功能,试写出输出 $Z_1$、$Z_2$ 的逻辑表达式。

已知双四选一数据选择器逻辑表达式为

$$Y_1 = \overline{A}_1\overline{A}_0 D_{10} + \overline{A}_1 A_0 D_{11} + A_1\overline{A}_0 D_{12} + A_1 A_0 D_{13}$$

$$Y_2 = \overline{A}_1\overline{A}_0 D_{20} + \overline{A}_1 A_0 D_{21} + A_1\overline{A}_0 D_{22} + A_1 A_0 D_{23}$$

**技能 11.2.23** 在图 11.2.28 所示的电路中,74LS138 是 3 线-8 线译码器。试写出输出 $Y_1$、$Y_2$ 的逻辑函数式。

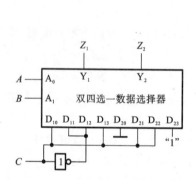
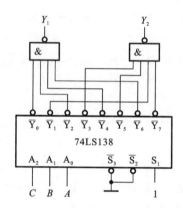

图 11.2.27 技能 11.2.22 逻辑电路图    图 11.2.28 技能 11.2.23 逻辑电路图

**技能 11.2.24** 画出用四路选择器实现函数 $F = A \oplus B \oplus C \oplus D$ 的电路。

**技能 11.2.25** 用 74LS151 型八选一数据选择器实现 $Y = A\overline{B} + AC$。74LS151 逻辑功能表如表 11.2.13 所示。

表 11.2.13 74LS151 逻辑功能表

| 选择 | | | 选通 | 输出 |
|---|---|---|---|---|
| $A_2$ | $A_1$ | $A_1$ | $\overline{S}$ | $Y$ |
| × | × | × | 1 | 0 |
| 0 | 0 | 0 | 0 | $D_0$ |
| 0 | 0 | 1 | 0 | $D_1$ |
| 0 | 1 | 0 | 0 | $D_2$ |
| 0 | 1 | 1 | 0 | $D_3$ |
| 1 | 0 | 0 | 0 | $D_4$ |
| 1 | 0 | 1 | 0 | $D_5$ |
| 1 | 1 | 0 | 0 | $D_6$ |
| 1 | 1 | 1 | 0 | $D_7$ |

# 项目 12　时序逻辑电路的分析与仿真

## 任务 12.1　认识触发器

### ※ 能力目标

了解并掌握触发器的构成及工作原理,掌握各种触发器的工作特点、逻辑功能。掌握触发器逻辑功能的表示方法:功能表、状态转换表、特性方程、状态转换图和时序图。了解集成触发器产品。

### ※ 核心知识

### 一、时序逻辑电路

时序逻辑电路简称时序电路,是数字系统中非常重要的一类逻辑电路。常见的时序逻辑电路有计数器、寄存器和序列信号发生器等。

所谓时序逻辑电路是指电路此刻的输出不仅与电路此刻的输入组合有关,还与前一时刻的输出状态有关。它是由门电路和记忆元器件(或反馈支路)共同构成的时序电路,其结构框图如图 12.1.1 所示。它由两部分组成:一部分是由逻辑门构成的组合逻辑电路,另一部分是由触发器构成的具有记忆功能的反馈支路或存储电路。图 12.1.1 中,$x_0 \sim x_n$ 为时序电路输入信号,$z_0 \sim z_m$ 为时序电路输出信号,$y_0 \sim y_k$ 为存储

图 12.1.1　时序电路结构框图

电路现时输入信号,$q_0 \sim q_j$ 为存储电路现时输出信号,$x_0 \sim x_n$ 和 $q_0 \sim q_j$ 共同决定时序电路输出状态 $z_0 \sim z_m$。

按触发脉冲输入方式的不同,时序电路可分为同步时序电路和异步时序电路。同步时序电路是指各触发器状态的变化受同一个时钟脉冲控制的电路;异步时序电路是指各触发器状态的变化不受同一个时钟脉冲控制的电路。

### 二、触发器

触发器(Flip-Flop,FF)是具有记忆功能的单元电路,由门电路构成,专门用来接收、存储、输出 0、1 代码。它有双稳态、单稳态和无稳态触发器(多谐振荡器)等。本章所介绍的是双稳态触发器,即其输出有两个稳定状态 0、1。

只有输入触发信号有效时,输出状态才有可能转换;否则,输出状态将保持不变。双稳态触发器按功能分为 RS、JK、D、T 和 T′型触发器;按结构分为基本、同步、主从、维持阻塞和边沿型触发器;按触发工作方式分为上升沿、下降沿触发器和高电平、低电平触发器。

**1. 基本 RS 触发器**

1) 电路组成

基本 RS 触发器是一种最简单的触发器,是构成各种触发器的基础。它由两个与非门

(或者或非门)的输入和输出交叉连接而成,如图 12.1.2 所示,有两个输入端 $R$ 和 $S$(又称为触发信号端);$R$ 为复位端,当 $R$ 有效时,$Q$ 变为 0,故也称 $R$ 为置 0 端;$S$ 为置位端,当 $S$ 有效时,$Q$ 变为 1,称 $S$ 为置"1"端;还有两个互补输出端 $Q$ 和 $\bar{Q}$,当 $Q=1$ 时,$\bar{Q}=0$,反之亦然。

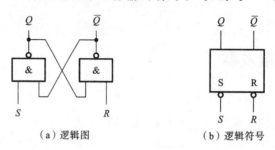

图 12.1.2 基本 RS 触发器

由图 12.1.1(a)可知

$$Q^{n+1} + \overline{S\bar{Q}^n}, \quad \bar{Q}^{n+1} = \overline{RQ^n}$$

2) 功能分析

触发器有两个稳定状态。$Q^n$ 为触发器的原状态(现态),即触发信号输入前的状态;$Q^{n+1}$ 为触发器的新状态(次态),即触发信号输入后的状态。其功能可采用状态转换表、特征方程式、逻辑符号图及状态转换图、波形图或称时序图来描述。

(1) 状态转换表(见表 12.1.1)。

表 12.1.1 与非门组成的基本 RS 触发器状态表

| $\bar{R}$ | $\bar{S}$ | $Q^n$ | $Q^{n+1}$ | 功 能 |
|---|---|---|---|---|
| 0 | 0 | 0 | × | 不允许 |
| 0 | 0 | 1 | × | |
| 0 | 1 | 0 | 0 | $Q^{n+1}=0$ 置"0" |
| 0 | 1 | 1 | 0 | |
| 1 | 0 | 0 | 1 | $Q^{n+1}=1$ 置"1" |
| 1 | 0 | 1 | 1 | |
| 1 | 1 | 0 | 0 | $Q^{n+1}=Q^n$ 保持 |
| 1 | 1 | 1 | 1 | |

由表 12.1.1 可知,该触发器有置"0"、置"1"功能。$R$ 与 $S$ 均为低电平有效,可使触发器的输出状态转换为相应的 0 或 1。RS 触发器逻辑符号如图 12.1.2(b)所示,方框下面的两个小圆圈表示输入低电平有效。当 $R$、$S$ 均为低电平时,输出状态不定,有两种情况:当 $R=S=0$ 时,$Q=\bar{Q}=1$,这违犯了互补关系;当 $RS$ 由 00 同时变为 11 时,$Q(\bar{Q})=1(0)$,或 $Q(\bar{Q})=0(1)$,状态不能确定。

(2) 特征方程式。

根据表 12.1.1 画出卡诺图,如图 12.1.3 所示,化简得

$$\begin{cases} Q^{n+1} = S + \bar{R}Q^n \\ \bar{R} + \bar{S} = 1 \quad \text{(约束条件)} \end{cases} \qquad (12.1.1)$$

(3) 状态转换图(简称状态图)。

如图 12.1.4 所示,圆圈表示状态的个数,箭头表示状态转换的方向,箭头线上标注的触发信号取值表示状态转换的条件。

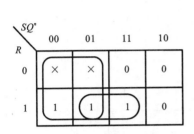

图 12.1.3 与非门组成的基本 RS 触发器的卡诺图

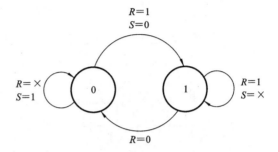

图 12.1.4 与非门组成的基本 RS 触发器的状态图

如图 12.1.5 所示,画图时应根据功能表来确定各个时间段 $Q$ 与 $\bar{Q}$ 的状态。

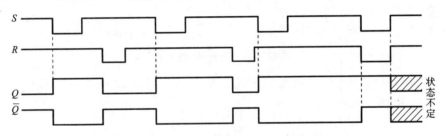

图 12.1.5 与非门组成的基本 RS 触发器波形图

综上所述,基本 RS 触发器具有如下特点。

① 它具有两个稳定状态,分别为 1 和 0,称为双稳态触发器。如果没有外加触发信号作用,它将保持原有状态不变,触发器具有记忆作用。在外加触发信号作用下,触发器输出状态才可能发生变化,输出状态直接受输入信号的控制,也称其为直接复位-置位触发器。

② 当 $R,S$ 端输入均为低电平时,输出状态不定,即 $R = S = 0, Q = \bar{Q} = 1$,这违犯了互补关系。当 $RS$ 从 00 变为 11 时,则 $Q(\bar{Q}) = 1(0)$,或 $Q(\bar{Q}) = 0(1)$,状态不能确定,如图 12.1.5 所示。

③ 与非门构成的基本 RS 触发器的功能,可简化为功能表,如表 12.1.2 所示。

表 12.1.2 与非门构成的基本 RS 触发器功能表

| $\bar{R}$ | $\bar{S}$ | $Q^{n+1}$ | 功 能 |
|---|---|---|---|
| 0 | 0 | × | 不定 |
| 0 | 1 | 0 | 0 |
| 1 | 0 | 1 | 1 |
| 1 | 1 | $Q^n$ | 不变(保持) |

## 2. 同步触发器

1) 同步 RS 触发器

(1) 电路组成。

同步 RS 触发器的电路组成如图 12.1.6 所示。图中,$\overline{R}_D$、$\overline{S}_D$ 是直接置 0、置 1 端,分别用来设置触发器的初始状态。

(2) 功能分析。

同步 RS 触发器的逻辑电路和逻辑符号如图 12.1.6 所示。

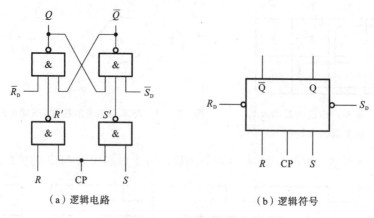

(a) 逻辑电路　　　　　　　　(b) 逻辑符号

图 12.1.6　同步 RS 触发器

同步 RS 触发器的状态图和功能表分别如图 12.1.7 和表 12.1.3 所示,同步 RS 触发器的波形图如图 12.1.8 所示。

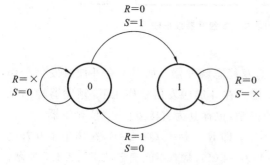

图 12.1.7　同步 RS 触发器的状态图

表 12.1.3　同步 RS 触发器的功能表

| CP | $R$ | $S$ | $Q^{n+1}$ | 功　能 |
| --- | --- | --- | --- | --- |
| 1 | 0 | 0 | $Q^n$ | 不变(保持) |
| 1 | 0 | 1 | 0 | 0 |
| 1 | 1 | 0 | 1 | 1 |
| 1 | 1 | 1 | × | 不定 |

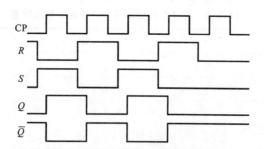

图 12.1.8　同步 RS 触发器的波形图

特性方程为

$$\begin{cases} Q^{n+1} = S + \bar{R}Q^n \\ RS = 0 \quad\quad (约束条件) \end{cases} \quad (12.1.2)$$

同步 RS 触发器的 CP 脉冲、$R$、$S$ 均为高电平有效,触发器状态才能改变。与基本 RS 触发器相比,对触发器加了时间控制,但其输出的不定状态(和基本 RS 触发器一样)直接影响触发器的工作质量。

2)同步 JK 触发器

(1)电路组成。

同步 JK 触发器的电路组成如图 12.1.9 所示。

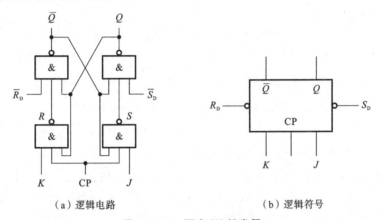

(a)逻辑电路　　　　　　　(b)逻辑符号

图 12.1.9　同步 JK 触发器

(2)功能分析。

按图 12.1.9(a)的逻辑电路,对同步 JK 触发器的功能分析如下。

在同步 RS 触发器功能表基础上,得到 JK 触发器的状态图如图 12.1.10 所示,功能表如表 12.1.4 所示。

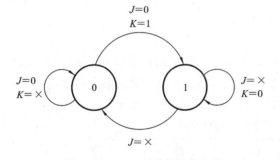

图 12.1.10　JK 触发器的状态图

表 12.1.4　JK 触发器的功能表

| CP | J | K | $Q^{n+1}$ | 功　　能 |
|---|---|---|---|---|
| 1 | 0 | 0 | $Q^n$ | 不变(保持) |
| 1 | 0 | 1 | 0 | 置 0 |
| 1 | 1 | 0 | 1 | 置 1 |
| 1 | 1 | 1 | $\bar{Q}^n$ | 翻转(计数) |

由表 12.1.4 可知:JK 触发器特征具有如下:

① 当 $J=0,K=1$ 时,$Q^{n+1}=J\bar{Q}^n+\bar{K}Q^n$;

② 当 $J=1,K=0$ 时,$Q^{n+1}=J\bar{Q}^n+\bar{K}Q^n$;

③ 当 $J=0,K=0$ 时,$Q^{n+1}=Q^n$,保持不变;

④ 当 $J=1,K=1$ 时,$Q^{n+1}=\bar{Q}^n$,翻转或称计数。

所谓计数就是触发器状态翻转的次数与 CP 脉冲输入的个数相等,以翻转的次数记录 CP 的个数。$J=K=1$ 的波形图如图 12.1.11 所示。

(3) 存在的问题。

① 空翻现象。空翻现象就是在 CP=1 期间,触发器的输出状态翻转两次或两次以上的现象。如图 12.1.12 所示,第一个 CP=1 期间 $Q$ 状态变化的情况。

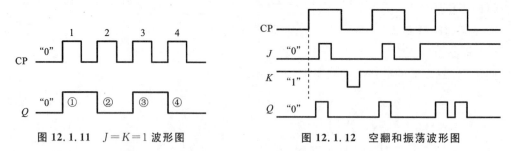

图 12.1.11　$J=K=1$ 波形图　　　　图 12.1.12　空翻和振荡波形图

② 振荡现象。在同步 JK 触发器中,由于在输入端引入了互补输出且 CP 脉冲过宽,即使输入信号不发生变化,也会产生多次翻转,这种现象称为振荡现象。

### 3. 边沿触发器

同时具备以下条件的触发器称为边沿触发器:

① 触发器仅在 CP 某一约定跳变沿到来时,才接收输入信号;

② 在 CP=0 或 CP=1 期间,输入信号的变化不会引起触发器输出状态的变化。

优点:边沿触发器不仅克服了空翻现象,而且大大提高了抗干扰能力。

边沿触发方式的触发器有两种类型:一种是维持阻塞触发器,它是利用直流反馈来维持翻转后的新状态,阻塞触发器在同一时钟内再次产生翻转;另一种是边沿触发器,它是利用触发器内部逻辑门之间延迟时间的不同,使触发器只在约定时钟跳变时才接收输入信号。

1) 负边沿 JK 触发器

(1) 电路组成。

负边沿 JK 触发器的逻辑电路和逻辑符号如图 12.1.13 所示。

(2) 功能分析。

负边沿 JK 触发器电路在工作时,要求其与非门 $G_3$、$G_4$ 的平均延迟时间 $tpd_1$ 比与或非门构成的基本触发器的平均延迟时间 $tpd_2$ 要长,因此该电路就起到了延时触发的作用。

根据图 12.1.13(a)可得,负边沿 JK 触发器的功能表如表 12.1.5 所示。

表 12.1.5　负边沿 JK 触发器的功能表

| CP | J | K | $Q^{n+1}$ | 功　　能 |
|---|---|---|---|---|
| ↓ | 0 | 0 | $Q^n$ | 不变(保持) |
| ↓ | 0 | 1 | 0 | 置 0 |
| ↓ | 1 | 0 | 1 | 置 1 |
| ↓ | 1 | 1 | $\bar{Q}^n$ | 翻转(计数) |

由表 12.1.5 可得,负边沿 JK 触发器的波形图如图 12.1.14 所示,设初始状态 $Q=0$,其

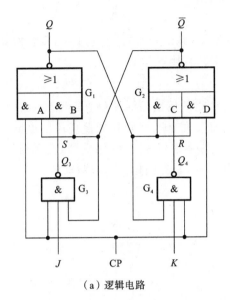
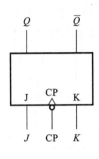

(a) 逻辑电路      (b) 逻辑符号

图 12.1.13　负边沿 JK 触发器

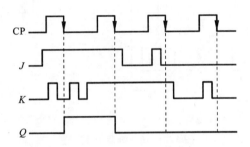

图 12.1.14　负边沿 JK 触发器波形图

特性方程为

$$Q^{n+1} = J \cdot \overline{Q}^n + \overline{K} \cdot Q^n \tag{12.1.3}$$

2) 集成 JK 触发器

(1) 电路组成。

74LS112 为双下降沿 JK 触发器，其引脚排列图及符号图如图 12.1.15 所示。

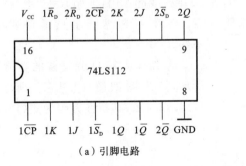
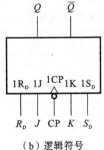

(a) 引脚电路      (b) 逻辑符号

图 12.1.15　74LS112 引脚排列图

(2) 功能分析。

74LS112 为带预置和清除端的两组 JK 触发器,其逻辑功能与负边沿 JK 触发器逻辑功能相同,只是增加了 $R_D$ 和 $S_D$ 这两个直接复位端和直接置位端。

3) 维持阻塞 D 触发器

维持阻塞触发器是利用触发器翻转时内部产生的反馈信号使触发器翻转后的状态 $Q^{n+1}$ 得以维持,并阻止其向下一个状态转换(空翻)而实现克服空翻和振荡现象的电路。维持阻塞触发器有 RS、JK、T、T'、D 触发器,应用较多的是维持阻塞 D 触发器(简称维阻 D 触发器),如图 12.1.16 所示。D 触发器又称为 D 锁存器,是专门用来存放数据的。

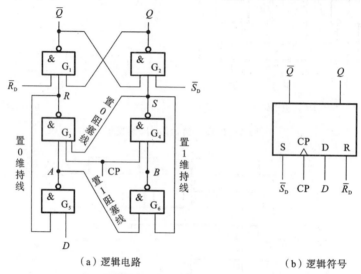

(a) 逻辑电路      (b) 逻辑符号

图 12.1.16    维阻 D 触发器

(1) 电路组成。

维阻 D 触发器的电路组成如图 12.1.16 所示。

(2) 功能分析。

结合图 12.1.16 所示的电路,维持阻塞 D 触发器的功能分析如下:

在 CP 上升沿(CP↑)到来之前,CP=0,R=1,S=1,$Q^{n+1}=Q^n$,保持不变。

① 设 $D=1$,则 $A=\bar{R}_D$。

② CP=1 期间,因 $Q^{n+1}=0$,$R=0$,置"0"维持线起作用,确保 $R=0$ 不变,D 变化而 A 不变。经置"1"阻塞线阻止了空翻,使输出 0 状态不变。

③ 维持阻塞 D 触发器的功能表如表 12.1.6 所示,波形图如图 12.1.17 所示,状态图如图 12.1.18 所示,其特性方程为式(12.1.4)。

$$Q^{n+1}=D \quad (12.1.4)$$

表 12.1.6    维持阻塞 D 触发器的功能表

| D | $Q^{n+1}$ |
|---|---|
| 0 | 0 |
| 1 | 1 |

4) 集成 D 触发器

(1) 电路组成。

74LS74 为双上升沿 D 触发器,引脚排列如图 12.1.19 所示。

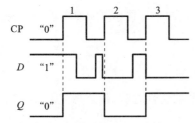
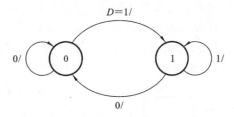

图 12.1.17　维持阻塞 D 触发器的波形图　　图 12.1.18　维持阻塞 D 触发器的状态图

TTL 集成电路的全名是晶体管-晶体管逻辑(Transistor-Transistor Logic)集成电路,主要有 54/74 系列标准 TTL、高速型 TTL(H-TTL)、低功耗型 TTL(L-TTL)、肖特基型 TTL(S-TTL)、低功耗肖特基型 TTL(LS-TTL)五个系列。

COMS 集成电路是互补对称金属氧化物半导体(Compiementary Symmetry Metal Oxide Semicoductor)集成电路的英文缩写,电路的许多基本逻辑单元都是用增强型 PMOS 晶体管和增强型 NMOS 晶体管按照互补对称形式连接的,静态功耗很小。

TTL 高电平 $3.6\sim5$ V,低电平 $0\sim2.4$ V,CMOS $V_{CC}$ 可达到 12 V。CMOS 电路输出高电平约为 $0.9V_{CC}$,而输出低电平约为 $0.1V_{CC}$。CMOS 电路不使用的输入端不能悬空,会造成逻辑混乱。TTL 电路不使用的输入端悬空为高电平。另外,CMOS 集成电路电源电压可以在较大范围内变化,因而对电源的要求不像 TTL 集成电路那样严格。74LS 和 54 系列是 TTL 电路,74HC 和 CC 系列是 CMOS 电路。如果它们的序号相同,则逻辑功能一样,但电气性能和动态性能略有不同。

**4. CMOS 触发器**

CMOS 触发器与 TTL 触发器一样,种类繁多。常用的集成触发器有 74LS74(D 触发器)和 CC4027(JK 触发)。74LS74 引脚排列如图 12.1.20 所示。使用时注意 CMOS 触发器电源电压为 $3\sim18$ V。

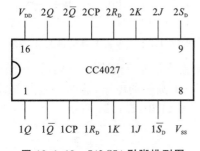
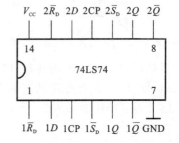

图 12.1.19　74LS74 引脚排列图　　图 12.1.20　CMOS 触发器引脚排列图

**5. 不同类型触发器间的转换**

1) 转换方法

利用已有触发器和待求触发器的特性方程相等的原则,求出转换逻辑。

2) 转换步骤

(1) 写出已有触发器和待求触发器的特性方程。

(2) 变换待求触发器的特性方程,使之形式与已有触发器的特性方程一致。

(3) 比较已有触发器和待求触发器的特性方程,根据两个方程相等的原则求出转换逻辑。

(4) 根据转换逻辑画出逻辑电路图。

3) 将 JK 触发器转换为 RS、D、T 和 T′ 触发器

(1) JK 触发器→RS 触发器(见图 12.1.21)。

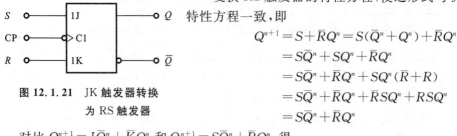

图 12.1.21　JK 触发器转换为 RS 触发器

变换 RS 触发器的特性方程,使之形式与 JK 触发器的特性方程一致,即

$$Q^{n+1}=S+\bar{R}Q^n=S(\bar{Q}^n+Q^n)+\bar{R}Q^n$$
$$=S\bar{Q}^n+SQ^n+\bar{R}Q^n$$
$$=S\bar{Q}^n+\bar{R}Q^n+SQ^n(\bar{R}+R)$$
$$=S\bar{Q}^n+\bar{R}Q^n+\bar{R}SQ^n+RSQ^n$$
$$=S\bar{Q}^n+\bar{R}Q^n$$

对比 $Q^{n+1}=J\bar{Q}^n+\bar{K}Q^n$ 和 $Q^{n+1}=S\bar{Q}^n+\bar{R}Q^n$,得

$$\begin{cases} J=S \\ K=R \end{cases}$$

(2) JK 触发器→D 触发器(见图 12.1.22)。

写出 D 触发器的特性方程,并进行变换,使之形式与 JK 触发器的特性方程一致,即

$$Q^{n+1}=D=D(\bar{Q}^n+Q^n)=D\bar{Q}^n+DQ^n$$

与 JK 触发器的特性方程比较,得

$$\begin{cases} J=D \\ K=\bar{D} \end{cases}$$

(3) JK 触发器→T 触发器(见图 12.1.23)。

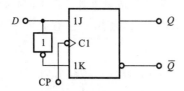

图 12.1.22　JK 触发器转换为 D 触发器　　图 12.1.23　JK 触发器转换为 T 触发器

在数字电路中,凡在 CP 时钟脉冲控制下,根据输入信号 $T$ 取值的不同,具有保持和翻转功能的电路,即 $T=0$ 时能保持状态不变,$T=1$ 时一定翻转的电路,这两种电路都称为 T 触发器。T 触发器的功能表如表 12.1.7 所示,逻辑符号如图 12.1.24 所示。

表 12.1.7　T 触发器的功能表

| $T$ | $Q^n$ | $Q^{n+1}$ | 功　能 |
|---|---|---|---|
| 0 | 0 | 0 | $Q^{n+1}=Q^n$ 保持 |
| 0 | 1 | 1 | |
| 1 | 0 | 1 | $Q^{n+1}=\bar{Q}^n$ 翻转 |
| 1 | 1 | 0 | |

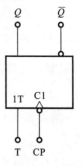

图 12.1.24　T 触发器逻辑符号

T触发器特性方程为

$$Q^{n+1} = T\bar{Q}^n + \bar{T}Q^n = T \oplus Q^n \tag{12.1.5}$$

与JK触发器的特性方程比较,得

$$\begin{cases} J = T \\ K = T \end{cases}$$

T触发器的状态图和时序图分别如图12.1.25和图12.1.26所示。

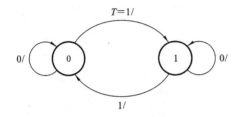

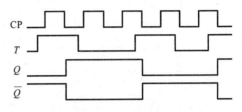

图 12.1.25  T触发器的状态图　　　　　图 12.1.26  T触发器的时序图

(4) JK触发器→T'触发器(见图12.1.27)。

在数字电路中,凡每来一个时钟脉冲就翻转一次的电路,都称为T'触发器。逻辑符号如图12.1.28所示,功能表如表12.1.8所示。

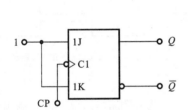

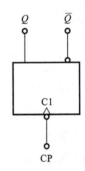

图 12.1.27  JK触发器转换为T'触发器　　　　图 12.1.28  T'触发器逻辑符号

表 12.1.8  T'触发器的功能表

| $Q^n$ | $Q^{n+1}$ | 功　能 |
| --- | --- | --- |
| 0 | 1 | $Q^{n+1} = \bar{Q}^n$ |
| 1 | 0 | 翻转 |

T'触发器特性方程为

$$Q^{n+1} = \bar{Q}^n$$

变换 T'触发器的特性方程为

$$Q^{n+1} = \bar{Q}^n = 1 \cdot \bar{Q}^n + \bar{1} \cdot Q^n$$

与JK触发器的特性方程比较,得

$$\begin{cases} J = T \\ K = T \end{cases}$$

触发器的逻辑功能是指触发器次态 $Q^{n+1}$ 和输入信号及现态 $Q^n$ 之间的逻辑关系,可以用功能表、特性方程、状态转换图（状态图）等方法来描述。按照逻辑功能的不同，一般把触发器分成 RS、JK、D、T 四种类型触发器。表 12.1.9 所示的为四种类型触发器功能描述方法。

表 12.1.9 四种类型触发器功能描述方法

| | RS 触发器 | | | | JK 触发器 | | | | D 触发器 | | | T 触发器 | | |
|---|---|---|---|---|---|---|---|---|---|---|---|---|---|---|
| 特性方程 | $\begin{cases} Q^{n+1}=S+\bar{R}Q^n \\ RS=0 \text{（约束条件）} \end{cases}$ | | | | $Q^{n+1}=J\cdot\bar{Q}^n+\bar{K}\cdot Q^n$ | | | | $Q^{n+1}=D$ | | | $Q^{n+1}=T\oplus Q^n$ | | |
| 功能表 | R | S | $Q^{n+1}$ | 功能 | J | K | $Q^{n+1}$ | 功能 | D | $Q^{n+1}$ | 功能 | T | $Q^{n+1}$ | 功能 |
| | 0 | 0 | $Q^n$ | 保持 | 0 | 0 | $Q^n$ | 保持 | 0 | 0 | 置 0 | 0 | $Q^n$ | 保持 |
| | 0 | 1 | 1 | 置 1 | 0 | 1 | 0 | 置 0 | | | | | | |
| | 1 | 0 | 0 | 置 0 | 1 | 0 | 1 | 置 1 | 1 | 1 | 置 1 | 1 | $\bar{Q}^n$ | 翻转 |
| | 1 | 1 | × | 不定 | 1 | 1 | $\bar{Q}^n$ | 翻转 | | | | | | |
| 状态图 | 如图 12.1.7 所示 | | | | 如图 12.1.10 所示 | | | | 如图 12.1.18 所示 | | | 如图 12.1.25 所示 | | |
| 功能说明 | 置 0、置 1 和保持 | | | | 置 0、置 1、保持和翻转 | | | | 置 0 和置 1 | | | 保持和翻转 | | |

T′触发器的状态图和时序图分别如图 12.1.29 和图 12.1.30 所示。

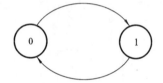

图 12.1.29 T′触发器的状态图

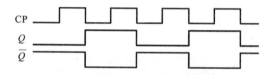

图 12.1.30 T′触发器的时序图

※任务驱动

**任务 12.1.1** 在图 12.1.31 所示的时序电路中，$X$ 为控制信号，$Q_1$、$Q_2$ 为输出信号，CP 为一连续脉冲，说明电路的功能。

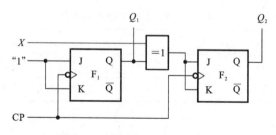

图 12.1.31 任务 12.1.1 逻辑图

**解**：在 CP 端连接一频率为 10 Hz 的方波信号，按照图 12.1.32 绘制电路仿真图，使用逻辑分析仪来观察输出波形图。

当 $X=0$ 时，对应逻辑分析仪的波形图如图 12.1.33 所示，图中 3 号信号为 $Q_0$，5 号信号为 $Q_1$，由波形图可以看出，此电路的功能为加法计数器。

当 $X=1$ 时，对应逻辑分析仪的波形图如图 12.1.34 所示，图中 3 号信号为 $Q_0$，5 号信号为 $Q_1$，由波形图可以看出，此电路的功能为减法计数器。

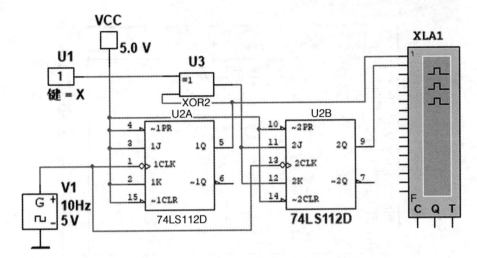

图 12.1.32　任务 12.1.1 逻辑电路仿真图

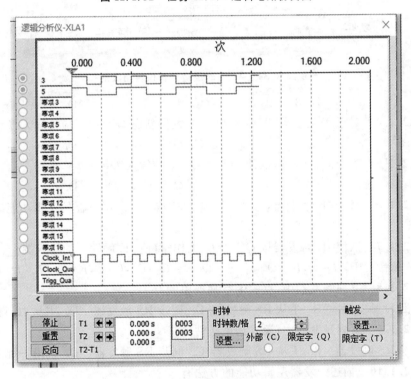

图 12.1.33　X=0 时逻辑分析仪输出波形

## ※技能驱动

**技能 12.1.1**　在下列触发器中,有约束条件的是_____。
A. 主从 JK 触发器　　B. 主从 D 触发器　　C. 同步 RS 触发器　　D. 边沿 D 触发器

**技能 12.1.2**　一个触发器可记录一位二进制码,它有_____个稳态。
A. 0　　　　B. 1　　　　C. 2　　　　D. 3　　　　E. 4

**技能 12.1.3**　存储 8 位二进制信息要_____个触发器。

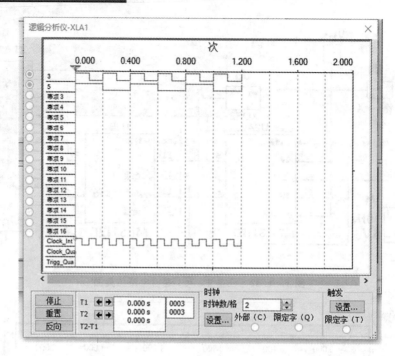

图 12.1.34　$X=1$ 时逻辑分析仪输出波形

A. 2　　　　　　　B. 3　　　　　　　C. 4　　　　　　　D. 8

**技能 12.1.4**　对于 T 触发器,若原态 $Q^n=0$,欲使新态 $Q^{n+1}=1$,应使输入 $T=$ _____。

A. 0　　　　　　　B. 1　　　　　　　C. $Q$　　　　　　D. $\bar{Q}$

**技能 12.1.5**　对于 D 触发器,欲使 $Q^{n+1}=Q^n$,应使输入 $D=$ _____。

A. 0　　　　　　　B. 1　　　　　　　C. $Q$　　　　　　D. $\bar{Q}$

**技能 12.1.6**　对于 JK 触发器,若 $J=K$,则可完成 _____ 触发器的逻辑功能。

A. RS　　　　　　B. D　　　　　　　C. T　　　　　　　D. $T'$

**技能 12.1.7**　欲使 JK 触发器按 $Q^{n+1}=Q^n$ 工作,可使 JK 触发器的输入端 _____。

A. $J=K=0$　B. $J=Q,K=\bar{Q}$　C. $J=\bar{Q},K=Q$　D. $J=Q,K=0$　E. $J=0,K=\bar{Q}$

**技能 12.1.8**　下列触发器中,克服了空翻现象的有 _____。

A. 边沿 D 触发器　B. 主从 RS 触发器　C. 同步 RS 触发器　D. 主从 JK 触发器

**技能 12.1.9**　下列触发器中,没有约束条件的是 _____。

A. 基本 RS 触发器　B. 主从 RS 触发器　C. 同步 RS 触发器　D. 边沿 D 触发器

**技能 12.1.10**　描述触发器逻辑功能的方法有 _____。

A. 状态转换真值表　B. 特性方程　　　C. 状态转换图　　　D. 状态转换卡诺图

**技能 12.1.11**　为实现将 JK 触发器转换为 D 触发器,应使 _____。

A. $J=D,K=\bar{D}$　B. $K=D,J=\bar{D}$　C. $J=K=D$　D. $J=K=\bar{D}$

**技能 12.1.12**　边沿 D 触发器是一种 _____ 稳态电路。

A. 无　　　　　　　B. 单　　　　　　　C. 双　　　　　　　D. 多

**技能 12.1.13**　D 触发器的特性方程为 $Q^{n+1}=D$,与 $Q^n$ 无关,所以它没有记忆功能。(　　)

**技能 12.1.14**　RS 触发器的约束条件 $RS=0$ 表示不允许出现 $R=S=1$ 的输入。（　　）

**技能 12.1.15**　若要实现一个可暂停的一位二进制计数器,控制信号 $A=0$ 计数,$A=1$ 保持,可选用 T 触发器,且令 $T=A$。（　　）

**技能 12.1.16**　由两个 TTL 或非门构成的基本 RS 触发器,当 $R=S=0$ 时,触发器的状态为不定。

**技能 12.1.17**　对于边沿 JK 触发器,在 CP 为高电平期间,当 $J=K=1$ 时,状态会翻转一次。（　　）

**技能 12.1.18**　若一个基本 RS 触发器在正常工作,它的约束条件是 $\bar{R}+\bar{S}=1$,则它不允许输入 $\bar{S}=$ _____ 且 $\bar{R}=$ _____ 的信号。

**技能 12.1.19**　触发器有两个互补的输出端 $Q$、$\bar{Q}$,定义触发器的 1 状态为 _____,0 状态为 _____,可见触发器的状态是指 _____ 端的状态。

**技能 12.1.20**　在一个 CP 脉冲作用下,引起触发器两次或多次翻转的现象称为触发器的 _____,触发方式为 _____ 式或 _____ 式的触发器不会出现这种现象。

**技能 12.1.21**　写出图 12.1.35 所示触发器次态 $Q^{n+1}$ 的函数表达式。

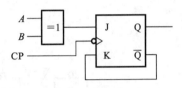

图 12.1.35　技能 12.1.21 图

**技能 12.1.22**　图 12.1.36(a)所示的逻辑电路,已知 CP 为连续脉冲,如图 12.1.36(b)所示,试画出 $Q_1$、$Q_2$ 的波形。

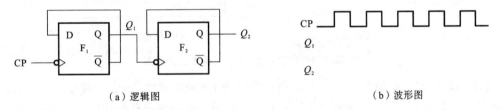

(a) 逻辑图　　　　　　　　　　(b) 波形图

图 12.1.36　技能 12.1.22 逻辑图及波形图

**技能 12.1.23**　触发器电路如图 12.1.37(a)所示,试根据图 12.1.37(b)的 CP、A、B 的波形,画出对应输出端 Q 的波形,设触发器的初始状态为 0。

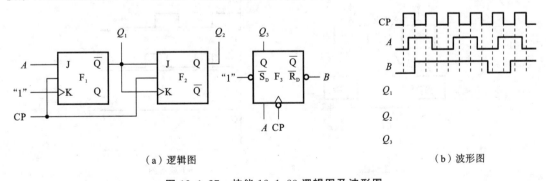

(a) 逻辑图　　　　　　　　　　(b) 波形图

图 12.1.37　技能 12.1.23 逻辑图及波形图

**技能 12.1.24**　维持-阻塞 D 触发器的输入波形如图 12.1.38 所示,画出 Q 端的波形。

设触发器的初始状态为1。

**技能 12.1.25** 边沿 JK 触发器的输入波形如图 12.1.39 所示,画出 $Q$ 端的波形。设触发器的初始状态为1。

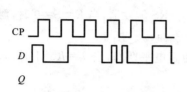

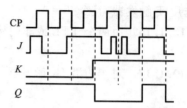

图 12.1.38　技能 12.1.24 逻辑图　　　图 12.1.39　技能 12.1.25 逻辑图

**技能 12.1.26**　在如图 12.1.40(a)所示的基本 RS 触发器中,输入波形如图 12.1.40(b)所示。试画出输出端与之对应的波形。

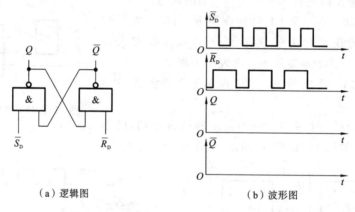

(a)逻辑图　　　　　　　(b)波形图

图 12.1.40　技能 12.1.26 逻辑图及波形图

**技能 12.1.27**　在如图 12.1.41(a)所示的同步 RS 触发器中,若输入端 CP、$R$、$S$ 的波形如图 12.1.41(b)所示,试画出输出端与之对应的波形。假定触发器的初始状态为 $Q=0$。

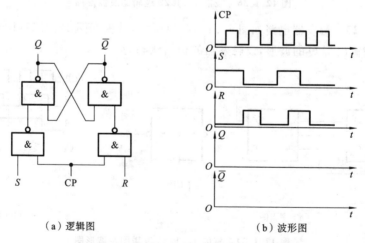

(a)逻辑图　　　　　　　(b)波形图

图 12.1.41　技能 12.1.27 逻辑图及波形图

**技能 12.1.28** 画出如图 12.1.42 所示各触发器在时钟脉冲作用下输出端的电压波形。设所有触发器的初始状态皆为 $Q=0$。

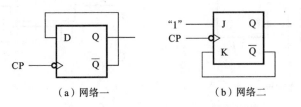

图 12.1.42  技能 12.1.28 逻辑图

**技能 12.1.29** 在如图 12.1.43(a)所示的维持阻塞 D 触发器中,其输入波形如图 12.1.43(b)所示,试画出 $\bar{Q}$ 和 $Q$ 端与之对应的波形。设触发器的初始状态 $Q=0$。

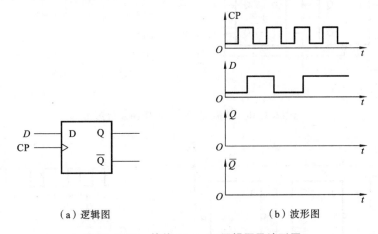

图 12.1.43  技能 12.1.29 逻辑图及波形图

**技能 12.1.30** 维持-阻塞 D 触发器的电路如图 12.1.44(a)所示,输入波形如图 12.1.44(b)所示,画出 $Q$ 端的波形。设触发器的初始状态为 0。

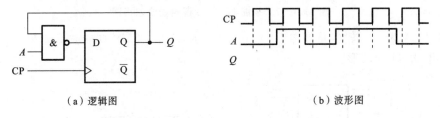

图 12.1.44  技能 12.1.30 逻辑图及波形图

**技能 12.1.31** 边沿 JK 触发器的电路如图 12.1.45(a)所示,输入波形如图 12.1.45(b)所示,画出 $Q$ 端的波形。设触发器的初始状态为 0。

**技能 12.1.32** 由 D 触发器组成的电路如图 12.1.46(a)所示,输入波形如图 12.1.46(b)所示,画出 $Q_1$、$Q_2$ 的波形。设触发器的初始状态为 0。

**技能 12.1.33** 由 JK 触发器组成的电路如图 12.1.47(a)所示,输入波形如图 12.1.47(b)所示,画出 $Q_1$、$Q_2$ 的波形。设触发器的初始状态为 0。

**技能 12.1.34** 完成下列要求:将 D 触发器转换成 $T'$ 触发器和 JK 触发器。

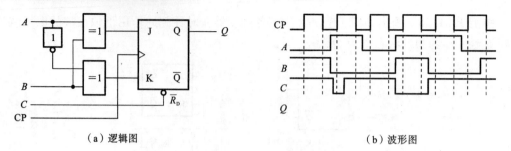

(a)逻辑图　　　　　　　　　　　(b)波形图

图 12.1.45　技能 12.1.31 逻辑图及波形图

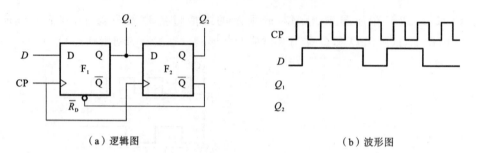

(a)逻辑图　　　　　　　　　　　(b)波形图

图 12.1.46　技能 12.1.32 逻辑图及波形图

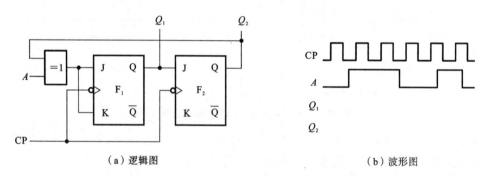

(a)逻辑图　　　　　　　　　　　(b)波形图

图 12.1.47　技能 12.1.33 逻辑图及波形图

**技能 12.1.35**　逻辑电路如图 12.1.48(a)所示,已知 CP、$A$、$B$ 的波形如图 12.1.48(b)所示,画出 $Q_1$、$Q_2$ 的波形。

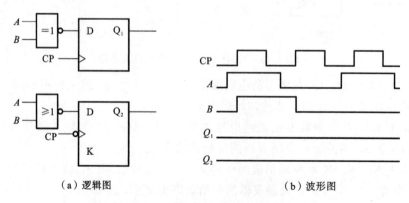

(a)逻辑图　　　　　　　　　　　(b)波形图

图 12.1.48　技能 12.1.35 逻辑图及波形图

**技能 12.1.36** 在图 12.1.49 所示的时序电路中,$X$ 为控制信号,$Q_1$、$Q_2$ 为输出信号,CP 为一连续脉冲,画出其状态转换图,并说明电路的功能。

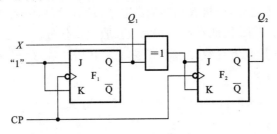

图 12.1.49 技能 12.1.36 逻辑图及波形图

## 任务 12.2 寄存器电路的仿真与调试

### ※ 能力目标
了解寄存器的构成与分类,能理解寄存器工作原理,掌握寄存器的应用。

### ※ 核心知识
数码寄存器:存储二进制数码、运算结果或指令等信息的电路。

移位寄存器:不但可存放数码,而且在移位脉冲作用下,寄存器中的数码可根据需要向左或向右移位。

### 一、数据寄存器

数据寄存器又称为数据缓冲存储器或数据锁存器,其功能是接收、存储和输出数据,主要由触发器和控制门组成。$n$ 个触发器可以存储 $n$ 位二进制数据。数据寄存器按其接收数据的方式又分为双拍式数据寄存器和单拍式数据寄存器两种。

**1. 双拍式数据寄存器**

(1) 双拍式数据寄存器的电路组成,如图 12.2.1 所示。

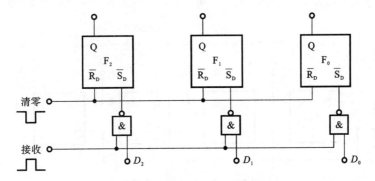

图 12.2.1 双拍式三位数据寄存器

(2) 双拍式数据寄存器的工作原理。

在接收存放输入数据时,需要两拍才能完成。

第一拍,在接收数据前,送入清零负脉冲至触发器的置零端,使触发器输出为零,完成输出清零功能。

第二拍,触发器清零之后,当接收脉冲为高电平"1"有效时,输入数据 $D_2D_1D_0$,经与非门送至对应触发器而寄存下来,因此在第二拍完成接收数据任务。

此类寄存器如果在接收寄存数据前不清零,就会出现接收存放数据错误。

**2. 单拍式数据寄存器**

(1) 单拍式数据寄存器的电路组成,如图 12.2.2 所示。

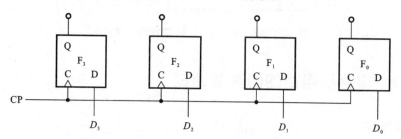

图 12.2.2　单拍式四位二进制数据寄存器

(2) 单拍式数据寄存器的工作原理。

接收寄存数据只需一拍即可,无须先进行清零。当接收脉冲 CP 有效时,输入数据 $D_3D_2D_1D_0$ 直接存入触发器,故称为单拍式数据寄存器。

## 二、移位寄存器

移位寄存器除了接收、存储、输出数据以外,同时还能将其中寄存的数据按一定方向进行移动。移位寄存器有单向移位寄存器和双向移位寄存器之分。

**1. 单向移位寄存器**

单向移位寄存器只能将寄存的数据在相邻位之间单方向移动。按移动方向分为左移移位寄存器和右移移位寄存器两种类型。

(1) 右移移位寄存器电路如图 12.2.3 所示。

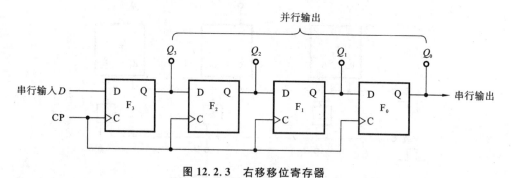

图 12.2.3　右移移位寄存器

功能分析如下。

① 时钟方程为

$$CP_0 = CP_1 = CP_2 = CP_3 = CP \uparrow$$

D 触发器特征方程为

$$Q^{n+1}=D(\text{CP}\uparrow)$$

② 将对应驱动方程分别代入 D 触发器特征方程,进行化简变换后,可得状态方程为

$$Q_0^{n+1}=Q_1^n(\text{CP}\uparrow)$$
$$Q_1^{n+1}=Q_2^n(\text{CP}\uparrow)$$
$$Q_2^{n+1}=Q_3^n(\text{CP}\uparrow)$$
$$Q_3^{n+1}=D(\text{CP}\uparrow)$$

③ 假定电路初始状态为零,而此电路输入数据 D 在第一、二、三、四个 CP 脉冲时依次为 1、0、1、1,根据状态方程可得到对应的电路输出 $D_3D_2D_1D_0$ 的变化情况,如表 12.2.1 所示。时序图如图 12.2.4 所示。

表 12.2.1 右移移位寄存器状态表

| CP 顺序 | 输入 | 输出 | | | |
|---|---|---|---|---|---|
| | $D$ | $Q_0$ | $Q_1$ | $Q_2$ | $Q_3$ |
| 0 | 1 | 0 | 0 | 0 | 0 |
| 1 | 1 | 1 | 0 | 0 | 0 |
| 2 | 0 | 1 | 1 | 0 | 0 |
| 3 | 1 | 0 | 1 | 1 | 0 |
| 4 | 0 | 1 | 0 | 1 | 1 |
| 5 | 0 | 0 | 1 | 0 | 1 |
| 6 | 0 | 0 | 0 | 1 | 0 |
| 7 | 0 | 0 | 0 | 0 | 1 |
| 8 | 0 | 0 | 0 | 0 | 0 |

④ 确定该时序电路的逻辑功能。

由时钟方程可知,该电路是同步电路。随着 CP 脉冲的递增,触发器输入端依次输入数据 $D$,称为串行输入。输入一个 CP 脉冲,数据向右移动一位。输出有两种方式:数据从最右端 $Q_0$ 依次输出,称为串行输出;由 $Q_3Q_2Q_1Q_0$ 端同时输出,称为并行输出。串行输出需要经过 8 个 CP 脉冲才能将输入的 4 个数据全部输出,而并行输出只需 4 个 CP 脉冲。

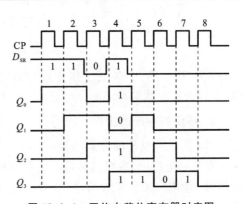

图 12.2.4 四位右移位寄存器时序图

(2) 左移移位寄存器电路如图 12.2.5 所示,功能与右移移位寄存器相似。

由图 12.2.4 和图 12.2.5 所示电路可知:数据串行输入端在电路最左侧为右移,反之为左移,两种电路在实质上是相同的。无论左移、右移,串行输入数据必须先传送离输入端最远的触发器要存放的数据,如表 12.2.1 所示,否则会出现数据存放错误。列状态表要按照电

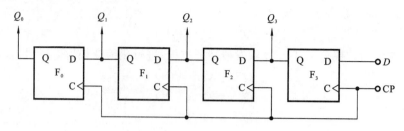

图 12.2.5　左移移位寄存器

路结构图中从左到右各变量的实际顺序来排列,画时序图时,要结合状态表先画距离数据输入端 $D$ 端最近的触发器的输出。

**2. 双向移位寄存器**

数据即可左移,又可右移的寄存器称为双向移位寄存器。图 12.2.6 所示的为四位双向移位寄存器。

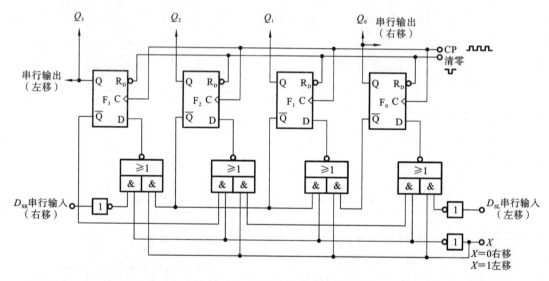

图 12.2.6　四位双向移位寄存器

在图 12.2.6 中,$X$ 是工作方式控制端。当 $X=0$ 时,实现数据右移寄存功能;当 $X=1$ 时,实现数据左移寄存功能;$D_{SL}$ 是左移串行输入端,而 $D_{SR}$ 是右移串行输入端。

**3. 移位寄存器的应用**

(1) 实现数据传输方式的转换。

在数字电路中,数据的传送方式有串行和并行两种,而移位寄存器可实现数据传送方式的转换。如图 12.2.6 所示,既可将串行输入转换为并行输出,也可将串行输入转换为串行输出。

(2) 移位型计数器的构成。

① 环形计数器。

环形计数器是将单向移位寄存器的串行输入端和串行输出端相连,构成一个闭合的环,如图 12.2.7(a) 所示。

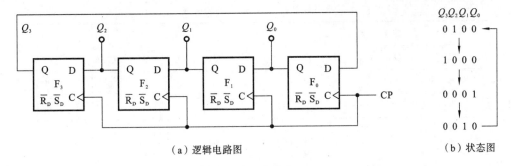

(a) 逻辑电路图      (b) 状态图

图 12.2.7 环形计数器

实现环形计数器时,必须设置适当的初始状态,且输出 $Q_3Q_2Q_1Q_0$ 端初始状态不能完全一致(不能全为"1"或"0"),这样电路才能实现计数,环形计数器的进制数 $N$ 与移位寄存器内的触发器个数 $n$ 相等,即 $N=n$,状态变化如图 12.2.7(b) 所示(电路中初始态为 0100)。

② 扭环形计数器。

扭环形计数器是将单向移位寄存器的串行输入端和串行反相输出端相连,构成一个闭合的环,如图 12.2.8(a) 所示。

实现扭环形计数器时,不必设置初始状态。扭环形计数器的进制数 $N$ 与移位寄存器内的触发器个数 $n$ 满足 $N=2^n$ 的关系,状态变化如图 12.2.8(b) 所示。

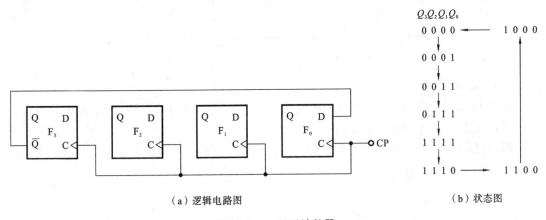

(a) 逻辑电路图      (b) 状态图

图 12.2.8 环形计数器

### 4. 集成移位寄存器

集成移位寄存器从结构上可分为 TTL 型和 CMOS 型;按寄存数据位数,可分为 4 位、8 位、16 位等;按移位方向,可分为单向和双向两种。

74LS194 是双向四位 TTL 集成移位寄存器,具有双向移位、并行输入、保持数据和清除数据等功能。其引脚排列图如图 12.2.9 所示。其中 $\overline{CR}$ 端为异步清零端,优先级最高;$S_1$、$S_2$ 控制寄存器的功能;$D_{SL}$ 为左移数据输入端;$D_{SR}$ 为右移数据输入端;$A$、$B$、$C$、$D$ 为并行数据输入端。表 12.2.2 所示的为 74LS194 的功能表。

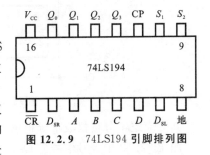

图 12.2.9 74LS194 引脚排列图

表 12.2.2　74LS194 的功能表

| $\overline{CR}$ | $M_1$ | $M_0$ | CP | $D_{SL}$ | $D_{SR}$ | $D_0$ | $D_1$ | $D_2$ | $D_3$ | $Q_0$ | $Q_1$ | $Q_2$ | $Q_3$ | 说　明 |
|---|---|---|---|---|---|---|---|---|---|---|---|---|---|---|
| 0 | × | × | × | × | × | × | × | × | × | 0 | 0 | 0 | 0 | 异步置零 |
| 1 | × | × | 0 | × | × | × | × | × | × | 保持 | | | 保持 | 保持 |
| 1 | 0 | 0 | × | × | × | × | × | × | × | 保持 | | | 保持 | 保持 |
| 1 | 0 | 1 | ↑ | × | 1 | × | × | × | × | 1 | $Q_0$ | $Q_1$ | $Q_2$ | 右移输入 1 |
| 1 | 0 | 1 | ↑ | × | 0 | × | × | × | × | 0 | $Q_0$ | $Q_1$ | $Q_2$ | 右移输入 0 |
| 1 | 1 | 0 | ↑ | 1 | × | × | × | × | × | $Q_1$ | $Q_2$ | $Q_3$ | 1 | 左移输入 1 |
| 1 | 1 | 0 | ↑ | 0 | × | × | × | × | × | $Q_1$ | $Q_2$ | $Q_3$ | 0 | 左移输入 0 |
| 1 | 1 | 1 | ↑ | × | × | $d_0$ | $d_1$ | $d_2$ | $d_3$ | $d_0$ | $d_1$ | $d_2$ | $d_3$ | 并行置数 |

功能应用如图 12.2.10 所示,利用 74LS194 可实现数据传送方式的串-并行转换。

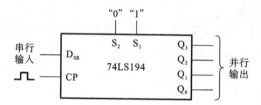

图 12.2.10　利用 74LS194 实现串-并行转换

### ※任务驱动

**任务 12.2.1**　图 12.2.11 所示的电路为一个移位寄存器型计数器,利用逻辑分析仪分析其逻辑功能,检查电路能否自启动。

**解**:根据图 12.2.11 所示的电路,绘制对应电路仿真图,并将电路的输出信号接入逻辑分析仪,如图 12.2.12 所示。

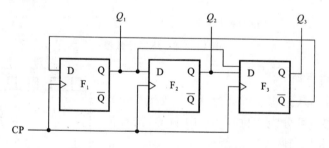

图 12.2.11　任务 12.2.1 逻辑电路图

其对应逻辑分析仪波形分析图如图 12.2.13 所示。

图 12.2.13 中 1 号信号为 $Q_0$,2 号信号为 $Q_1$,5 号信号为 $Q_2$,由波形图可以看出,电路的输出 $Q_2Q_1Q_0$ 的初始状态为 000,电路的输出转换过程为 000→011→110→001→111→000,电路能够自启动,且共有 5 个有效状态。

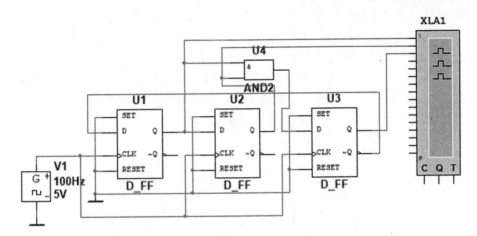

图 12.2.12　任务 12.2.1 逻辑电路仿真图

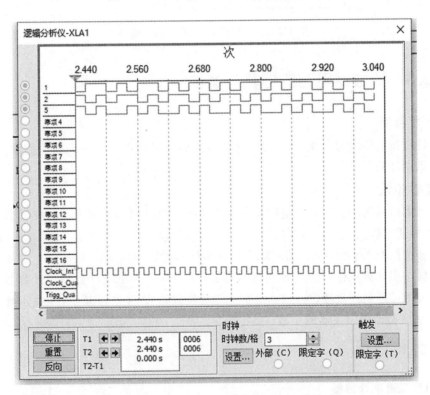

图 12.2.13　任务 12.2.1 逻辑分析仪波形分析图

## ※技能驱动

**技能 12.2.1**　由 4 位移位寄存器构成的顺序脉冲发生器可产生_____个顺序脉冲。

**技能 12.2.2**　寄存器按照功能不同可分为两类：_____寄存器和_____寄存器。

**技能 12.2.3**　8 位移位寄存器，串行输入时经_____个脉冲后，8 位数码全部移入寄存器中。

　　A. 1　　　　　　B. 2　　　　　　C. 4　　　　　　D. 8

**技能 12.2.4** $N$ 个触发器可以构成能寄存_____位二进制码的寄存器。
A. $N-1$　　　　B. $N$　　　　C. $N+1$　　　　D. $2^N$

**技能 12.2.5** 下列逻辑电路中为时序逻辑电路的是_____。
A. 变量译码器　　B. 加法器　　C. 数码寄存器　　D. 数据选择器

**技能 12.2.6** 图 12.2.14 所示的电路为一个移位寄存器型计数器，画出它的状态转换图，检查电路能否自启动，并说明电路的逻辑功能。

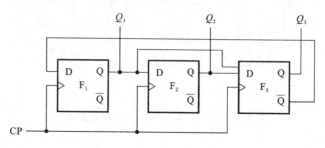

图 12.2.14　技能 12.2.6 逻辑电路图

## 任务 12.3　计数器电路的仿真与调试

### ※能力目标

了解计数器的构成与分类。掌握计数器的基本工作原理。了解集成计数器的功能，能设计任意进制计数器。

### ※核心知识

计数器电路是用来实现累计电路输入 CP 脉冲个数功能的时序电路。在计数功能的基础上，计数器还可以实现计时、定时、分频和自动控制等功能，应用十分广泛。

计数器按照 CP 脉冲的输入方式可分为同步计数器和异步计数器。

计数器按照计数规律可分为加法计数器、减法计数器和可逆计数器。计数器按照计数的进制可分为二进制计数器（$N=2^n$）和非二进制计数器（$N\neq 2^n$），其中，$N$ 表示计数器的进制数，$n$ 表示计数器中触发器的个数。

### 一、同步计数器

#### 1. 同步二进制计数器

同步二进制计数器电路如图 12.3.1 所示，分析过程如下。

(1) 写相关方程式。

时钟方程为

$$CP_0=CP_1=CP_2=CP\downarrow$$

驱动方程为

$$K_1=\bar{Q}_0^n,\quad K_1=\bar{Q}_0^n$$
$$J_0=1,\quad K_0=1$$

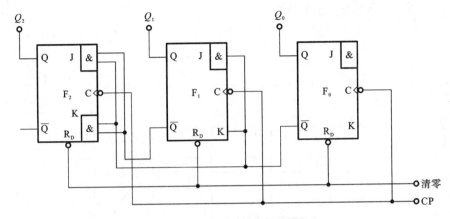

图 12.3.1 同步二进制计数器

$$J_1 = \bar{Q}_0^n, \quad K_1 = \bar{Q}_0^n$$
$$J_2 = \bar{Q}_0^n \bar{Q}_1^n, \quad K_2 = \bar{Q}_0^n \bar{Q}_1^n$$

(2) 求各个触发器的状态方程。

JK 触发器特性方程为

$$Q^{n+1} = J\bar{Q}^n + \bar{K}Q^n (\text{CP} \downarrow)$$

将对应驱动方程式分别代入 JK 触发器特性方程,进行化简变换后,可得状态方程为

$$Q_0^{n+1} = J_0 \bar{Q}_0^n + \bar{K}_0 Q_0^n = \bar{Q}_0^n (\text{CP} \downarrow)$$
$$Q_1^{n+1} = J_1 \bar{Q}_1^n + \bar{K}_1 Q_1^n = \bar{Q}_0^n \bar{Q}_1^n + \overline{\bar{Q}_0^n} Q_1^n = \bar{Q}_1^n \bar{Q}_0^n + Q_1^n Q_0^n (\text{CP} \downarrow)$$
$$Q_2^{n+1} = J_2 \bar{Q}_2^n + \bar{K}_2 Q_2^n = \bar{Q}_2^n \bar{Q}_1^n \bar{Q}_0^n + Q_2^n \overline{\bar{Q}_1^n \bar{Q}_0^n} (\text{CP} \downarrow)$$

(3) 求出对应状态值。

状态表如表 12.3.1 所示。

表 12.3.1 同步计数器的状态表

| $Q_2^n$ | $Q_1^n$ | $Q_0^n$ | $Q_2^{n+1}$ | $Q_1^{n+1}$ | $Q_0^{n+1}$ |
| --- | --- | --- | --- | --- | --- |
| 0 | 0 | 0 | 1 | 1 | 1 |
| 1 | 1 | 1 | 1 | 1 | 0 |
| 1 | 1 | 0 | 1 | 0 | 1 |
| 1 | 0 | 1 | 1 | 0 | 0 |
| 1 | 0 | 0 | 0 | 1 | 1 |
| 0 | 1 | 1 | 0 | 1 | 0 |
| 0 | 1 | 0 | 0 | 0 | 1 |
| 0 | 0 | 1 | 0 | 0 | 0 |

状态图如图 12.3.2(a) 所示,时序图如图 12.3.2(b) 所示。

(4) 归纳分析结果,确定该时序电路的逻辑功能。

从时钟方程可知,该电路是同步时序电路。

从状态图可知,随着 CP 脉冲的递增,触发器输出 $Q_2 Q_1 Q_0$ 是递减的,且经过 8 个 CP 脉冲

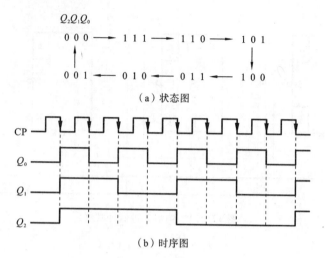

图 12.3.2 同步计数器的状态图和时序图

完成一个循环过程。

综上所述,此电路是同步三位二进制(或 1 位八进制)减法计数器。从图 12.3.2(b)所示时序图可知:$Q_0$ 端输出矩形信号的周期是输入 CP 信号周期的两倍,所以 $Q_0$ 端输出信号频率是输入 CP 信号频率的 1/2,对应 $Q_1$ 端输出信号频率是输入 CP 信号频率的 1/4,因此 $N$ 进制计数器同时也是一个 $N$ 分频器。所谓分频就是降低频率,$N$ 分频器输出信号频率是其输入信号频率的 $1/N$。

**2. 同步二进制计数器的连接规律和特点**

同步二进制计数器一般由 JK 触发器和门电路构成,有 $N$ 个 JK 触发器,就是 $N$ 位同步二进制计数器,具体的连接规律如表 12.3.2 所示。

表 12.3.2  同步二进制计数器的连接规律

| 功　能 | $CP_0 = CP_1 = \cdots = CP_{n-1} = CP\downarrow$（$CP\uparrow$）($n$ 个触发器) |
|---|---|
| 加法计数 | $J_0 = K_0 = 1$<br>$J_i = K_i = Q_{i-1} \cdot Q_{i-2} \cdot \cdots \cdot Q_0$ （$(n-1) \geqslant i \geqslant 1$） |
| 减法计数 | $J_0 = K_0 = 1$<br>$J_i = K_i = \overline{Q}_{i-1} \cdot \overline{Q}_{i-2} \cdot \cdots \cdot \overline{Q}_0$ （$(n-1) \geqslant i \geqslant 1$） |

**3. 集成同步计数器**

1) 集成同步计数器 74LS161

74LS161 是一种同步四位二进制加法集成计数器,其引脚排列如图 12.3.3 所示,逻辑功能如表 12.3.3 所示。

当复位端 $\overline{CR}=0$ 时,输出 $Q_3Q_2Q_1Q_0$ 全为零,实现异步清除功能(又称为复位功能)。

当 $\overline{CR}=1$,预置控制端 $\overline{LD}=0$,并且 $CP=CP\uparrow$ 时,$Q_3Q_2Q_1Q_0 = D_3D_2D_1D_0$,实现同步预置数功能。

当 $\overline{CR}=\overline{LD}=1$，且 $CT_P \cdot CT_T=0$ 时，输出 $Q_3Q_2Q_1Q_0$ 保持不变。

当 $\overline{CR}=\overline{LD}=CT_P=CT_T=1$，并且 $CP=CP\uparrow$ 时，计数器才开始加法计数，实现计数功能。

2）任意（$N$）进制计数器

以集成同步计数器 74LS161 为例，可采用不同方法构成任意（$N$）进制计数器。

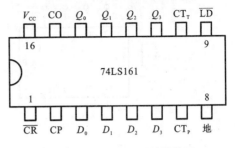

图 12.3.3　74LS161 引脚排列

表 12.3.3　74LS161 逻辑功能表

| $\overline{CR}$ | $\overline{LD}$ | $CT_P$ | $CT_T$ | CP | $Q_3$ | $Q_2$ | $Q_1$ | |
|---|---|---|---|---|---|---|---|---|
| 0 | × | × | × | × | 0 | 0 | 0 | |
| 1 | 0 | × | × | ↑ | $D_3$ | $D_2$ | $D_1$ | |
| 1 | 1 | 0 | × | × | $Q_3$ | $Q_2$ | $Q_1$ | |
| 1 | 1 | × | 0 | × | $Q_3$ | $Q_2$ | $Q_1$ | |
| 1 | 1 | 1 | 1 | ↑ | | | | 加法计数 |

（1）直接清零法。

直接清零法是利用芯片的复位端和与非门，将 $N$ 所对应的输出二进制代码中等于"1"的输出端，通过与非门反馈到集成芯片的复位端 $\overline{CR}$，使输出回零。

例如，用 74LS161 芯片构成十进制计数器，令 $\overline{LD}=CT_P=CT_T=1$，因为 $N=10$，其对应的二进制码为 1010，将输出端 $Q_3$ 和 $Q_1$ 通过与非门接至 74LS161 的复位端 $\overline{CR}$，电路如图 12.3.4 所示，实现 $N$ 值反馈清零法。

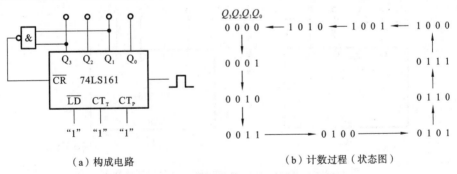

(a) 构成电路　　　　　　　　　　(b) 计数过程（状态图）

图 12.3.4　直接清零法构成十进制计数器

（2）进位输出置最小数法。

进位输出置最小数法是利用芯片的预置控制端 $\overline{LD}$ 和进位输出端 $C_0$，将 $C_0$ 端输出经非门送到 $\overline{LD}$ 端，令预置输入端 $D_3D_2D_1D_0$ 输入最小数 $M$ 对应的二进制数，最小数 $M=2^4-N$。例如，九进制计数器 $N=9$，对应的最小数 $M=2^4-9=7$，$(7)_{10}=(0111)_2$，相应的预置输入端 $D_3D_2D_1D_0=0111$，并且令 $\overline{CR}=CT_P=CT_T=1$，电路如图 12.3.5(a)所示，对应状态图如图 12.3.5(b)所示，0111~1111 共九个有效状态。

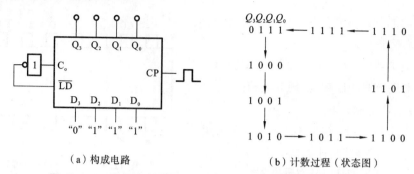

(a) 构成电路　　　　　　　(b) 计数过程（状态图）

图 12.3.5　进位输出置最小数法构成九进制计数器（同步预置）

(3) 级联法。

一片 74LS161 可构成从二进制到十六进制之间任意进制的计数器。利用两片 74LS161，就可构成从二进制到二百五十六进制之间任意进制的计数器。依次类推，可根据计数需要选取芯片数量。

当计数器容量需要采用两片或更多的同步集成计数器芯片时，可以采用级联方法：将低位芯片的进位输出端 $C_o$ 和高位芯片的计数控制端 $CT_T$ 或 $CT_P$ 直接连接，外部计数脉冲同时从每片芯片的 CP 端输入，再根据要求选取上述三种实现任意进制计数器的方法之一，完成对应电路。

例如，用 74LS161 芯片构成二十四进制计数器，因 $N=24$（大于 16），故需要两片 74LS161。每片芯片的计数时钟输入端 CP 均连接一个 CP 信号，利用芯片的计数控制端 $CT_P$、$CT_T$ 和进位输出端 $C_o$，采用直接清零法实现二十四进制计数器，即将低位芯片的 $C_o$ 与高位芯片的 $CT_P$ 相连，将 $24\div16=1\cdots\cdots8$，把商作为高位输出，余数作为低位输出，对应产生的清零信号同时送到每片芯片的复位端，从而完成二十四进制计数，对应电路如图 12.3.6 所示。

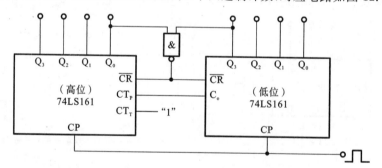

图 12.3.6　用 74LS161 芯片构成二十四进制计数器

## 二、异步计数器

**1. 异步二进制计数器**

异步三位二进制计数器电路如图 12.3.7 所示。

分析步骤如下。

(1) 写相关方程式。

时钟方程为

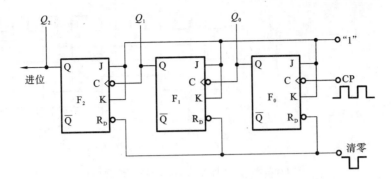

**图 12.3.7 异步三位二进制计数器**

$$CP_0 = CP \downarrow, \quad CP_1 = Q_0 \downarrow, \quad CP_2 = Q_1 \downarrow$$

驱动方程为

$$J_0 = 1, \quad K_0 = 1$$
$$J_1 = 1, \quad K_1 = 1$$
$$J_2 = 1, \quad K_2 = 1$$

(2) 求各个触发器的状态方程。

JK 触发器特性方程为

$$Q^{n+1} = J\overline{Q}^n + \overline{K}Q^n \,(CP \downarrow)$$

将对应驱动方程式分别代入特性方程,进行化简变换后的状态方程为

$$Q_0^{n+1} = J_0 \overline{Q}_0^n + \overline{K}_0 Q_0^n = \overline{Q}_0^n \,(CP \downarrow)$$

$$Q_1^{n+1} = J_1 \overline{Q}_1^n + \overline{K}_1 Q_1^n = \overline{Q}_0^n \overline{Q}_1^n + \overline{\overline{Q}}_0^n Q_1^n = \overline{Q}_1^n \overline{Q}_0^n + Q_1^n Q_0^n \,(CP \downarrow)$$

$$Q_2^{n+1} = J_2 \overline{Q}_2^n + \overline{K}_2 Q_2^n = \overline{Q}_2^n \overline{Q}_1^n \overline{Q}_0^n + Q_2^n \overline{\overline{Q}_1^n \overline{Q}_0^n} \,(CP \downarrow)$$

(3) 求出对应状态值。

列状态表如表 12.3.4 所示。

**表 12.3.4 异步二进制计数器状态表**

| CP | $Q_2^n$ | $Q_1^n$ | $Q_0^n$ | $Q_2^{n+1}$ | $Q_1^{n+1}$ | $Q_0^{n+1}$ |
|---|---|---|---|---|---|---|
| 1 | 0 | 0 | 0 | 0 | 0 | 1 |
| 2 | 0 | 0 | 1 | 0 | 1 | 0 |
| 3 | 0 | 1 | 0 | 0 | 1 | 1 |
| 4 | 0 | 1 | 1 | 1 | 0 | 0 |
| 5 | 1 | 0 | 0 | 1 | 0 | 1 |
| 6 | 1 | 0 | 1 | 1 | 1 | 0 |
| 7 | 1 | 1 | 0 | 1 | 1 | 1 |
| 8 | 1 | 1 | 1 | 0 | 0 | 0 |

状态图和时序图分别如图 12.3.8(a) 和图 12.3.8(b) 所示。

(4) 归纳分析结果,确定该时序电路的逻辑功能。

由时钟方程可知,该电路是异步时序电路。

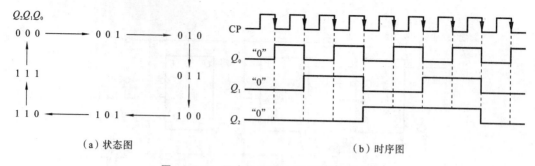

(a) 状态图　　　　　　　　　　　　　(b) 时序图

图 12.3.8　异步计数器的状态图和时序图

从状态图可知，随着 CP 脉冲的递增，触发器输出 $Q_2Q_1Q_0$ 是递增的，经过 8 个 CP 脉冲完成一个循环过程。

综上所述，此电路是异步三位二进制（或一位八进制）加法计数器。

**2. 异步二进制计数器的规律和特点**

用触发器构成的异步 $n$ 位二进制计数器的连接规律如表 12.3.5 所示。

表 12.3.5　异步二进制计数器的连接规律

| 功　能 | 规　律 | |
|---|---|---|
| | $CP_0=CP$ 下降沿 | $CP_0=CP$ 上升沿 |
| | $J_i=K_i=1$　$T_i=1$ | $D_i=\overline{Q}_i$　$(0\leqslant i\leqslant(n-1))$ |
| 加法计数 | $CP_i=Q_{i-1}(i\geqslant 1)$ | $CP_i=\overline{Q}_{i-1}(i\geqslant 1)$ |
| 减法计数 | $CP_i=\overline{Q}_{i-1}(i\geqslant 1)$ | $CP_i=Q_{i-1}(i\geqslant 1)$ |

**3. 集成异步计数器**

1) 集成异步计数器芯片 74LS290

74LS290 的逻辑电路如图 12.3.9 所示。

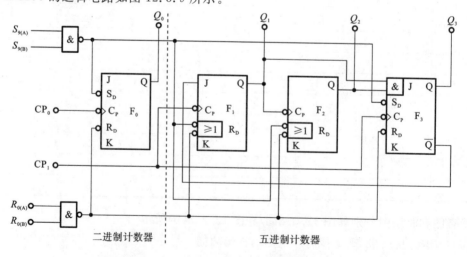

图 12.3.9　集成计数器 74LS290 逻辑电路图

74LS290芯片的引脚排列如图12.3.10(a)所示、逻辑符号如图12.3.10(b)所示。其中，$S_{9(A)}$、$S_{9(B)}$称为置"9"端，$R_{0(A)}$、$R_{0(B)}$称为置"0"端；$CP_0$、$CP_1$端为计数时钟输入端，$Q_3Q_2Q_1Q_0$为输出端，NC表示空脚。

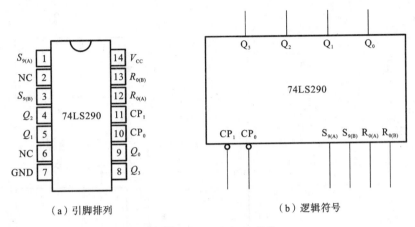

(a) 引脚排列　　　　　(b) 逻辑符号

图 12.3.10　74LS290 芯片

74LS290逻辑功能如表12.3.6所示。

表 12.3.6　74LS290 逻辑功能表

| $S_{9(A)}$ | $S_{9(B)}$ | $R_{0(A)}$ | $R_{0(B)}$ | $CP_0$ | $CP_1$ | $Q_3$ | $Q_2$ | $Q_1$ | $Q_0$ |
|---|---|---|---|---|---|---|---|---|---|
| 1 | 1 | × | × | × | × | 1 | 0 | 0 | 1 |
| 0 | × | 1 | 1 | × | × | 0 | 0 | 0 | 0 |
| × | 0 | 1 | 1 | × | × | 0 | 0 | 0 | 0 |
| $S_{9(A)} \cdot S_{9(B)}=0$ $R_{0(A)} \cdot R_{0(B)}=0$ | | | | CP | 0 | 二进制 | | | |
| | | | | 0 | CP | 五进制 | | | |
| | | | | CP | $Q_0$ | 十进制(8421码) | | | |
| | | | | $Q_3$ | $CP_3$ | 十进制(5421码) | | | |

置"9"功能：当$S_{9(A)}=S_{9(B)}=1$时，不论其他输入端状态如何，计数器输出$Q_3Q_2Q_1Q_0=1001$，而$(1001)_2=(9)_{10}$，故又称异步置数功能。

置"0"功能：当$S_{9(A)}$和$S_{9(B)}$不全为1，并且$R_{0(A)}=R_{0(B)}=1$时，不论其他输入端状态如何，计数器输出$Q_3Q_2Q_1Q_0=0000$，故该功能又称为异步清零功能或复位功能。

计数功能：当$S_{9(A)}$和$S_{9(B)}$不全为1，并且$R_{0(A)}$和$R_{0(B)}$不全为1，输入计数脉冲CP时，计数器开始计数。

2) 任意(N)进制计数器

构成十进制以内任意进制计数器的方法如下。

二进制计数器：计数脉冲由$CP_0$端输入，由$Q_0$端输出，如图12.3.11(a)所示。

五进制计数器：计数脉冲由$CP_1$端输入，由$Q_3Q_2Q_1$端输出，如图12.3.11(b)所示。

十进制计数器(8421码)：$Q_0$和$CP_1$相连，以$CP_0$为计数脉冲输入端，$Q_3Q_2Q_1Q_0$端输出，如图 12.3.11(c)所示。

十进制计数器(5421 码)：$Q_3$ 和 $CP_0$ 相连，以 $CP_1$ 为计数脉冲输入端，$Q_0Q_3Q_2Q_1$ 端输出，如图 12.3.11(d)所示。

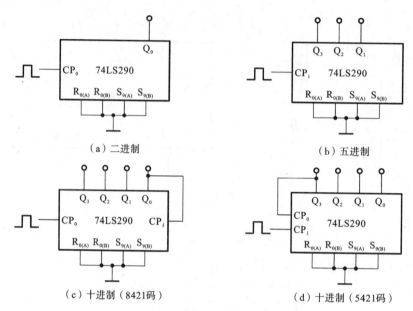

图 12.3.11　74LS290 构成二进制、五进制和十进制计数器

利用一片 74LS290 集成计数器芯片，构成十进制以内任意进制计数器，可以采用直接清零法，六进制计数器如图 12.3.12 所示。

构成计数器的进制数与需要使用的芯片片数相对应。例如，用 74LS290 芯片构成二十四进制计数器，$N=24$，就需要两片 74LS290；先将每片 74LS290 均连接成十进制(8421 码)计数器，将低位的芯片输出端和高位芯片输入端相连，采用直接清零法实现二十四进制计数器。需要注意的是，其中的与门输出要同时送到每片芯片的置"0"端 $R_{0(A)}$、$R_{0(B)}$，实现电路如图 12.3.13 所示。

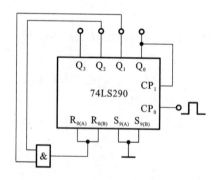

图 12.3.12　由直接清零法 74LS290 构成的六进制计数器

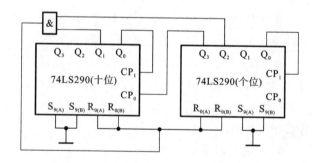

图 12.3.13　二十四进制(8421 码)计数器

※任务驱动

任务 12.3.1　分析图 12.3.14 所示同步非二进制计数器的逻辑功能。

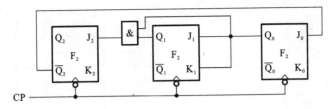

图 12.3.14  任务 12.3.1 同步非二进制计数器

**解**：(1) 写相关方程式。

时钟方程为
$$CP_0 = CP_1 = CP_2 = CP$$

驱动方程为
$$J_0 = \bar{Q}_2^n, \quad K_0 = 1$$
$$J_1 = Q_0^n, \quad K_1 = Q_0^n$$
$$J_2 = Q_0^n Q_1^n, \quad K_2 = 1$$

(2) 各个触发器的状态方程为
$$Q_0^{n+1} = J_0 \bar{Q}_0^n + \bar{K}_0 Q_0^n = \bar{Q}_2^n \bar{Q}_0^n (CP\downarrow)$$
$$Q_1^{n+1} = J_1 \bar{Q}_1^n + \bar{K}_1 Q_1^n = Q_0^n \bar{Q}_1^n + \bar{Q}_0^n Q_1^n (CP\downarrow)$$
$$Q_2^{n+1} = J_2 \bar{Q}_2^n + \bar{K}_1 Q_2^n = Q_0^n Q_1^n \bar{Q}_2^n = \bar{Q}_2^n Q_1^n Q_0^n (CP\downarrow)$$

(3) 求出对应状态值。

① 列状态表。列出电路输入信号和触发器原态的所有取值组合，代入相应的状态方程，求得相应的触发器次态及输出，列表得到状态表，如表 12.3.7 所示。

表 12.3.7  任务 12.3.1 逻辑状态表

| CP | $Q_2^n$ | $Q_1^n$ | $Q_0^n$ | $Q_2^{n+1}$ | $Q_1^{n+1}$ | $Q_0^{n+1}$ |
|---|---|---|---|---|---|---|
| ↓ | 0 | 0 | 0 | 0 | 0 | 1 |
| ↓ | 0 | 0 | 1 | 0 | 1 | 0 |
| ↓ | 0 | 1 | 0 | 0 | 1 | 1 |
| ↓ | 0 | 1 | 1 | 1 | 0 | 0 |
| ↓ | 1 | 0 | 0 | 0 | 0 | 0 |
| ↓ | 1 | 0 | 1 | 0 | 1 | 0 |
| ↓ | 1 | 1 | 0 | 0 | 1 | 0 |
| ↓ | 1 | 1 | 1 | 0 | 0 | 0 |

② 状态图如图 12.3.15(a) 所示，时序图如图 12.3.15(b) 所示。

(4) 归纳分析结果，确定该时序电路的逻辑功能。

从时钟方程可知，该电路是同步时序电路。从表 12.3.7 所示状态表可知：计数器输出 $Q_2 Q_1 Q_0$ 共有 8 种状态 000～111。

从图 12.3.15(a) 所示的状态图可知：随着 CP 脉冲的递增，触发器输出 $Q_2 Q_1 Q_0$ 会进入一个有效循环过程，此循环过程包括了 5 个有效输出状态，其余 3 个输出状态为无效状态，所以要检查该电路能否自启动。

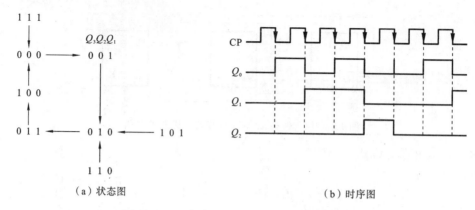

图 12.3.15　任务 12.3.1 同步计数器对应图形

检查的方法是：不论电路从哪一个状态开始工作，在 CP 脉冲作用下，触发器输出的状态都会进入有效循环圈内，此电路就能够自启动；反之，则此电路不能自启动。

综上所述，此电路是具有自启动功能的同步五进制加法计数器。

**任务 12.3.2**　利用仿真软件，判断图 12.3.16 所示逻辑电路的逻辑功能。

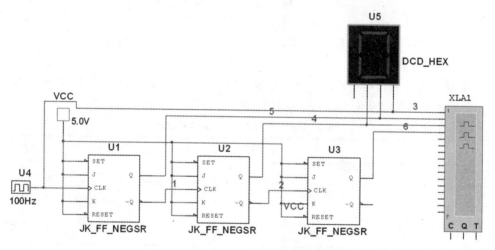

图 12.3.16　任务 12.3.2 逻辑电路图

**解**：从图 12.3.17 所示的波形图可知：随着 CP 脉冲的递增，触发器输出 $Q_2Q_1Q_0$ 会进入一个有效循环过程，此循环过程包括了输出 $Q_2Q_1Q_0$ 的 8 种状态 000～111，此电路是具有自启动功能的异步八进制加法计数器。

※ **技能驱动**

**技能 12.3.1**　分析图 12.3.18 所示的时序电路的逻辑功能，写出电路的驱动方程、状态方程和输出方程，画出电路的状态转换图，并说明该电路能否自启动。

**技能 12.3.2**　试分析图 12.3.19 所示的时序电路的逻辑功能，写出驱动方程、状态方程和输出方程。

**技能 12.3.3**　分别用方程式、状态转换图和时序图，表示图 12.3.20 所示逻辑电路的功能。

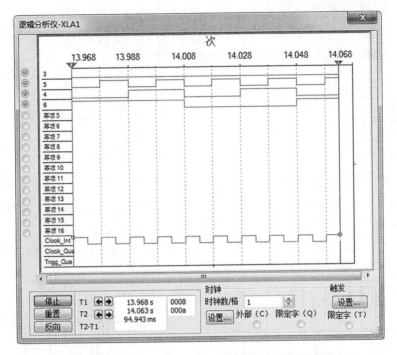

图 12.3.17　任务 12.3.2 逻辑电路输出波形图

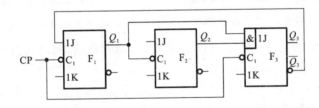

图 12.3.18　技能 12.3.1 逻辑电路图

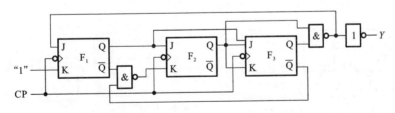

图 12.3.19　技能 12.3.2 逻辑电路图

**技能 12.3.4**　分析图 12.3.21 所示的时序电路的逻辑功能,写出驱动方程、状态方程,画出状态转换图。

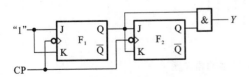 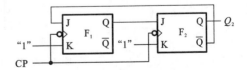

图 12.3.20　技能 12.3.3 逻辑电路图　　　　图 12.3.21　技能 12.3.4 逻辑电路图

**技能 12.3.5** 写出图 12.3.22 所示的时序电路的驱动方程、状态方程和输出方程。

**技能 12.3.6** 在图 12.3.23 所示的时序电路中,$X$ 为控制信号,$Q_1$、$Q_2$ 为输出信号,CP 为一连续脉冲,画出其状态转换图,并说明电路的功能。

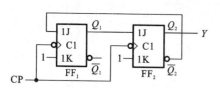 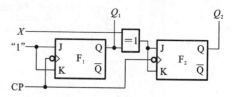

图 12.3.22　技能 12.3.5 逻辑电路图　　　图 12.3.23　技能 12.3.6 逻辑电路图

**技能 12.3.7** 用示波器在某计数器的三个触发器的输出端 $Q_0$、$Q_1$、$Q_2$ 观察到图 12.3.24 所示的波形,求该计数器的模数(进制),并用列表表示其计数状态。

**技能 12.3.8** 试分析图 12.3.25 所示的异步时序电路,列出状态转移表,说明电路的逻辑功能。

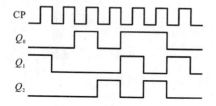 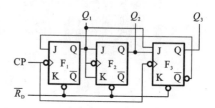

图 12.3.24　技能 12.3.7 波形图　　　图 12.3.25　技能 12.3.8 逻辑电路图

**技能 12.3.9** 试分析图 12.3.26 所示的同步计数器电路,列出状态转移表,说明该计数器的模,并分析该计数器能否自行启动。

**技能 12.3.10** 试分析图 12.3.27 所示的时序电路:写出电路的状态方程和输出方程;列出状态表并画出状态转换图。

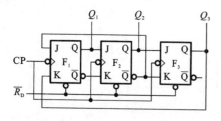 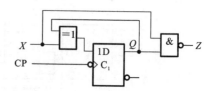

图 12.3.26　技能 12.3.9 逻辑电路图　　　图 12.3.27　技能 12.3.10 逻辑电路图

**技能 12.3.11** 试分析图 12.3.28 所示的时序电路:

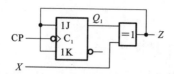

图 12.3.28　技能 12.3.11 逻辑电路图

写出电路的状态方程和输出方程;列出状态表并画出状态转换图。

# 参考文献

[1] 程勇.电工电子技术[M].北京:人民邮电出版社,2010.
[2] 张存礼.电工与电子技术[M].北京:机械工业出版社,2009.
[3] 王国伟.电工电子技术[M].北京:机械工业出版社,2015.
[4] 张虹.电工电子技术基础[M].北京:电子工业出版社,2009.
[5] 谢金祥.电路基础[M].北京:北京理工大学出版社,2008.
[6] 李中发.电工技术[M].北京:中国水利水电出版社,2005.
[7] 赵歆.电工电子技术[M].北京:北京邮电大学出版社,2015.
[8] 刘南平.电子元器件检测与使用[M].北京:人民邮电出版社,2012.
[9] 孙琳.电工电子技术实用教程[M].北京:清华大学出版社,北京交通大学出版社,2008.
[10] 王慧玲.电路基础[M].2版.北京:高等教育出版社,2007.
[11] 林育兹,陈丽波,李继芳,等.电工电子学[M].北京:电子工业出版社,2005.
[12] 芮延年.电工电子技术[M].北京:电子工业出版社,2013.
[13] 马文烈,程荣龙.电工电子技术[M].武汉:华中科技大学出版社,2012.
[14] 赵景波,等.电工电子技术[M].北京:人民邮电出版社,2008.
[15] 秦雯.电工电子技术[M].北京:机械工业出版社,2017.
[16] 崔建明,陈惠英.电路与电子技术的 Multisim10.0 仿真[M].2版.北京:中国水利水电出版社,2018.